本书获西北农林科技大学"凤岗卓越社科人才"项目支持

光明社科文库
GUANGMING DAILY PRESS:
A SOCIAL SCIENCE SERIES

·政治与哲学书系·

解释与建构

——理论科学的方法论

司汉武 ｜ 著

光明日报出版社

图书在版编目（CIP）数据

解释与建构：理论科学的方法论 ／ 司汉武著 . --

北京：光明日报出版社，2022.1

ISBN 978 - 7 - 5194 - 6447 - 9

Ⅰ.①解… Ⅱ.①司… Ⅲ.①科学方法论 Ⅳ.

①G304

中国版本图书馆 CIP 数据核字（2022）第 015821 号

解释与建构：理论科学的方法论

JIESHI YU JIANGOU：LILUN KEXUE DE FANGFALUN

著　　者：司汉武

责任编辑：李壬杰　　　　　　　　　　责任校对：郭嘉欣

封面设计：中联华文　　　　　　　　　责任印制：曹　净

出版发行：光明日报出版社

地　　址：北京市西城区永安路 106 号，100050

电　　话：010 - 63169890（咨询），010 - 63131930（邮购）

传　　真：010 - 63131930

网　　址：http：// book. gmw. cn

E － mail：gmrbcbs@ gmw. cn

法律顾问：北京市兰台律师事务所龚柳方律师

印　　刷：三河市华东印刷有限公司

装　　订：三河市华东印刷有限公司

本书如有破损、缺页、装订错误，请与本社联系调换，电话：010-63131930

开　　本：170mm×240mm

字　　数：296 千字　　　　　　　　印　　张：17

版　　次：2022 年 1 月第 1 版　　　　印　　次：2022 年 1 月第 1 次印刷

书　　号：ISBN 978 - 7 - 5194 - 6447 - 9

定　　价：95. 00 元

目 录
CONTENTS

导　论

　　所有科学都是理论的，理论科学的主要职能是提供对自然世界和社会世界的解释；科学是解释性的，科学本身则是由科学家个人或群体建构出来的；这种建构不仅需要一般的认识论基础，需要经历一个复杂的内在心理过程，还需要借助外在的社会条件。科学理论一经形成，便转化为一种解释和分析工具，从而成为工具性的东西。因此，科学研究需要拒斥对理论和方法论的固守与崇拜。

　　科学问题与科学方法问题同等重要，但如同人们更多地关注问题而不是解决问题的方法一样，更多的学者和理论家大都在关注科学问题，只有对科学问题做了足够多研究的学者，才会从自己的经验中回过头来关注科学方法问题。关于解释与建构的科学方法论问题，缘起于作者对人类社会行为中价值与工具的关系及其在行为及其效果中所发挥作用的扩展和推衍，只是这种推衍主要表现在科学家纯粹而主观的科学研究的实践活动中。这里试图对科学研究活动所遵循的认知基础、个人心理和社会程式，以及科学建构的方法提供一个一般性的方法论解释，并试图提出一个"解释与建构"的科学方法论主张。

一

　　诚如马克思在构筑其科学社会主义理论的哲学基础时所抱怨的，"以往的哲学家只是在用不同的方法解释世界，而问题在于改造世界"。① 但这里所关注的并不是工程师和社会工程师的技术性工作，而是理论家或理论科学家究竟是如何解释世界和构筑解释世界的理论框架的。由于工业革命以来技术对科学愈益充分和有效的利用，以及自然科学的不断精细化和越来越多地深入世界的微观

---

① 马克思，恩格斯. 马克思恩格斯选集（第 1 卷）［M］. 北京：人民出版社，1972：19.

领域，致使人们无法把科学和技术有效分割和充分区分开来，结果是技术工程师也被称作科学家，技术发明和研发过程也被称作科学研究过程，理论科学的重要性和基础地位日益被动摇。如果说这种情况在西方不甚明显的话，那么在发展中国家，则严重限制了基础性的理论科学的成长，以至于从事科学方法论的研究者，不是分布在自然和社会科学界，而主要分布在科学哲学领域。科学方法论研究仍停留在哲学领域内，可以看作是知识分化尚未充分完成的重要证据。

需要强调的是，这里所谓的科学，全部系指理论科学，因为笔者武断地认为，所有科学都是理论的，即使是实证科学，也不过是对理论科学或理论的科学假设的实证验证，所以实证科学或实验科学本质上仍然是理论的。无论是理论自然科学，抑或是理论社会科学，都面对着自然世界和社会世界中有限的意义领域，而且这种意义本质上是由研究者或行动者所赋予的。自然世界和社会世界并不存在如同伽达默尔解释学所谓的意义①，只存在相互关系和对人与其他动物而言的功用或功能，这种功用或功能如同宇宙世界中星系和星球之间的相互作用，以及地球生命系统内部的生态食物链一样。人们对世界的理解和解释，赋予了不同世界及其中的事物以相应于人的意义，但在常人看来，似乎世界本来就是那样。

所有科学尤其是理论科学都是解释性的，尽管在科学方法论中有解释性研究和描述性研究之分，但描述性研究其实不过是对研究对象在解释之前或解释过程中的描述和说明。所以，描述性研究实质上并不构成一种独特甚至独立的研究方法，而是解释性研究的必要补充。自然事物的大小、形状、冷热、软硬等物理性状需要用描述来揭示或说明，社会事物中的人是谁、怎么样、是男是女、社会身份如何，以及他或他们的行为怎么样、社会共同体是什么……都需要说明，也需要描述，但这种说明和描述也不构成或者基本不构成研究，因为它都没有提供关于为什么的答案，也就是解释。只有将自然事物的各种性状与其他原因（无论什么原因，也无论多少原因）挂起钩来，并试图对这些关系提供说明，才构成研究，由于它提供解释；对社会现象或社会事物及其中的人的行为动机或原因提供某种说明，以及对人如此这般行动的原因提供说明，才构成社会科学的解释或研究。说社会是人类共同体，如同柏拉图所说是提供了

---

① ［德］汉斯-格奥尔格·伽达默尔. 真理与方法［M］. 洪汉鼎，译. 北京：商务印书馆，2007：18.

"关于是什么"的说明，似乎就是解释，但也可以说——如同中国人习惯认为的那样——社会是一个大家庭，这些说明实际上都不构成解释，所以也就谈不上研究。只有说明为什么社会是人或人类共同体，是怎么样的人类共同体，以及人为什么必须在共同体的说明或解释中才构成研究。

二

所有科学都是解释性的，而且是由科学家提供了解释的理论框架的，所以科学又被称为理论体系，但这种体系并不是客观存在的，而是由科学家主观而又创造性地建构出来的。① 在这里存在着理论研究和经验研究的分野。

理论研究一般被认为是从指称事物或现象的概念出发，直到达成对一种或一组现象或事物及其发生、运动、变化提供充分有效的因果性说明这样一个目标。因此，这里的概念并不单是代表事物或现象的某个单一概念，而是一组或一套概念，所以叫作概念体系。如物理学所研究的运动中的力、速度、加速度、位移、时间，热力学中的热、功、效率、时间，以及经济学中的资本、利润、效率（劳动生产率）、时间，社会学中的社会行动、动机（目的）、效果、社会秩序、社会结构、制度背景等，还有尤其是政治社会学中的权力、效用、合法性等，都是一组或一整套概念，理论研究的目的就是要廓清这些概念及其所表达的现象或事物之间的逻辑关系，最好能科学化到数量或定量关系，也就是落实为某种可以进行定量化的数学运算的公式，如同物理学已经达到的那样。在这里，数理科学无疑成为理论自然科学的强有力工具，而在社会科学这里，理论科学重点要解释或解决的，乃是由概念所代表的社会现象或事实之间的因果关系，尽管由于社会事物相对于自然事物的复杂性，这种关系多以不同程度的相关关系表现出来，也就是说，理论社会科学相对于自然科学来说，定性的成分远远大于定量的成分，但不能因此说自然科学与社会科学之间具有截然不同的区别。

把经验研究与理论研究相对应，主要存在于社会科学领域，只因为社会科学不能像自然科学那样把人拿来做实验，而且社会科学也无法达到充分的定量化，尽管理论经济学已经较好地实现了对数理科学工具的利用。理论自然科学

---

① ［英］卡尔·波普尔. 猜想与反驳——科学知识的增长［M］. 傅季重，纪树立，等译. 上海：上海译文出版社，1986：273-274.

的真理性和发展历程，严重受制于实验手段的进步，而这类学科的任何一门知识，则是经受了充分的甚至是无数次重复的实验验证，才得以确立并昭告世人的。把理论科学与经验科学相对应，纯粹是科学方法研究中知识分类和理论自洽的需要。理论自然科学的确立，严重依赖于实验技术手段的进步，甚至可以说理论自然科学研究是与实验研究高度统一而不可分割的。在没有被实验充分验证之前，科学家的任何设想都只能是假设或波普尔所说的猜想，只有被实验充分验证以后，这一设想或猜想才能被接受。在没有抽真空技术的条件下，自由落体运动原理只能被猜测，这就是所谓石子与羽毛在没有空气阻力的理想条件下，究竟哪一个先落地的问题。常识告诉我们，肯定是石子先着地，但与质量或重量无关的自由落体运动原理则告诉我们，它们实质上应该同时着地，因为 $h = 1/2gt^2$，当然，这早已成了物理学的基本常识。在社会科学中，理论研究与实验研究无法达到如同自然科学那样的精确性，因而出现了理论研究与经验研究的区别，前者旨在定性说明社会事物或现象之间的因果关系，而后者旨在对这种说明提供必要的经验数据和材料。如果说理论研究旨在武断地提供抽象的概念说明的话，那么，经验研究则在于从有限经验或数据出发，试图概括出现象之间的关系及其变化的一般趋势或规律。所以，理论研究多呈现出从抽象到相对具体的过程，而经验研究则呈现出从具体到相对抽象的过程。但从本质上说，经验研究还是为理论研究尤其是理论建构服务的，由于经验只提供证据，并不提供解释，而任何研究本质上都是解释，以及建构具有足够效力的解释框架也就是理论和理论体系的过程。这一问题实际上是关于科学理论研究或理论科学的方法论问题，也就是一般意义上的科学哲学问题。

三

在知识的类型学研究中，人们区分出了日常知识和专门知识，其中日常知识往往就是人人都拥有和大致拥有的简单经验知识，而专门知识则是只有各种专业技术人员才具有的某个专业领域的知识，而且这些知识主要是科学知识和技巧技能。显然，科学知识是专门知识，这些知识所涉及的对象及其变化是客观存在的，但专门知识本身则是由分布在各专门领域的学者尤其是科学家所建构的。科学的社会建构理论表明科学是由社会建构的，但这种建构是通过从事科学研究工作的科学家个人或其小组实现和完成的。在这个建构过程中，会经历一系列从构建概念到猜测概念之间的逻辑关系也就是建立概念体系到完成理论的主观观念和心理过程，当然也要借助包括实验、交流、质疑、批判等学术交流活动和各种社会条件在内的诸多外部条件。① 这里已经表现出本书所涉及的几个基本方面，这就是科学研究的认识论基础，也就是科学哲学问题；科学研究的心理学过程，也就是科学心理学问题；以及科学建构的社会基础和前提，也就是科学社会学问题三个大的方面。

在第一个问题即科学研究的认识论基础，也就是科学哲学问题方面，除了学界较为熟知的库恩的科学范式理论、卡尔·波普尔的证伪主义以及伊·拉卡托斯的科学研究纲领以外，特别需要提及的是尚未引起充分重视的瑞士心理学家、建构主义认知学派创始人皮亚杰的贡献，形式逻辑中的概念、命题逻辑及其规则，当然还有更重要的考察命题推理有效性的范式方法对于理论科学研究的价值和重要性。这一方面的若干成果对于理论自然科学和社会科学是完全相同的，但对理论社会科学而言，还有一个更为独特也更为重要的方面，就是科学的客观性和价值中立要求。尽管客观性和价值中立是方法论科学家在考察科学特别是自然科学与宗教的关系时建立和倡导的，但其重要性却恰恰在于社会科学方面。这就是"偏见比无知距离真理更远"这句名言所表达的思想，但在人们面对自然现实和问题时，偏见远远比面对社会和社会现象、社会问题时要小得多，也少得多。

科学是人类的事业，这是对科学之于人类发展和社会文明进步职能的判断，但科学也是而且更重要的是科学家的事业，这是对科学与科学家关系，科学相对于科学家的人生价值而言的。尽管科学是人类的事业，但做出这种事业的仍然是分布在人类各民族、各个国家和社会中殚精竭虑，甚至在穷困潦倒时也不曾放弃的执着的科学家。所以说科学是人类的事业，并不能充分揭示科学家创立、建构科学理论的主观心理过程和客观实践过程。人类心理尤其是激情与其行动效率之间的心理学关系告诉我们，个人名誉和社会功利，并不是甚至也不应该是科学家从事科学研究的主要动力和动机，科学家是那些以探索未知世界奥秘为己任，甚至作为主要甚至是唯一兴趣的人或人群，尽管其科学创见和发现在一个制度健全的社会中，会给他们带来附带的功利，如国际著名的诺贝尔奖和世界各国政府对重大科学技术成果及其完成人的奖励，但归根结底，这些功利是一种事后的奖赏和强化，而并不是科学家在开展科学研究时孜孜以求的

---

① ［美］罗伯特·金·默顿. 十七世纪英格兰的科学、技术与社会［M］. 范岱年，译. 北京：商务印书馆，2007：270-271.

东西。哥白尼看着太阳苦思冥想太阳和地球的关系，牛顿面对苹果落地时对相对运动和万有引力的思考，还有凯库勒对有机物苯的环状结构研究以及门捷列夫对元素周期表的梦中求解……凡此种种，说明科学家在面对疑惑和问题时那种心醉神迷的状态，他们未曾思考过这种答案的获得和诀窍的发现究竟能给自己和社会带来什么好处，以及带来多少好处。

科学的心理活动和过程，并没有进入或者没有充分进入科学研究方法的考察视野中，已有科学心理学也没有充分吸收皮亚杰建构主义心理学（constructional psychology）的建树①和哈耶克在其感觉秩序研究中所发现的"赫比突触"（Hebbian synapse）②这一认知和学习机制。③人们试图寻求一种放之四海而皆准的研究方法，却又在科学研究方法研究和探索方面着力不足，最终形成对某种有明显局限性的方法和方法论的膜拜和固守。科学心理学必须以科学家科学研究中的心理机制和过程为主要对象，探明科学研究活动中从动机、人格，到认知、情绪和意志的一般的和普遍的倾向和规律，尽管这种研究有把科学研究过程看成是科学家纯粹的主观建构过程的嫌疑，却符合科学研究过程的开拓性和个人主义的实际。

科学是解释，但不是普通的一般性解释——如同人的日常知识那样，而是一种建构性解释，一种建构了严密的逻辑体系和解释框架的解释，这种建构虽然也有来自社会尤其是社会交流与互动的影响，但更重要的是，科学建构是科学家个人或群体的主观建构，无论是概念还是概念体系，也无论是类型化或者韦伯所谓的理想类型，这种建构当然也包括心理建构，或者说建构的主观心理过程。如果说，社会有机体类似于生物有机体，类似于人的心理或精神有机体，生物有机体或人是可以生病的，不仅有生理病，甚至还有心理病，那么，社会有机体也是可以生病的。因此，与植物或动物病理学类似，社会病理学不仅是

---

① ［瑞士］皮亚杰. 发生认识论原理 ［M］. 王宪钿，译. 北京：商务印书馆，2011：107-108.

② "赫比突触"（Hebbian synapse）系哈耶克在《感觉的秩序：探寻理论心理学的基础》（1952）一书中提出并建立的神经生理学概念，由此发展出了一套命名为"赫比学习法"（Hebbian learning）的学习和记忆方法。哈耶克在 1920 年便已经构思出这个概念，甚至还早在他学习经济学之前。但这一理论由唐纳德·赫布（Donald Hebb）于 1949 年系统地建立起来，又被称为赫布定律（Hebb's rule）、赫布假说（Hebb's postulate）、细胞结集理论（cell assembly theory）等。这一概念对全球人脑研究有重大贡献，并且持续在神经科学、认知科学、计算机科学、行为科学和心理学界发挥了持久的影响。

③ ［英］弗里德里希·A. 哈耶克. 感觉的秩序：探寻理论心理学的基础 ［M］. 朱月季，周德翼，黄忠琴，等译. 武汉：华中科技大学出版社，2015：86-87.

可能的，甚至是必然的。这就是社会病理学形成的逻辑和心理机制与过程，至于社会病理状态究竟有哪些症状，病变机制和原因如何，如何防范和诊治这些病变，自然成了社会病理学的主要内容。在社会科学尤其是社会学研究中，行动中的人有理性和非理性两个侧面，社会结构和制度也有合理与不合理，也就是理性和非理性之分，那么，相应地，就有制度理性和制度非理性之别。由于制度是介于个人行动者和社会共同体之间的重要桥梁和纽带，究竟是社会造就了人及其行动，还是人的行动造就了社会，它们之间究竟如何相互造就，就是一个很重要的制度社会学问题。确认和保护人的利益观念和经济理性的制度理性，很大程度上会造就一个相对健全和合理的社会，而假借乌托邦设想而漠视人的经济理性的制度非理性，只能造就一个贫穷落后，还充满革命和破坏激情的不合理的社会，便不仅仅是一种理论和逻辑推证，而成为人类历史上每每出现的现实。① 这自然是制度社会学所要重点回答的问题……如此等等，都反映出科学研究过程中源于科学家的认知和心理而又符合逻辑的理论建构，这样的建构，可以比已有的其他理论更好地解释我们社会曾经的过往。

需要注意的是，科学家是置身于社会中的人，科学家的理论建构需要借助大量的社会条件。一个重视知识和知识分子的社会，很大程度上可以为科学的发展创造良好的条件，而这种条件包括政治、经济、文化和社会价值评价体系和制度等许多方面。默顿科学的精神气质说不过说明了科学是什么，以及科学家需要有怎样的价值观和科学意识，但这种价值观和科学意识并不能必然地转化为科学发展与进步的社会条件。"自由之思想，独立之人格"是由蔡元培先生提出的著名的北大精神，这种精神不仅是对学人治学精神的要求，更多地凝结着蔡先生对促进学术发展的自由的社会条件的呼吁和期待。如果说，由于人与自然认知关系的独立性，自然科学研究中的建构可以是充分自由的——即使这一点在科学史上也曾难以充分实现——那么，在社会科学的理论建构中，由于人与社会、科学家的生活处境与社会结构的高度相关性，因此，在科学社会学中，有一个重要的议题必须充分廓清，那就是权力与真理的关系。

科学的社会建构理论提供了科学与社会之间的关系，更重要的是社会对于科学的基础性决定作用，但这种作用是通过社会作用于科学家个人和研究小组

---

① 司汉武. 制度理性与社会秩序［M］. 北京：知识产权出版社，2011：261-262.

的具体研究活动实现的。① 这些社会因素主要包括权力和政治意识形态，经济基础和科学家的生活状态，以及文化价值观念和表现在科学研究人员或者知识分子群体中的社会价值等级或显要序列。经济基础和科学家的物质生活条件对科学理论建构的影响当然更为直接；至于文化价值观念中的价值等级或显要序列，反映出整个社会对科学事业和科学家的尊重、热爱和推崇程度，从而决定一个社会是不是建立和形成了尊重知识、尊重人才、尊重科学的传统和社会氛围。

一切科学都是解释，而且是建构性解释，这种解释当然有赖于科学家独立的学术人格和良好的科学素养，更重要的是社会必须为这种独立的解释性建构提供充分的保障，尤其是环境和制度保障，这种保障甚至比经济支持及生活待遇对科学和科学家的激励更为持久和有效。

四

这里必须指出，科学方法论提供了科学理论之于客观世界（无论是自然世界抑或是社会世界）的解释职能，科学改造世界的职能并不是科学理论和创立了这些理论的科学家所能充分把控的，更不是科学家所看重的。科学家和科学实践家也就是技术工程师是两类不同的职业或社会分工，科学和科学家立足于解释世界和提供建构解释世界的理论框架，这些理论框架就是科学理论；而科学实践家或技术工程师的职能则在于把这些理论所提供的解释世界的机理和法则，运用于技术发明、技术试制和技术改进的实践环节，以使科学通过广义的技术为生活和人类社会服务。

英国著名哲学家培根提供了关于科学与社会功利或功能关系的最清晰的判断：真理与权力本为一事，在行动中最有用的，在知识方面就是最真的；在思辨中为原因者，在行动中为法则②……这个或这些判断虽然奠定了实用主义或工具主义真理观的价值论基础，但对于认识科学尤其是科学理论的认知和解释功能，认识科学理论的建构特征则是有害的，倒是康德借助其"人为自然立法"的主观主义科学观和真理观，较好地回答了科学尤其是理论科学的建构品格。

---

① 赵万里. 科学的社会建构：科学知识社会学的理论与实践［M］. 天津：天津人民出版社，2002：282.

② ［英］培根. 新工具［M］. 许宝骙，译. 北京：商务印书馆，1984：109.

借口科学真理的客观性，忽视科学理论形成中科学家和理论家的主观建构作用，借口科学的经验性，排斥科学建构中科学家的理性也就是主观能动性，当然会对科学尤其是理论科学的发展造成损害。正如诺贝尔物理学奖获得者珀西·布里奇曼（Percy Bridgman）教授所言，"我想说不存在科学方法本身，而只有自由地、最大可能地利用智力！"① 科学是理性的经验知识和经验的理性知识的统一。这其中的理性，主要是指科学理论的理性建构特征，而经验性则主要指科学理论是经过实验验证的，譬如自然科学；或者说是有经验作基础的，譬如社会科学，但归根结底，以理论形态出现的理论科学，其职能主要是解释性的，而其存在形态则是建构出来的。②

在科学家的认识过程中，任务和目标往往是第一位的，方法和途径则是第二位的，但如同笔者在价值与工具关系的哲学研究中所发现的，作为目标和任务的价值虽然是第一位的，但这种东西对于人类认识和实践活动只具有目标和价值定位功能，目标、任务一经确立，作为途径和方法的工具就具有决定作用。相对于人类实践活动的效果来说，价值仅仅是一个必要条件，而工具则不仅是必要条件，而且也是充分条件。在这个意义上，理论科学的解释功能的实现，严重依赖于科学家对由这些理论所表达的解释框架的主观建构。相应于实践活动中价值与工具关系的工具理性主义原理，科学解释活动中理论一经形成，便具有尤其重要的工具的价值和职能。所以，科学尤其是理论科学的地位和作用是工具性的，而且是用之于解释的工具性的，如同培根所认为的那样。只有在这个意义上，科学家的科学研究活动便与人类其他实践活动高度地统一起来。科学家所建构的科学理论，便可以成为其他人用于解释自然世界和社会世界中问题和现象的强有力工具，也可以成为技术工程师和社会工程师（如政治家、社工师和各级各类官员）从事技术研发和社会建设、改革与治理的强有力工具。

用于解释世界的科学尤其是理论科学一经形成，便会成为他人解释世界的理论工具，并发挥解释和研究方法的职能。如同我们用于解决日常生活问题的手段和工具多种多样一样，研究方法并不是唯一的，相应地，科学理论也不是唯一的，从而也就不具有放之四海而皆准的理论和方法。尽管在科学发展的一定阶段，会有人尤其是科学家群体共同遵循的被库恩称之为范式的东西，但随

① ［美］伯纳德·巴伯. 科学与社会秩序［M］. 顾昕，等译. 北京：生活·读书·新知三联书店，1991：7.
② 徐良高. 考古学研究中的解读与建构——关于考古学本体理论的一些思考［M］//李下蹊华. 庆祝李伯谦先生八十华诞论文集. 北京：科学出版社，2017：39-47.

着人们对世界认识的深化，会有一些用于解释新现象、新问题的新理论和新方法的出现，从而使科学尤其是理论科学的历程呈现出被杰弗里·亚历山大称为"科学思想连续统"的状态。一言以蔽之，用于解释世界的理论科学是由科学家建构出来的概念体系和理论框架，这种东西一经形成，只具有方法和工具的职能，而且本没有一种对世界提供终极解释的统一理论，也就不需要科学研究中任何形式的理论固守和膜拜，唯有如此，科学理论才能不断推陈出新，科学事业才能不断发展和壮大。

第一章

解释与解释学

人类置身的世界是一个纯粹的自然世界或者现象世界，但人类特异于其他动物的能力，又使之不满足于类似于其他动物一样，把自己仅仅看成是生态食物链中的一环，过一种茫然无知的生活。即使这样，我们也需要稍微明白一点，我们同样置身的社会世界究竟怎么回事。因此，人类总处于对自然世界和社会世界的探索、理解和解释中，尽管这种理解和解释的成果，在我们悠长的历史中，多以日常经验、巫术与占卜、宗教信仰等形态出现过，甚至在一些部落民族那里，依然处于这种知识形态下，但也有不少民族的人，由于专门从事知识探索和研究的学者和知识分子群体的努力，这些成果以一种专门的专业知识的形态表现出来，并且推动人类越来越远离我们曾经的自然生活状态，进入较为充分的社会文明之中。在这里，那些专门从事知识探索和研究的研究家功不可没。这里需要提出的问题是，人类究竟是如何理解和解释世界的，解释的成果如何，这些解释是试错的结果呢，还是世界本来就是我们理解和解释的那样。为了回答这些问题，本专题从自然和社会的意义的理解和解释入手，为我们"解释与建构"方法论的建构，打下一个较为坚实的自然观和社会观，也就是本体论基础。

一、自然世界与自然科学

"自然"（nature，natural）一词在中国和西方文化中具有完全相同的意义，这一意义包括至少三个方面，一是它是客观存在的，也就是存在于人的意识和意志控制之外的；二是它是充分地自我完成的；三是它是人类社会生活之外的，也就是非社会的。自然集存在与属性于一身，在中国道家的价值系统或价值序列中，自然也是最高的价值，其地位远远高于人类社会中被存在主义和西方几乎所有哲学和政治理论十分看重的自由（free，freedom，liberty）。

顾名思义，自然世界就是充分地自我完成的，存在于人的意识和意志控制之外的非社会的世界。在这个世界中只有现象和过程，并没有意义，尽管在中国意向性审美文化中，也赋予了自然世界中一些事物以某种特别的意义，如崇高的峻岭、巍峨的群山、浩瀚的海洋、挺拔的白杨、傲雪的青松、高洁的梅花……但这些东西，不过是人们对社会生活中自己所期待的某种稀缺价值的寄托，即所谓"人生失意中，寄情山水间"。其实自然世界并没有这些东西，自然事物也不知道有这些东西。我们可以把自然世界的这种特征称为自然的自在性，并由此使自然与人类乃至动物世界自在的自由贯通起来。

人类置身于自然，尽管自然并没有意义，但人类改善生存条件的需要，谋求满足好奇心的需要，还使人类特别是其中的一些人（学者、科学家、思想家等）对自然世界心醉神迷。日夜交替、斗转星移、四时交替、草木枯荣等宏观自然现象与各种中观、微观自然现象背后的奥秘，吸引着充满功利心和好奇心的人们去不懈地探求和解释。自然中包含的物理属性，使得人们把抽象无形的自然事物（如物质）化作具体有形的物体，考察它们运动、变化的外部条件及其过程和原理，从而形成了今天称之为物理学的学科；对这些物体或物质构成成分及其变化条件和机理（机制）的考察，造就了今天的化学学科；关于自然世界数量关系和空间形式的考察，形成了今天内部已经有诸多分化的数学或数理科学；对各类物质和生物进行类型划分形成了今天已经十分成熟的元素分类学（元素周期律）和林奈的生物分类学……而原本这些知识在没有发生明显分化的条件下，则全包含在包罗万象的自然哲学或形而上学之中。

自然科学与自然哲学相分离，是人类解释自然的一个伟大进步，这一进步造就的愈益细化的自然科学不再追问宏大而抽象的自然或世界的来源或起源问题，而是把解释和考察的重点落实在自然事物本身及其可观察的性质及其变化之中，所以自然科学因此获得了经验知识的美名，以区别于自然哲学的思辨性。无机自然世界的物质质地及其构成（结构）、相态及其原理，物体的运动、变化原理和规律，其中包括天体物理学揭示的宇宙体系及其结构等；有机自然世界的生物及其种类，动植物的生长发育、遗传、繁衍，动物的行为模式、生活习性和规律，还有动植物患病机理及疾病预防与治疗等。凡此种种，形成了林林总总、门类繁多的自然科学学科，甚至涌现出了大量的交叉学科。

需要注意的是，正如前面已经指出的，自然世界本没有意义，只有变化，在这些变化背后，隐藏着许多为常人甚至当时的自然科学家所不掌握的"秘密"，这些秘密对自然世界而言本不是秘密，只是由于它未被人类所掌握，或者说人类对它或它们处于茫然无知的状态，所以才称之为秘密。这些秘密，大体包括这样几种：

（一）自然事物（物体、物质）的质地、构成和样态

山川、河流、湖海、岩石、矿物质、土壤、水、空气、雨、雪，以及它们的构成，如进一步分解出来的分子、原子、质子、中子……动物、植物、微生物，以及陆生生物、水生生物，还有生物的类型和分类等。关于自然事物这个层次，形成了大量基础性的自然科学，如地质学、地貌学、海洋学、土壤学、原子物理学、生物学、动物学、植物学、微生物学、动物分类、植物分类学和微生物分类学等。

（二）自然事物运动、变化的机理和法则

要经验地考察自然世界，就需要对这个世界中的具体事物或存在（物种）做进一步的划分，以便它们有可以被人们有形地加以感性把握具体形态。物理学把这种形态称为物体，化学将其称为物质，前者关注其空间实体方面，而后者注重其内在构成和性质方面。生物学自然要具体到具有生命形态的或者活的生物体及其活动方面。所以就有了物理学及其内部的分支学科，如物理学、天体物理学、运动力学、流体力学、水力学、空气动力学、热力学、机械力学、静力学、光学、量子物理学、电子物理学、原子物理学，当然最具解释力的还是理论物理学；关于物质变化的化学有无机化学、原子化学、有机化学、生物化学、化学热力学、电化学、工业化学、土壤肥料化学等；关于生命世界的有生物学、生理学、动物生理学、植物生理学、生物遗传学，与动植物疾病预防与治疗有关的有（人类）医学、动物医学（兽医学）和植物病理学，以及关于生物与环境关系的生态学、海洋生物学和海洋生态学等。

（三）自然事物运动、变化中的因果关系和功能关系

自然世界是纷繁复杂的，人们要认识这些复杂关系，并从中总结出可以被人们把握和运用的规律，就必须对表现在以上所列属性或性质之中的这些机理和法则进行最大限度的简化。因此，科学家把所有这些复杂关系简化为这样两种关系，即因果关系和功能关系，并用这两种关系与逻辑学原理相结合，刻画整个自然世界，形成各种各样的自然科学。

如果说科学是分门别类地研究事物或世界形成的知识或知识体系的话，那么，自然科学就是人们主要是科学家分门别类地考察自然现象和问题形成的知识和知识体系。这种研究和考察主要就是解释，无论是存在形态解释，还是分类或类型学解释，抑或是因果解释，抑或是功能解释。地震并不是古代人们所认为的上帝（神）在发怒，而是地壳运动的结果或表现；火山喷发是地球内部能量——具体地说是热量——积累的结果，与人体生疮具有类似的原理或机理。地震会导致地球表面断裂、山体崩塌从而造成各式各样的地形和地貌，而顶部有凹坑的山体则是火山喷发造成的结果。在这个意义上，地球并不是一个纯粹死寂的物理的存在，似乎也有自己的生命活动，且不说地球上还分布、生活着各种各样的动植物和微生物。地球乃至所有星球上的物质并不是一成不变的，在一定条件尤其是热力学条件下，可以发生从组成成分到性质的重大变化，这种变化就是化学学科所研究的化学变化。物理变化只涉及空间位置、形态甚至样态的变化，而化学变化则涉及物质组成成分、结构和性质的变化，原子化学中的同位素、同素异形体，有机化学中的同分异构体及其机理、有机分子的结构与功能关系，等等。分布在自然科学不同学科和领域的科学家，就是对这些纷繁复杂的因果关系和结构功能关系提供解释的人，相应地，这些科学家建构和建立的这些分门别类的理论，就是相应学科的解释框架。

随着人们对自然世界认识的不断深化，自然科学的门类不断建立和形成，而且在不同自然科学之间，还建立和形成了门类繁多的交叉学科，如物理化学、生物化学、生物物理学、神经生理学等。今天每一门科学都是对被我们隔离出来的自然世界的专门领域进行研究形成的理论或理论体系，这些专门领域就是我们所谓的科学或学科领域，如物理学领域、化学领域、生物学领域、生物化学领域、生物遗传学领域、地质学领域、天体物理学领域、分子生物学领域……由于对这些领域自然事物运动、变化机理的探明和发现，人们尝试把这些机理运用于技术发明和创新之中，从而服务人类生活并形成了人类社会相应的职业、行业或产业领域，进而形成新的自然世界原本不存在的领域，如工业、农业、加工业、服务业，产生和形成了由人类自行建立的新人工自然领域，造就了新的自然科学和学科，最具代表性的人工自然科学或学科便是仿生学（bionics）。仿生学的英文定义是"The study of mechanical systems that function like living organisms or parts of living organisms"，翻译成中文则是"全部或部分模仿生物体的机能，发明和构造机械系统的学科或领域"。如今的人工智能（artificial intelligence）领域也可以简单称之为仿智学（imitation wisdom/wisdominics），定义为模仿动物尤其是人的智慧构造机械和电子信息系统的学科或领域，英文是 "A discipline or field that mimics the intelligence of animals, especially humans, to construct mechanical and electronic information systems"。仿生学和仿智学可以看成是人类认识和利用自然世界最复杂原理的科学成果，其中的解释已经大量变成了技术文明成果。

　　需要注意的是，自然世界是外在于人的意识和控制的有形世界，自然科学就是分门别类地研究这个世界形成的知识和知识体系，这种知识不仅区别于后面要说明的社会科学，而且严重有别于探讨抽象的无形世界的形而上学和哲学。科学或自然科学尽管也需要想象，但必须是对有形的实体世界的因果性和功能性联想和想象，而不是纯粹的胡思乱想，尽管后者有时也会激发和产生灵感，而灵感也是科学的来源之一。科学对自然世界的解释，有助于人们认识、理解、把握自然世界的奥秘和规律，并把这些规律运用于利用、改造自然的生产和劳动实践活动中，前面已经提到的机械工业、化学工业、农业、林业、畜牧、冶金、水利、水路、陆路和航空运输等，都是自然科学知识运用于人类生活，改善人类生存条件的证明。可以把各门自然科学及其成果简单地合并称为自然解释学，以对仗于接下来需要介绍的社会科学和成形的解释学或文本解释学，也就是社会解释学。至于科学家在研究中究竟是如何建构解释自然世界的理论和理论体系的，将在后面的章节或专题中深入展开论述。

二、社会世界与社会科学

　　人类尤其是作为个体存在的科学家，不仅面对着一个需要解释的自然世界，也同时面对着一个需要解释的社会世界。但由于有作为解释者的人置身其中的特点，人们对社会世界的理解显然要远远落后于对自然世界的理解，而且从知识发端的历史顺序也可以看出这一点。人类是自然世界中最具思想性的，尤其是思想家和科学家并不满足于仅仅从自然世界获取生存和生活资源，也要尽最大努力解释这个世界。尤其重要的是，人还置身于由其同类所构成的社会世界中，这个世界究竟是什么，怎么回事，如果说如同早期人们认为的那样——自然世界由某种神秘的力量所主宰的话，那么在我们也置身其中的社会世界中，命运到底是什么东西，决定人的社会地位和生活处境的东西到底是什么，以及有哪些……这些问题，甚至在很古远的时期，就已经引起了思想家的重视。中国诸子百家时期的思想家，基本上是以社会和社会生活为核心——当然主要是以战国争霸时期的战乱社会为核心——展开自己的思考和论证的。只是由于这些论证渗入了思想家对未来社会太多的价值期待，演化出了中国传统的道德中心主义社会文化，并没有发展成为具有足够解释力的科学理论。"思想家们在勾连历史线索、描述历史事件时，往往在某种思想观念的支配下，挑拣合适的文本与人物，给予特别的关注，浓墨重彩，突显其价值和意义，树立其典范性和权威性，从而形成了历史趋向和文化形态的合理化叙事，乃至可以引导后来者的某种神圣意蕴。儒家基于道德理想主义的'道统'观，就是在这种情景下一步一步地确立起来的，从孟子对先王事迹的描述，到韩愈的《原道》，再到宋明理学的兴起，'道统'逐渐成为真理的化身，也成了评判历史事件与历史人物的唯一标准。"① 相比之下，古希腊雅典时期的思想家，也几乎在同时思考这些问题，但区别在于同期也有大量的智者派学者在思考和解释自然世界，并形成了包括原子论、燃素说等在内的自然世界的知识，尽管这些解释是猜测性的，但其思路却部分影响了一些社会解释者，即使如包括苏格拉底、柏拉图在内的社会解释者，也提出了大量有一定合理性的关于社会思考的结论，如柏拉图在《理想国》中对城邦或国家起源的思考、对君主与臣民关系的思考，这些思考最终在亚里士多德《政治学》中结出了果实，尽管这一时期的政治学不过是对尚不十分成形的社会科学的笼统称谓。

"社会是一个大家庭""社会是一个大舞台，每个人都是这个舞台上的演员"，这是中国人习惯的对社会的理解和解释，这个解释大体可以满足日常生活中人对社会的追问，但却没有提供关于社会世界更多的机理和法则，"无规矩不成方圆"则部分弥补了这个缺憾。这些描述都不能满足求知的人们对社会世界更加深入的理解和拷问，更不能满足现今社会科学尤其是社会学的学理要求。自从孔德借用类比研究法，结合对生物世界尤其是对生物有机体结构与功能的理解创立了社会学这门学科开始，西方人对社会世界的理解才进入分门别类的科学阶段。经济学、政治学、人类学、社会学、文化学等社会科学相继问世并形成，而且还形成了门类繁多的部门社会学和部门社会科学，人们对社会世界的理解虽然尚未完全脱离形而上学和哲学的羁绊，但毕竟有了各种冠名为社会科学的学科。所以，社会科学可以从理解和解释的功能出发全部归并到社会解释学名下，或者说，社会科学实际就是社会解释学。

---

① 景海峰. 经典解释与"学统"观念之建构［J］. 哲学研究，2016（4）：30-38.

　　从社会发生论或元社会学角度看，社会是人经由权利、利益和观念，或者是政治、经济和文化结成的共同体。在这里，无论是权利、利益和观念，抑或是政治、经济和文化，都是人的不同需要的表现。政治所对应的是人的社会性公共需要，如社会秩序、安全和公正，经济对应的是人的物质利益需要，这种需要与人的基本生活紧密相关；而文化则对应于人与人之间相互交往与沟通的需要，以及谋求组织和社会完整存在的集体意识。应当指出，在人与社会的关系中，政治、经济、文化作为社会最基本的三元结构，应当是十分清晰的。但在实际社会生活中，这三种东西则高度紧密地联系在一起，其中任何一个结构系统，也就是社会子系统都会对其他两个系统产生作用和影响，并经过它们对社会系统本身产生影响。从我们已有的政治学、经济学、文化学知识来看，构成社会三元结构的任何一元，自身同样是一种存在着内部结构与功能的系统，这种系统相对于整个社会系统来说，就构成了它的子系统。经济系统的功能，表现为整个社会系统的经济功能，政治系统的功能表现为社会系统的政治功能，同样，文化系统的功能表现为社会系统的文化功能。而这三大系统的功能又取决于各自内部的结构，也就是政治、经济、文化内部各要素之间的关系。

　　社会学结构—功能理论在孔德实证主义和迪尔凯姆功能分析基础上，提出了与系统科学思想相似的思路，以理解和分析社会系统中的问题。但在帕森斯这里，被当作系统考察的并不是社会有机体，而是作为构成社会有机体的个人及其有社会学意义的社会行动，在其中，社会仅仅是一个考察变量或社会行动的影响因素。这样，社会的有机性和系统性被其功能分析变量（AGIL）中的文化、人格和社会掩盖了。其实按照吉登斯的结构化思想，人与社会之间的相互影响和生成关系，说明人的社会行动与社会一样受多重因素的影响，人的心理系统、生理系统本身也是有机的，但社会行动系统的有机性并不像社会系统的有机性，以及心理和生理系统的有机性那样明显。系统是这样一种东西，它是由多个因素或子系统通过相互作用形成的完整统一的整体，而这些因素同样也具有系统性，最终系统落脚于若干具有相对独立的个体单元，如同分子之于原子，群体之于组织、个体，以及社会之于组织、群体和个人。

　　在人类社会系统之间和某个由民族或种族构成的社会内部，由达尔文所发现的物竞天择、适者生存的自然法则，过去一直而且将会永远发挥作用。然而由于道德本位和民族本位主义的文化价值观念的遮蔽，社会达尔文主义一直为大多数思想家所不见容。由斯宾塞所建立的进化论社会学，逐渐为人类发展问题所取代，至于发展的内在机制和外部环境问题，长期以来多被看作社会经济问题和国内或国际政治问题，淡出了社会学的观察视野。

　　社会同样是一个有机整合的系统、人的共同体系统，只是在社会发展的不同阶段，整合这一系统的核心机制不同。在原始社会，整合社会系统的核心机制是由传统习俗和习惯凝成的集体意识；而在奴隶制和封建时代，核心机制是社会等级制度和贵族的强制权力；及至资本主义时期，随着商品经济和民主政治的发展，商品交换机制即市场机制和公民的自由与权利开始发挥它们的作用。但是无论如何，有这样三种整合力量是任何社会所不可或缺的，这就是权力、利益和观念，或者政治、经济和文化。关于这一点，或许有足够的必要在专门的社会学中进行深入细致的考察和研究，只是考虑对问题解释的需要，这里略加阐发。

　　经济活动主要是人们为了满足自身的物质生活需要的活动，这种活动总是围绕着利益展开的。由于资源分布的差别、自然条件的差别以及人的劳动能力的差别，交换是不可避免的。尽管交换的存在和发展，会使剥削成为必然，但由此否认利益交换机制也就是市场经济的合理性，就是对人类经济生活的无知。而且随着交换的发展，社会分工出现并不断加深，而社会分工又从广度和深度上加速了社会的市场化进程，并使社会逐步告别了自然状态，进展到对人工技术和工具日益增长的依赖的现代社会形态。从经济类型来说，传统的农业经济就不如现代工商业经济的整合能力强，结构更为紧密；而工商业市民社会就不如信息和知识经济时代对科学技术的依赖更为严重，社会整合能力更强。即使在市场机制内部，单纯的国有制就不如集体制，集体制也不如私有制的整合能力强，而私有制发展到一定程度，也会走到它的尽头，被全民控股的社会所有制所取代。同时，在不同所有制之间也存在着一个结构性整合的关系。当我们从各种所有制形式，和由它们产生的人的敬业精神和责任感方面，确认各自的优越性时，我们只看到了问题的一面，而当我们从整合社会的经济机制，尤其是经济结构来看待社会经济问题时，倚重的主要目标则是有助于社会经济整合能力的提高，得出的结论，同样是从宏观角度看待每一种所有制形式的优与劣。这样，如果社会主义是不可避免的，那么，它也许不是而且也不可能是全面的公有化或国有化，而是全民控股并参与劳动和管理的社会化。只有这样，才不至于使公有制沦为事实上的官僚所有制，从而使腐败失去其赖以滋生的经济制度根源。

　　从政治角度看，政治实际就是权力的代用语，而权力本就是一种强制的社会整合力量或整合手段。无论人们如何美化或丑化政治，政治的这种整合本质都不会改变。这里所要讨论的，实际上不是政治究竟为何物，而是政治究竟如何发挥，并且有效发挥它对社会的权力整合功能。这里显然也存在着一个类似于利益整合机制和功能一样的结构与功能的关系问题。从客观方面讲，政治就是要提高和满足单个人无法有效满足和实现的社会性公共需求，那么，怎样的权力机制或权力结构，才能有效满足公众对这些社会性公共服务的需求，就成为一个亟待解决的观念问题——政治观念问题。

社会既是人的共同体，那每一个现实存在的个人就是这个共同体的成员。然而，只要社会发生了分层，即划分为若干利益群体，就说明社会中每个人的需求并不完全一致，利益和需求相对一致的人们，便结成具有一定认同感和整体意识的团体，而当团体发展为具有自己的组织、纲领和权利要求时，便成为政党。所以，由利益到权利和意志，由意志和权利到团体，再由团体到政党，就是由古代政治到现代政党政治的发展。这种发展的具体形式则是，由过去少数统治者单纯利用军队、监狱、警察等暴力强制手段维持的权力，即独裁政治，逐渐向由多个政党共同竞争，并经由公民选择而来的、以多数人统治为特征的民主政治的过渡，而由于这种竞争局面的形成，权力所具有的单方面强制的功能在萎缩，受民众监督与制约的成分在增加。在这种监督与制约机制中，由于多个政治主体的出现，使政治由过去的单一权力向现代政治的复合权力转变，而这种转变的核心仍然是社会政治结构和权力架构的多元化。

由以上讨论可以看出，由于单一政治向复合政治、独裁政治向民主政治的转变，使所有民主社会的政治功能越来越符合人的理性和人道的基本要求，使原本只向平民征粮纳税以供当权者挥霍、满足自身贪欲的政治，逐渐变成不能不关心群众疾苦、增进人民幸福、促进社会进步和健康发展的政治。政治这一在马克思意义上维护阶级统治的工具，变成不能不保障人民安居乐业、促进社会文明进步的强制性工具。也就是说，随着社会政治结构的调整和改善，政府的功能大大扩展和增加了。政治工具职能的这种转变，再与自由经济和市场机制相结合，使任何专制的政治企图，都变得不得人心而失去了其合法性。同样，力图确保其合法性的政权，就不能不通过建设性地解决各种社会问题，将其作为自己的主要职责，以赢得社会公众的拥戴与支持，并通过公平的竞争和选举取得或保持自己的合法权力。

说经济是社会得以形成的物质基础，现代政治是依照合法性原则，由多数人或由其委托的政党组织和个人对社会公共事务的强制治理，从现代经济学和政治学的角度来看并无歧义。但对社会的完整存在和全面发展而言，仅有这两者并不够，社会还有第三个重要的整合因素，这就是文化。社会是一个有机整合的整体，在这个共同体中，社会对每一个成员来说不仅是权利和利益的归属，而且是一个精神家园。在其中，共同的文化（包括语言文字、宗教信仰、价值观念、生活习惯等）使生活在一起的人们共有一个大家庭的感觉，并通过这种感觉和心理认同，共同护卫这个共同体的利益和荣誉，由此形成了民族自尊心、集体意识和国家观念。所有这一切，都是社会共同体中文化凝聚和整合作用的表现。从这个意义上说，文化就是社会的观念凝聚核。

在社会结构性要素中，作为社会重要构成的文化中的所有成分均对社会发挥着凝聚和整合作用，但不同的文化形式整合社会的能力有差别。古代社会整合社会的主要文化力量是宗教和道德，而在近现代社会，随着科学知识的不断增长，以及技术在社会物质生产中的地位日益提升，宗教和道德的社会整合能力日渐衰微，世俗功利和经济利益的观念对人的行为的引导作用越来越明显。而对人的意义和价值世界而言，科学及由之装备起来的技术和工具，并不能为人类提供终极托付，宗教和道德的观念整合力量仍有它继续发挥作用的空间，却不可因此过分迷信和依赖文化的这种整合作用，否则人类将永远处于无知和愚昧状态。

从社会发展进程来看，现代社会正是科学技术方兴未艾的时代，也是社会正在增长着对科学知识和技术手段依赖的时代。科学知识对社会的整合作用，主要是通过其技术职能发挥的，即由于科学对技术进步作用的发挥，使人的生活越来越多地依赖于技术，依赖于技术手段加工的各种人工产品。而社会分工的进一步发展，又使科学技术人员不断增加着对社会其他部门劳动成果的依赖，从而使整个社会日益紧密地结合为一个有机的整体。明显的社会事实是，哪里有较高的技术进步，哪里就有深刻的社会分工；哪里有明显而深刻的社会分工，哪里就有人与人之间更深的相互依赖。而这种不断增加的相互依赖，正是社会整合能力提高和社会现代化的重要标志。因此，如果说市场交换机制通过无形的手，把拥有各种利益要求的人们整合在一起，民主政治通过公共意志和权力把人们结合在一起，那么，现代科学技术则通过各种各样的劳动和信息交流工具，把人们更为紧密地整合或团结在一起。由此看来，科学的直接作用尽管是对技术等生产工具和手段的装备，但由这种装备带来的社会关系的重大调整和社会整合能力的提高，的确具有人类历史进程中划时代的价值。

在由权利或权力、利益和观念整合成的社会中，政治、经济、文化之间本身具有结构性关系，而且各种整合因素内部也同样存在着结构性关系。这种关系在现代的发展趋势，明显就是政治、经济和文化领域不断增长的多元化，因为只有多元化，才能使系统内各要素之间的结构更加完善，也只有多元化才不至于使政治专制、经济垄断和文化禁锢，复又成为天经地义的东西，而对人类造成新的异化。

如果说自然科学就是对自然提供了较为科学和合理的解释，从而成为自然解释学的话，那么，对由人类构成的共同体——社会及其本质，社会生活的实质与形式提供较为科学和合理解释的社会科学，便是这里所要考察的社会解释学。只是这里的自然解释学和社会解释学并非原本解释学意义上的解释学，而是最宽泛的知识意义上的解释学。这种解释学就其职能来说，不过是对人们生活于其上和其中的自然和社会世界提供某种令人信服的解释和说明，而其中最具解释力者，则属于自然科学和社会科学理论，我们把这类科学一并称为理论科学，包括理论自然科学和理论社会科学，但不包括形而上学或本体论意义上的哲学。

三、解释学及其类型

解释学（hermeneutics）又称诠释学、释义学，发端于西方，是对哲学、神学、历史学、语言学、心理学、社会学以及文艺理论中有关意义提供理解和解释的哲学体系、方法论或技术性规则的统称。有关解释学的研究可以上溯到古希腊。作为一种哲学流派，解释学形成于 20 世纪，第二次世界大战后在西方学术界产生了较大影响。

解释学的英文 hermeneutics 源自希腊语的"了解"（ερμήνευω）一词。这是从希腊神赫尔墨斯（Hermes）的名字得来的，其意为"神之消息"。近代解释学的基本特点是客观主义，即理解和说明作为主体的作者在文本中所表达的客观意义。解释学是一个解释和了解文本的哲学技术，它强调通过诠释理论并根据文本本身来了解文本，强调忠实客观地把握文本和作者的原意。解释学中一个很重要的概念是"文本"，这一概念现在已经被扩展为各种或所有书面文字或文件，如学术著作、讲话、表演、法律文本、艺术作品和事件等。因此，在解释学家看来，任何一个人或其作品都在细说或者诠释"社会文本"。

释义学早在人类远古文明时期就已存在，这时期的释义学主要解决如何理解卜卦、神话、寓言意义的问题。古希腊时期亚里士多德的学说已涉及理解和解释的问题。当时，人们把如何使隐晦的神意转换为可理解的语言的研究看作一门学问。中世纪的 A. 奥古斯丁、卡西昂等哲学家在对宗教教义进行新的解释时，逐步把以往对要解释问题的零散研究系统化。16 世纪的宗教改革家马丁·路德提出如何直接理解《圣经》文本的原则与方法的问题，对解释学研究起了较大的推动作用。此外，在哲学、法学、历史学、语言修辞学等传统研究中也一直涉及解释学的问题。解释学一词于 1954 年首次出现于 J. 丹豪瑟的著作中，但在 18 世纪以前，有关如何正确理解文本意义的研究往往被称作释义学。这类研究往往从实用性出发，实际上是一些零散的解释规则的汇集。

从起源和演化看，解释学大体经历了两个发展阶段：古典解释学和现代解释学。

在解释学的古典时期，解释学被作为一门理论来研究。解释学是由 19 世纪德国哲学家 F. D. E. 施莱尔马赫和 W. 狄尔泰在前人研究的基础上开创的。施莱尔马赫致力于《圣经》释义学中的科学性和客观性问题研究，提出了有关正确理解和避免误解的普遍性理论，使神学的解释成为普遍解释理论的一种具体运用。狄尔泰被看作是西方传统解释学的集大成者，他效仿为自然科学奠定哲学基础的康德的《纯粹理性批判》，提出了作为"历史理性批判"的解释学。他所关心的问题是：处于具体历史情境中的解释学如何能对其他历史性的表现进行客观的理解。他认为自然科学中的因果"说明"原则与精神科学中的"理解"原则是根本对立的，彼此各有其适用范围，互不逾越。他还把文化现象中的"理解"看作是一个生命（作品解释者）"进入"另一个生命（作品创作者）的过程。也就是说，一切社会文化现象都相当于在种种符号中固化了的生命表现，理解这些现象就相当于把握符号创造者的主观精神世界。狄尔泰以前的各种解释学研究，在西方往往被统称为"古典解释学"。古典时期对解释学有贡献的研究者还包括文艺复兴以来的 I. M. 弗拉休斯、B. 斯宾诺莎、J. 克拉德纽斯、A. G. 鲍姆嘉通、L. 迈耶尔、K. W. von 洪堡、G. A. F. 阿斯特、F. K. von 萨维格尼、L. von 兰克和 J. G. 德罗申等。

现代解释学的另外两位代表人物是德国的宗教解释学者 R. K. B. 鲍尔特曼（1884—1976）和意大利"解释学理论"的研究者 E. 贝蒂。鲍尔特曼受狄尔泰与海德格尔的影响，提出了自己的解释学循环论，其基本观点是：宗教信息解释者必须先有信仰才能理解，但理解的目的正是为了获得信仰。他还提出用

《圣经》解释"非神话化"的原则，认为只对《圣经》做历史与语言的解释，就足以判定它所包含的宗教信息。他的弟子 E. 福赫斯与 G. 艾伯林把其学说移入语言学研究中，在宗教解释学中也有较大影响。贝蒂则反对本体论解释学的主观主义与相对主义。他直接继承了古典解释学的传统，恢复了把解释学作为人文科学方法论以及一般解释理论的意义。他认为人文科学中的理解应具有相对的客观性，这种客观性来自心灵的"客观表现"。但由于客观表现（如作品、文字）与接受者之间存在着距离，因而理解的客观性就不可能完全实现。同时也由于心灵凝结于永恒的形式中并与作为"他者"的其他主体相对而结成依存关系，这就使理解不只是了解文本字义，同时也要求文本的创作者与解释者在理智、情感、道德诸层次的互相融通。尽管贝蒂对解释活动的技术性问题进行了较详细的研究，但他对哲学解释学的影响不是很大。

广义的解释学指对于文本之意义的理解和解释的理论或哲学，涉及哲学、语言学、文学、文献学、历史学、宗教、艺术、神话学、人类学、文化学、社会学、法学等社会科学或社会生活重点意义的理解问题，反映出西方人文社会科学研究领域的各门学科之间相互交流、渗透和融合的趋势。解释学既是一门边缘学科，也是一种新的研究方法，又是一种哲学思潮。狭义的解释学指局部解释学、一般解释学、哲学解释学等分支和学派。局部解释学泛指任何文本注释，包括古往今来的法律、《圣经》、文学、梦和其他形式的文本解释的规则和方法的理论体系。从古希腊人解释荷马史诗和其他诗作开始，欧洲的古典学者就有注释古代文献的传统。中世纪后期形成了有关《圣经》经文和法律条文解释的"古典注释学"和考证古代典籍的文献学。实际上，中国宋明时期的朱熹、"二程"等对古代儒家典籍所做的注释和解读，甚至演化出了被称之为考据学（textual research）的解释学，如朱熹的《四书章句集注》《楚辞集注》，收入《二程集》中的程颢和程颐的《遗书》《文集》和《经说》等，均是古代中国的解释学，以水系、河流为地理经纬的《水经注》① 也是解释学，只不过我们没

---

① 《水经注》是古代中国地理名著，共四十卷。作者是北魏晚期的郦道元。《水经注》因注《水经》而得名，《水经》一书约一万字，《唐六典·注》说其"引天下之水，百三十七"。《水经注》看似为《水经》之注，实则以《水经》为纲，详细记载了一千多条大小河流及有关的历史遗迹、人物掌故、神话传说等，是中国古代最全面、最系统的综合性地理著作。该书还记录了不少碑刻墨迹和渔歌民谣，文笔绚烂、语言清丽，具有较高的文学价值。由于书中所引用的很多文献都在后世散失了，所以《水经注》保存了许多地理历史资料。

有形成解释学的名称而已。一般解释学是理解和解释文本的一般方法论研究。它不同于各种局部形式或分门别类的解释学，其目的在于建立以连贯一致的理解哲学为基础的一般而普遍的方法论。代表人物为德国哲学家施莱尔马赫（Friedrich Daniel Ernst Schleiermacher, 1768—1834）、狄尔泰（Wilhelm Dilthey, 1833—1911）和意大利哲学家埃米里奥·贝蒂（Emilio Betti, 1890—1968）。埃米里奥·贝蒂为了响应伽达默尔的《真理与方法》，出版了《作为精神科学的普遍方法的释义学》和《普遍解释是人文科学的方法》（1967）两本专著，试图建立以考察多学科中解释的模式为基础的普遍"理解"方法，规定一套解释的标准。哲学解释学泛指对理解和解释现象各个层次和各种情况的研究，它不是一种方法论，而是对方法论、对理解中意识形态的作用，以及对不同形式的解释范围和假定等的哲学"反思"。哲学解释学有两种形式：

（1）分析的解释学。这种解释学也被称为"一般解释学"，主要涉及理解和解释、思维机制和日常语言等问题，它虽然也涉及方法论，但是主要属于哲学性质。

（2）人文主义的哲学解释学。哲学解释学的代表人物包括海德格尔、伽达默尔、利科和德里达等人。他们根据现象学的传统及其对客观知识的批判，试图对文本解释的条件进行反思。

现代解释学的开创者是 20 世纪的德国哲学家 M. 海德格尔，他把传统解释学从方法论和认识论研究转变为本体论研究，从而使解释学由人文科学的方法论转变为一种哲学，并发展为哲学解释学。海德格尔通过对"此在"的分析达到对一般"存在"的理解，并把理解作为一种本体论活动。他提出了"解释学循环"这一著名理论，认为解释者对被解释对象的"认识预期"或者如同克雷奇所说的认知定式是待解释意义的一个部分，因而理解活动的完成依赖于理解的"前结构"，即一组在理解之前业已存在的决定理解的因素。于是，这一基本"循环"始终存在于"前结构"与解释者的"情境"之间。不过，他强调这不是一个"恶性循环"，而是"此在"进行认识活动的基本条件。

20 世纪 50 年代末，德国哲学家 H. G. 伽达默尔（Hans-Georg Gadamer）把海德格尔的本体论与古典解释学结合起来，使哲学解释学成为一个专门的哲学学派。他本人的学说也成为 20 世纪 60 年代以来欧美解释学的基础之一，影响甚广。伽达默尔关于解释学的基本观点是：人文科学不可避免地具有历史相对性与文化差异性。他在美学、历史与语言这三个领域，分别对这一主题进行了研究。他认为人的存在局限于传统之中，其认识会有不可避免的"偏见"。人类历史由各种传统力量积累而成，他称之为"效果史"。在"效果史"中，过去与现在相互作用，当前的认识受制于过去的传统因素。他认为真实的理解乃是各种不同的主体"视界"相互"融合"的结果。伽达默尔于是成了"视界融合"（fusion of horizons）这一概念的创立者。

伽达默尔和德里达根据海德格尔对存在—神学传统的批判研究，力图在形而上学问题的具体情况中理解解释。伽达默尔的"历史解释学"认为文本是历史的流传物，强调文本是历史的载体。历史表现为"文本化的存在"和"文本化的历史"。历史就在语言文本之中传承，语言文本是理解本身得以进行的普遍媒介。在此意义上，诠释学开始于语言文本，又终结于语言文本。语言文本是历史理解和历史存在的家，是二者相互作用的场所或布尔迪厄笔下的场域。这无疑回到了海德格尔的著名判断——语言是存在的家园。

伽达默尔被认为是西方最后一位哲学大家，其代表作《真理与方法》也被认为是西方最后一部哲学巨著。但这样的评价对伽达默尔来说，显然是过高了。他企图把美学问题提升到哲学的高度，这一企图本身就埋藏着把哲学贬低到美学水平的潜在可能。而事实上，后者在某种程度上较前者更能道出《真理与方法》的实际真相。

在《真理与方法》中，伽达默尔企图阐明在理性科学之外，艺术、历史等社会学科从另外一种途径更好地表达了真理。这一点伽达默尔的老师马丁·海德格尔本来已经做出了很好的澄清和阐释。在海德格尔那里，存在（真理）通过艺术等方式被认为获得了较之形而上学、现代科学等理性学科更好的保存与绽露。海德格尔认为，真理不是对规律的揭示，而是存在之祛蔽，它的绽露是通过此在提供的场所实现的，人要绽露存在，就必须类似于静观地让存在呈现，并通过艺术等方式加以保存。对存在做任何理解性解释都是异化存在的意向，理解不是坦然面对而是包含有迎拒、取舍的态度，海德格尔对此表示坚决反对，认为那是人的历史化给存在带来的遮蔽。而海德格尔的老师胡塞尔则早已对此做出了一条著名的现象学戒律：一切对现象的解释都必须被放进括号里加以悬搁。作为海德格尔的学生，伽达默尔显然有自己的哲学野心：他要发展出自己的一套哲学。这个哲学意向建立在晚年海德格尔的语言哲学基础之上。与海德格尔不同的是，伽达默尔认为不是语言保存了存在，而是人的理解和解释保存了存在。因为艺术和语言等表达问题，最终是以理解来实现的。很难说这是对海德格尔哲学的一个发展，毋宁说这是对海德格尔哲学的一个倒退性反拨，尽管它所引发的接受美学在欧美曾风行一时。伽达默尔也不得不承认，任何理解都会受到阐释者局限性的制约。理解在这一制约下，还能成为存在之祛蔽的真理吗？伽达默尔对此所采取的态度与其说是哲学的态度，不如说是现实的实用主义态度。他认为，表达问题实际上已经是理解本身的问题。他是基于经验主义来确立这一结论的。伽达默尔显然未能弄清理解根本上说是建立在对象表达基础之上的另一表达，而非对象的元表达。伽达默尔方案的这一根本性谬误不得到处理，其哲学成果就会很成问题。从哲学的洞见性和真理性角度，伽达默尔以理解为本体的学说，不仅不如其师辈胡塞尔和海德格尔，也大不如同时代哲学家维特根斯坦的语言游戏学说，后者认为世界存在于语言运用之中。

建立在伽达默尔以理解为本体的哲学基础上的接受美学，本质上乃是一种主观唯我主义的美学变种。这里的"接受"本质上说来是一个虚假的指称，其实质乃是伪"接受"者的一种地地道道的自我表达。企图通过这一所谓接受性表达来绽露源表达——存在之祛蔽（真理），将无异于缘木求鱼。

历史是语言文本中的历史，是文字和考古发掘记录下来的历史。具有语言性质的历史传承物有两种：口头文化传承物和文字固定的传承物。伽达默尔更看重后者，因为文字中的传承物是超越时代的，是跨越时空的关于过去的记忆。伽达默尔认为，"以文字形式流传下来的一切东西相对于一切时代都是同时代的，在文字传承物中具有一种独特的过去与现代并存的形式……"① 因此，一切文字文本既是过去的又是现在的，作为对逝去的历史的记忆，它充满了传统的连续性；作为保存到今天的历史传承物，它又具有当代性。文字既体现了过去和现在之间的紧张关系，又包容了过去和现在之间的视界融合。②

利科与伽达默尔和贝蒂不同，他试图调和德国的解释学传统和语言分析哲学、心理分析学、结构主义思潮，认为本体论只存在于解释的方法论中，并认为只有通过各种解释之间的"冲突"，才能获悉被解释的存在。

20世纪60年代以来，解释学与西方其他哲学流派以及人文学科中的有关研究相结合，并由此形成了一些新的解释学学派，其中比较重要的是法国保罗·利科的现象学解释学和德国的批判解释学。保罗·利科的解释学是存在主义、

---

① ［德］汉斯-格奥尔格·伽达默尔. 真理与方法（上卷）［M］. 洪汉鼎，译. 北京：商务印书馆，2011：504.
② 李金辉. 解释学理论中的实践解释学转向［J］. 北方论丛，2008（3）：112-116.

结构主义、弗洛伊德主义以及日常语言哲学的综合物，其研究内容与风格同德国解释学哲学有很大差异。保罗·利科指出，不应把解释学当作认识论研究，而应把它看作一种方法论，它首先需要研究多重的意义结构，然后从表面意义中揭示隐蔽的意义。他指出，本体论只能存在于解释的方法论中，并只有通过各种解释之间的"冲突"才可获悉被解释的存在。

批判解释学的主要代表是 J. 哈贝马斯和 K. O. 阿贝尔。这两位解释学哲学家都重视为马克思历史唯物主义所重视的实践问题，认为解释学应对社会改进有所帮助。哈贝马斯反对哲学解释学的主观主义，认为社会行动的意义并不能由行动者的主观意识来确定，决定其意义的根本因素是社会中的劳动与支配系统，这二者加上语言系统构成了人的客观环境。人对意图的理解与意图实现的程度，均由这种客观环境所决定。阿贝尔也指责以往解释学的唯心主义倾向，认为这种倾向忽略了历史发展的客观物质条件。他强调在社会整体内部存在着限制自由的力量与改善环境的愿望之间的张力关系。批判解释学试图通过揭示社会机制达到对社会行动意义的理解，并希望以此改善人们的生活条件。

需要注意的是，关于解释，尽管在西方形成了一门被称为解释学的学科，而且在其内部还有学说或流派分化，但就本书"解释与建构"的主题来说，并不计划按照传统解释学和历史考古学的思路理解解释，而是把解释看成人类所有知识尤其是科学知识最重要的功能，并在这个认识基础上，考察科学家建构理论科学解释框架的机理与过程，其中包括认知、心理和社会过程及其条件。科学实践本身就是解释学的，因为"科学家所做的就是解释，就他们隶属的科学传统和他们提出的特定问题来说，他们的解释就是一种偏见（非否定意义上——引者注），只不过是以非常具有生产性的方式表现出来的。说明和理解一样，都是解释……对科学家共同体和某种含义上是他们听众的领会来说，他们解释数据的方式是重要的、有价值的"①。如果说，包括解释美学在内的解释学更看重社会世界中的人们，包括人文学科领域的学者赋予其作品、自然世界和社会生活中的社会行动以某种意义的话，那么，解释与建构的方法论研究，更愿意把这些意义看成是一种客观的关系——其中包括两层最重要的基本关系，那就是赋义和解释，文学、艺术、美学等创作过程主要是赋义关系，而包括历史、考古在内的社会科学则主要是解释关系，而且是建构性解释关系——从中

① ［美］肖恩·加拉格尔. 解释学与认知科学［J］. 华东师范大学学报（教育科学版），2004（1）：34-42.

离析出具体而实在的关系加以考察，以为后学提供某种方法论的警示和指导。如果硬要把经验而理性地解释世界的科学也算作解释学的话，那么，无疑要对我们试图构建的解读科学理论的解释学加上一个重要的科学限定，这个或这门解释学就是科学解释学，或者有关科学（自然科学、社会科学）的解释学。而西方已经成形的解释学则只能理解为是关于哲学、美学、艺术和其他非科学文本的文化解释学，其中最重要的仍然是哲学解释学。

第二章

现象世界诸领域

尽管我们承认成形的科学或者理论科学是由科学家主观地建构出来的，但也承认这个或这些理论是为着解释客观存在的自然和社会现象服务的。也就是说，科学家主观地建构起来的科学理论，按照行为主义的说法，是对客观存在的自然和社会世界的反应，而且是包括感觉、直觉、情感、理性在内的自觉的反应。在这里，也存在着人类区别于其他动物——在人类证据不充分的自信的意义上——的对世界的加工、利用和改造的某种预期。但是，自然世界和社会世界的现象是公平地呈现在所有人面前的，并不是所有现象在所有人那里引起了被我们称为理论建构和解释的那种反应，而只是某些现象在被称为科学家的这一类人中引起了这种建构性反应。这里就存在着一个需要深入思考和解释，并加以区分的现象世界和科学世界的问题。

由于对人的存在的本体论偏爱，承继于海德格尔存在主义的现象学家不仅倾向于，而且把存在纯粹看成是人的主观性或自我意识，并用这种存在来指称整个现象世界，但在科学家看来，现象世界并不仅仅是对科学家所静观的部分世界的描述，而是指客观存在于主体之外的整个外部世界，以及其中的存在及其运动和变化。科学家一般对抽象的本体论和形而上学问题（诸如世界是什么，这个世界是从哪儿来的）不感兴趣，他们感兴趣的只是这个世界究竟怎么样，以及为什么是这样，而不是那样。因此，尽管关于科学的方法论问题，不能充分摆脱认识论哲学的纠缠，但科学问题则是本质上有别于哲学问题的。

现象世界常被称为物理世界，但就概念的内涵和外延来看，现象世界甚至不限于物理世界，虽然自然科学意义上的现象世界主要是物理的，但其中还包括被生物学所揭示的生命世界或生理世界，再加上把心理学和社会科学所考察的世界也包括进去的话，那么，现象世界就包括二元的自然世界和社会世界，三元的物理世界、心理世界和社会世界，四元的物理世界、生理世界、心理世界和社会世界，如果把我们所说的科学世界也纳入其中的话，整个现象世界就包括以上所列的五元世界。但是，科学世界是以前面的四元世界为对象形成的世界。这里就以此为线索，分别考察这几个世界。

一、物理世界或物质世界

物理世界（physical world）是指提取了生命和心理因素的外在于人的意识和认知活动的客观物质世界（material world），这个世界的特征是它的客观性和自在性，物理世界并非康德意义上的自在之物，而是客观、有形、可感的材料世界。整个客观物质世界都是物理世界，从浩渺宇宙及其中的星体，到微观的物质微粒，以及构成物质世界的基本元素和它们之间的运行、运动和变化。唯物主义借助这一点来否定现象世界的其他领域，尤其是包括科学世界、心理世界在内的主观建构领域，但物理世界只有在作为生命世界尤其是社会世界的资源和环境时才有意义。所以物理世界，尽管是运行、运动和变化着的，但相对于生理世界、心理世界和社会世界，可以把这个世界看成是一个死寂的世界。

尽管可以把物理世界看成是一个死寂的世界，但不意味着这个世界内部各物质或物体之间以及该世界与其他几个世界之间没有关系，恰恰相反，物理世界滋养和保证了其他几个世界的存在、运行和发展。而在物理世界内部，存在着从物质内容、结构也就是实质到时空位置和形式之间的复杂关系，存在着不同物质或物体之间的相互作用及其机理或原理，整个物理学其实就是对这些机理或原理的揭示和解释。古代中国的金、木、水、火、土构成的阴阳五行学说，其实是古人对这个物理世界的猜测以及对人的生存状态或所谓命运关系的附会。所以阴阳五行学说可以看成是中国古代的物理学，只不过它只停留在物质的物理形态的表面。金不单指黄金或金子，而且可以指所有金属物质；木则指木质，即木本植物，也就是树木的材质或质地；水自然可以泛指滋养所有生命，并被道家比附为至柔至刚、无坚不摧的液态物质；至于火则是燃烧、炙烤之高温气浪；土则是由矿物质风化而形成的供所有植物生长的基质，也是动物和人类居所的基础。说世界是由金、木、水、火、土五种物质构成的肯定是错误的，但说世界是由金属、木质、水质、气质、土质五类物质构成的则是基本可靠的。

物理世界可以分解为世界的质料、形态（形状、样态、相态）、作用、运动、过程等许多方面，每一个方面都存在着与温度、时间和空间等方面的关系。结合自然世界纯形式的知识已经取得的数学成果，物理学家对物理世界中的诸现象进行筛选和抽象，并形成了大量的物理学概念，诸如物体、质点、力（动力、阻力、摩擦力、重力）、能（动能、势能、风能、电能、太阳能、热能）、位移、速率、效率、功率……用于刻画和标识物理世界的不同方面。在物理学庞大的学科体系中，相继分化出了地理学、地质学、矿物学、天体力学、化学、气象学、流体力学、水力学、空气动力学、热力学等学科群。这些学科都从不同侧面对我们所存身的物理世界提供解释和说明。如今即使在社会科学领域十分普遍的形式、形势、作用、功能、效率等语词和概念，都可以从物理学中找到源头，说明人类知识尤其是科学知识的普适性。

需要指出的是，并非如同我们曾经认为的那样，物理世界乃至整个自然世界习惯于把本质和规律隐藏在现象之后，供人类尤其是科学家去挖掘，事实是自然世界从来没有向人类隐藏和掩盖什么，只是这种被我们称之为规律的东西往往被自然或物理世界中纷繁杂陈的现象所遮蔽。我们所谓透过现象看本质，乃是对自然人化或拟人化的结果，人类有心理和行为之分，但自然只有一个本真的物理实在，问题是大部分日常生活中，人忙于生计而无暇顾及这个世界，一些科学家则由于认知方法的局限而难以获得通往物理世界的门径。至于唯理主义者，其目标并不在自然世界，乃是试图通过对自然物理世界的说明通向其自为的理念，如柏拉图的理念分有说、黑格尔的感性显现说、莱布尼茨的单子说、老子的有无说、伽达默尔的解释学等。

物理世界是一个纷繁杂陈的有形世界，其中有形的表明这个世界是可感的，也就是通过我们的感官系统是可以感觉到的，对这些感觉信息的综合加工和利用，可以形成经验、知觉乃至抽象的知识。纷繁杂陈的表象会遮蔽和干扰我们对这个世界的认识，所以我们需要从这种纷繁杂陈后面聚焦于所要观察的现象的一部分，并对这些部分做出必要的抽象。诸如在自然状态下，山坡上滚落的石头、山涧下落的瀑布与秋天树上的落叶之间的下落运动与地心引力和重力的关系，在较为平坦的地面推动物体移动，水中漂浮的物体以及在生产劳动中用撬杠撬动重物的过程……这些过程即使在人类文明的远古时期也是司空见惯的，常人兴许至多会从中总结出一些窍门，但对致力于思考世界的思想家和科学家来说，这些过程则可能是发现世界奥秘的灵感之源。

物理世界的物体或事物之间存在着复杂的关系和广泛的相互作用，这些关系和作用反映在我们的大脑中，形成我们对于物理事件及其因果关系的认识，但这种认识同样是经由我们的感官的功能也就是感觉实现的。由于人或所有动物都有保持自身身体平衡的本能，所以，作用于人体的力量，都会使我们趋向于偏离原有的平衡状态，如果这种力量足够大而且迅速，便会造成严重的痛感，而且这种痛感与作用的大小密切相关，于是科学家就可以通过这种感受来理解物体之间的相互作用。同样，高温炙烤会导致燃烧，而在极寒状态下人体则会被冻坏，这样人可以通过自己的感受和身体变化理解温度、热量之于物体或者物质的作用和影响。所以，体验、感悟、体会不是科学，却是认识物理世界的必要途径，这一途径的心理机制，将在后面的建构中专门考察。

在人们不了解或者不理解数理科学的现象基础时，有必要对物理世界中事物的数量和形式尤其是空间形式做必要的讨论。数是对物理世界乃至所有世界中事物的多少或者量的刻画，有限量的名词形式可以有复数，但无限量的事物或对象则不可以用复数来表达。数学绝不仅仅是对事物量的加、减、乘、除等简单运算，还包括从函数关系到空间关系的大量数理和运算体系。尽管物理世界有大量极为精巧的天成之作，但物理世界的事物主要还是以不规则形式呈现出来的。为了更好地刻画和把握这个世界，数学家往往要从形式上对其中事物占据或呈现的空间，进行简化和理想化假设和加工，从而使之成为人们可以简单把握的形式，如平面几何中的点、线、面，三角形、圆形、梯形和矩形，立体几何中的球体、圆锥体和正方体，以及函数中的线性函数、指数函数和对数函数等，并由此从空间中离析出了一维空间、二维空间、三维空间甚至还有拓扑空间等。需要明白，物理世界不规则的存在形态，只有经过数学家和几何学家的主观加工和建构，才能被清晰地认识和利用。而这些不规则的形态，总会通过空间数学中的多种典型空间形式的组合，以更为接近或近似的程度来反映。康德之所以把时间和空间称作人的两种先天综合统觉，只是表明这两种东西在理智健全的人那里的不言自明性，并不意味着人人都可以先天地理解和把握它们。正确的说法毋宁是，自然界没有时间和空间，只有过程和存在，时间和空间都是由人和社会建构起来用于把握这些存在甚至整个世界的观念工具。

物理世界还有一个重要的变化领域，那就是物质成分和性质、性能在一定条件下的变化，这种如今被化学学科所研究和揭示的领域，就是我们一般所谓化学变化的领域。其中的溶解、结晶、化合和分解乃至络合都会使物质形态、物质的构成成分、物质的化学性质发生变化。由化学学科所揭示的物理世界的变化机理，不仅可以用于人类食品化工和化学工业领域，也可以作为研究生物生命或生理现象的知识和学理基础，从而造福于人类生活和生命健康。值得注意的是，原子化学、原子物理学所揭示的原子内部结构的变化和核外电子分布方式，还可以很好地用于解释社会世界中诸多的人类行为和活动。如能量最低原理①之于人类公共空间中的占座和社会排挤行为，鲍里不相容原理②之于婚姻关系，离子化合物、共价化合物之化合原理之于人类借贷和合作共享行为，以及比单纯的化合更复杂的配合作用形成的配合物（coordination compound）③之于社会组织的形成和建立，等等。由此说明，自然世界和社会世界，物理世界与生理、心理世界共同享有很多原本认为互不相关的机理和法则。

二、生理世界或生物世界

生理世界（physiological world）或生物世界（biological world）系指由所有生物或有生事物构成的世界，这个世界由于与社会世界的殊异性，常常被归于

---

① 能量最低原理是原子化学中所揭示的为了使原子处于稳定状态，原子核外电子的分布遵循优先占据能量最低或较低轨道的原则，在这些轨道被占满以后，才逐渐按照"电量相等、自旋方向相反"的原则占据能量较高的轨道，直到安排好所有电子。

② 鲍里不相容原理是指核外电子分布的同一个轨道，只能容下电量相等、自旋方向相反的两个电子。这一原理可以照应中国道家所谓"一阴一阳谓之道"，以及门当户对的婚姻缔结方式。该原理或原则是由化学家鲍里（Pauli）发现的，所以就以发现者的名字命名。

③ 配合物或配位化合物（coordination compound），又名络合物，为一类具有特殊化学结构的化合物，由中心原子或离子（统称中心原子）和围绕它的称为配位体（简称"配体"）的分子或离子，完全或部分由配位键结合形成。包含由中心原子或离子与几个配体分子或离子以配位键相结合而形成的复杂分子或离子，通常称为配位单元。凡是含有配位单元的化合物都称作配位化合物。研究配合物的化学分支称为配位化学。配合物是化合物中较大的一个子类别，广泛应用于日常生活、工业生产及生命科学中，近些年来的发展尤其迅速。它不仅与无机化合物、有机金属化合物相关联，并且与现今化学前沿的原子簇化学、配位催化及分子生物学都有很大的重叠。

　　讨论经典配位化合物时，常会提到这样几个术语：①配位键、配位共价键：配位化合物中存在的化学键。由一个原子提供成键的两个电子，称为电子给予体，另一个成键原子则称为电子接受体。参见酸碱反应和路易斯酸碱理论。②配位单元：化合物含有配位键的一部分，可以是分子或离子。③配离子：含有配位键的离子，可以是阳离子或阴离子。④内界、外界：内界指配位单元，外界与内界相对。⑤配体、配位体、配位基：提供电子对的分子或离子。⑥配位原子：配体中提供电子对的原子。⑦中心原子、金属原子：一般指接受电子对的原子。⑧配位数：中心原子周围的配位原子个数。⑨螯合物：含有螯合配体的配合物。

　　含有多个中心原子的配合物称为多核配合物，连接两个中心原子的配体称为桥联配体，以羟基为基础建立的桥联称为羟联，以氧基为基础建立的桥联称为氧联。

　　在配合物中，中心原子与配位体之间共享两个电子，组成的化学键称为配位键，这两个电子不是由两个原子各提供一个，而是来自配位体原子本身，例如〔$Cu(NH_3)_4$〕SO_4 中，Cu 与 NH_3 共享两个电子组成配位键，这两个电子都是由 N 原子提供的。形成配位键的条件是中心原子必须具有空轨道，而过渡金属原子最符合这一条件。

自然世界，甚至归于物理世界。但就人们目前对现象世界的认识，把生理世界或生命世界归于自然世界是合理的，甚至社会世界也可以归于其中，但把它归于物理世界则明显不合理。

一如前述，如果说物理世界是死的世界，那么生理或生命世界明显就是活的世界。就目前已经探明的知识领域，这个世界只存在于我们人类所居住和生活的地球，其他任何星球均尚未发现有生命存在，更遑论有人类活动的迹象。正是由于从动物到植物和微生物，从水生到陆生这样千奇百怪的生命世界，构成了多姿多彩的地球。达尔文的进化论提供了关于生命世界演化的猜测。之所以叫猜测，原因在于，迄今为止原始形态的生物或生命依然存在，而没有形成明显的生物种间进化的迹象。说人是从鱼、类人猿或其他任何哪种生物进化来的，只是一个未能获得确凿证据的佯谬，只能承认就某种生物尤其是动物来说，也许在古往今来的历史演化中发生了某种体质的（physical）或者形态的变化，而且在这种演化中，还存在着特化（specialization）和泛化（generalization）两个基本趋向，究竟属于哪种趋向，则是因环境和生物本身的特质而异的。

在绝对的意义上，可以把整个物理世界看成是生理或生物世界的环境，但对某一类生物种群或个体而言，其环境则不仅包括物理世界，也包括其他生理或生物世界乃至人类社会。在生物世界内部，存在着种类繁多的生命种类或类型，从生物个体大小和生存状态，可以区分出动物、植物、微生物；从生存环境，可以区分出海洋生物、陆生生物。在动物中，从形态可以区分出鸟类、兽类、鱼类、爬行类，从食物类型可以区分出草食动物、肉食动物、杂食动物和腐食动物；植物中按照其茎秆的材质可以区分出木本植物、草本植物，按照生命周期可以区分出一年生草本植物和多年生草本植物，以及草本、木本植物内部按照某种特征所做的进一步划分。在微生物内部，则按照美国微生物学家卡尔·沃斯（Carl Woese）利用16SrRNA建立的分子进化树分类法，也就是按照微生物的表型特征即形态学、生理生化学、生态学等进行初步划界，再按照林奈的生物分类学对微生物进行分类，这样微生物可以初步分为古细菌原界、真细菌原界和真核生物原界，以及做更进一步的划分。

需要注意的是，生物世界复杂性给科学尤其是生物学提出的第一个难题就是对这些种类繁多的生物进行分类，以便于理解它们究竟属于哪一类。尽管所有科学研究都要涉及对象和问题类型的划分，但在生理和生物世界，尤其是生物世界内部，生物分类具有极端的重要性，否则我们对这个复杂世界无法获得哪怕最基本的把握，以至于把所有动物都叫虫，所有木本植物都叫树，以及把所有草本植物都叫草，至于它们是什么虫、什么树、什么草都难以辨别清楚。由此可以看出瑞典博物学家林奈①和由他创立的彪炳史册的动植物双名命名法（binomial nomenclature）对生物学乃至生物世界研究所做出的贡献。

生理或生命世界不仅是活的，也就是有生命这种自然世界最高级、最复杂的运动和变化形式，而且在生命世界内部还存在着十分复杂和奇妙的关系。就人们研究探明的领域看，不仅植物、动物、微生物之间构成微妙的食物链关系，动物与植物在呼吸、光合作用之间还构成互补关系，也就是植物通过白天光合作用吸收利用二氧化碳（CO_2），在夜间的呼吸和蒸腾作用中释放出水分和氧气（O_2）；而动物则通过呼吸作用利用氧气，而释放出二氧化碳。除了人类在社会生活中的合作和相互利用外，在昆虫世界乃至植物世界还存在着大量寄生和相互利用关系，如寄蝇、寄生蜂与其寄主昆虫之间的关系，蚂蚁与蚜虫之间的关系。中国人十分看重并认为有保健作用的冬虫夏草（ophiocordyceps sinensis），其实是秋天寄生、来年春天萌发的一种蝙蝠蛾幼虫寄生菌，而不是什么草。还有昆虫与虫媒植物之间互利共生，大象通过传播树种与树木之间互利共生……所有这些共生和互利关系，共同维持整个生命生态系统的相对稳定。

生物世界是自然生命世界的有形或表面部分，在每一种生命或生物系统的内部，则存在着大量不为人们所熟知的生理现象和过程，生物世界的这一部分才是造成其外部特征的根据。所谓生理，就是生物生命活动的机理和法则，即微生物是如何生存繁衍的，植物是如何生长发育的，包括人类在内的动物是如何生活的，以及它们/他们生存、生长发育和繁衍的机体内在机制是什么。就目前已经探明的，所有生物都有自营生存或生活能力，这种能力发挥的程度如何，主要取决于外在环境条件，对微生物和植物来说主要是温度、湿度、基质等水肥气热条件，对动物来说，除了温度、湿度、空气中的氧气外，更重要的是作为其食物来源的动植物生产、生长和发育条件，但这些条件究竟是如何转变为生物幼体的必要构成并维持其生存和繁衍的，显然就成为所有生理科学所要重

① 林奈，全名卡尔·冯·林奈（瑞典名 Carl von Linné，英文名 Carolus Linnaeus，1707—1778），瑞典植物学家、冒险家，他首先构想出定义生物属种的原则，并创造出统一的生物命名系统。林奈把全部动植物知识系统化，摒弃了人为的按时间顺序的分类法，选择了自然分类方法。创造性地提出"双名制命名法"（简称"双名法"），给每种植物起两个名称，一个是属名，一个是种名，连起来就是这种植物的学名。该命名法已经包括了8800多种植物，可以说达到了"无所不包"的程度，被称为万有分类法，这一伟大成就使林奈成为18世纪最杰出的科学家之一。瑞典政府为纪念这位杰出的科学家，先后建立了林奈博物馆、林奈植物园等，并于1917年成立了瑞典林奈学会。

点解决的问题了。

需要说明的是，生物生命现象是外在的现象层面的问题，而生物生理现象只有借助显微镜、植物切片和动物解剖等技术才能被有限地观察到，也才能展开研究。分子生物学、细胞生物学揭示了动物、植物和微生物生命在分子和细胞层面运行的机理和法则，揭示了它们繁殖、遗传的基本规律。无性生物的分裂增殖、有性生物（动物和植物）的有性繁殖，成了被人类所知的两大繁殖或增殖方式。生物遗传学所揭示的等位基因重合及其在子代机能和性状方面的表现，确定了远缘优势的生理学和遗传学基础，完全否定了为许多落后民族的人们习惯认为的婚姻缔结中的"亲上加亲"原则。对遗传规律的使用可以使人类在农业生产和农产品加工中获得更加优质的食物和生活资源。

生物学和生理学及其学科群是自然科学的一大领域，这个领域借助物理学、化学领域的成果以及人们在技术领域的突破，已经形成了与自然科学的其他学科紧密结合和交叉的更微观的生物科学学科，诸如生物化学、生物物理学、细胞生物学、分子遗传学、生物克隆技术等，不仅大大扩展了人类利用自然的领域和方式，而且有可能使因人类活动而濒于灭绝和已经灭绝的动植物，获得被保护和抢救的机会。

如同人类会生病一样，生物和生理世界也存在着大量背离人类需要的现象，这些现象表现在生物世界，就是生物生理病变或变态现象，简称病理现象（pathological phenomenon）或病理世界（pathological world）。尽管这些现象有些是因生物世界中不同生物之间的关系——简称生态关系——失衡引起的，但一旦这些病理现象影响到人类生活尤其是影响到食物的可靠来源，影响到人类健康和生命生活安全，便会进入人类研究和考察的视野。林木病理学、各种农作物的病理学，如稻瘟病、小麦条锈病、苹果腐烂病、泡桐丛枝病、杨树溃烂病、树木根瘤病或根癌病等，以及动物界的禽流感、疯牛病、狂犬病、非典型肺炎（SARS）等，都是对人类生产和生活产生严重影响的动植物病害，这些相对于人类生产和生活的动植物病理与病害现象，造就了科学家群体中大量的医学家和病理学家，反映出人类防范生物生理现象背离人类需要的强烈愿望和企图。

三、心理世界或精神世界

心理世界（mental world）或精神世界（spiritual world）一度为科学和科学家所回避，因为这个领域或这个世界相对于自然世界是一个不仅貌似，而且实际上也是一个十分主观的世界，尽管归根结底它也是自然世界的一部分，而且相对于人类来说还是一个十分重要的部分。其实，黑格尔的《精神现象学》试图在这个领域有所探索、有所发现，也有所成就。在黑格尔这里，精神现象是作为哲学的对象，而不是科学的对象出现和被关照的，所以精神现象学没有作为心理科学的知识资源被利用起来。黑格尔的精神现象并不是我们这里所谓的心理世界或心理现象，而是其唯心主义哲学所追寻的绝对精神，也就是理念，而这个理念最早可以追溯到作为世界本体来考察的柏拉图的理念论。

做梦或者梦境是所有人都曾有过而且经常发生的生活体验，尽管它是玄虚不实的，因为它总是出现在人们入睡之后或者在睡眠状态中，但不能因此说它是不存在的。既然是一种存在，就说明它也有其客观性，从而可以为科学所静观、所关照。从冯特①在德国建立了第一个心理实验室、弗洛伊德②构建了潜意识概念，并提出本我、自我和超我的精神分析理论开始，人的心理活动和心理现象才逐渐进入了科学家的视野，心理学也成了科学（无论它属于自然科学还是社会科学）大家庭的重要成员。

精神或心理现象不仅存在于人清醒和睡眠状态的行为和活动中，其实它也存在于所有高等动物的活动中。人类和其他高等动物积极主动和消极被动的态

①　威廉·冯特（Wilhelm Wundt，1832—1920），德国生理学家、心理学家、哲学家，被公认为是实验心理学之父。他于 1879 年在莱比锡大学创立了世界上第一个专门研究心理学的实验室，这被认为是心理学成为一门独立学科的标志。冯特学识渊博，著述颇丰，一生作品达 540 余篇，研究领域涉及哲学、心理学、生理学、物理学、逻辑学、语言学、伦理学、宗教学等。

　　　冯特心理学体系注重研究意识经验的内容、结构、要素及其组合规律。整个体系由个体心理学（实验心理学）与民族（群体）心理学两部分构成。个体心理学注重研究个人意识；民族心理学即早期的社会心理学研究人类的高级心理过程。

　　　冯特认为实验心理学是研究直接经验的科学。他认为心理学和自然科学都是以经验为研究对象，但是，它们是从不同的角度去研究的。从经验的主体来看，感觉、感情、意志等心理过程是主体直接经验到的，是直接经验（immediate experience），这是心理学的研究对象。从经验的客体来看，人对于外部世界的经验是通过间接推论而认知的，是间接经验（mediate experience），它是自然科学的研究对象。因此，冯特把心理学称为"直接经验的学科"。冯特认为，实验心理学只能研究个体的直接经验，而人类的高级心理过程，如观念、情绪、意志等，则需要在民族心理学的体系中进行研究。

②　西格蒙德·弗洛伊德（Sigmund Freud，1856—1939），奥地利知名医师、精神分析学家，犹太人，精神分析理论的创始人，被称为"维也纳第一精神分析学家"。他提出并建立了"潜意识""自我""本我""超我""俄狄浦斯情结""力比多""心理防御机制"等心理学经典概念，提出并建立的精神分析学后来被认为并非十分有效的临床治疗方法，但却激发后人提出了各式各样的精神病理学理论，在临床心理学的发展史上具有重要意义。著有《梦的解析》《精神分析引论》《图腾与禁忌》等。被世人誉为"精神分析之父"，20 世纪最伟大的心理学家之一。

度中，高兴、快乐、悲伤、痛苦的体验中，愉悦、微笑和冷漠、愤怒的表情中，以及拥抱、接纳、拒绝、排斥的动作中都表现或表达着某种内在心理活动和过程，得意时的神采飞扬、兴高采烈，和失意时的神情沮丧、垂头丧气都明白无误地表达了某种情绪，当然也一定会有十分深切的情感体验。由于心理活动的内在性和内隐性，科学家往往对心理学研究退避三舍，行为主义者虽然通过大量的动物行为实验研究人类心理，却明确拒绝承认心理活动的客观实在性。而在承认心理事实的研究者那里，则多采取内省体验的直接经验的方法研究人的心理活动内容及其过程，从而提出：其实大部分心理学家、心理病理学家，自己本身就是或曾经是轻重程度不同的心理病患者。

心理活动和心理现象尽管是内隐的或体验的，但它却是客观和普遍的，这一判断受着人类心理研究和动物行为研究成果的坚定支持。除了前述明显而普遍的心理和行为表现外，人类甚至是儿童睡眠中的眼动现象和间或存在的梦游行为，在高等动物身上都有明显的表现。这不仅说明把心理现象仅仅归结于人类智力或智慧特权的结论是错误的，而且说明把认识能力仅仅归结于人类的结论也是错误的。尽管其他动物哪怕是作为人类近亲的灵长类动物，它们的智慧与人类也无法相提并论，但却与人类共享着拥有心理活动和过程的能力，不管这种能力比人类差多少。由此不仅从自然的现象世界意义上，而且从心理或精神的现象世界意义上把人类与其他动物尤其是高等动物统一起来了。

精神和精神现象是人们对人的心理现象、心理状态的一种不十分规范和明确的称谓，泛指与人的行为明显有别，或者是表现在人的行为中的某种意念、观念和态度。与精神相对的是物质，这种意义上的精神就是内在心理活动和过程，但一般意义上的精神还包含着人表现在行为和活动中的外在风貌和气质，所谓的精气神简单的称谓就是这个人有没有精神，所谓革命精神就是表现在革命者心理和行为中的不怕艰难险阻、不畏流血牺牲的大无畏心理状态，而胆小怕事、畏首畏尾则是社会革命所必须排斥的心理状态。在科学的社会学看来，尊重规律，实事求是，谋求最佳效果、最少代价和损失的精神则是理性精神。

人或其他高等动物的心理活动受着他们或它们生理活动尤其是神经生理活动的支持，或者说神经生理活动是心理活动的物质生理基础。为了从更深的意义上挖掘人类心理活动的实质，在生理学内部出现了神经生理学（neurophysiology），而在心理学内部也建立和形成了神经心理学（neuropsychology）学科，甚至这种研究已经深入人类大脑构造和组织，以及对它们相应职能的探索。裂脑人实验①就是这类研究的范例。

诚如冯特早已指出的，心理世界不仅存在于人和其他动物个体身上，也普遍存在于由人和其他社会性动物构成的社会共同体的行为与活动中。存在于个体身上的是个体心理现象和问题，而存在于共同体意义上的则是群体或社会心理现象和问题。所以心理世界不仅是自然个体意义上的，而且也是社会共同体意义上的，从而使社会世界比之于其他现象世界更为复杂，也更加难以被认识。这也成为虽然人在社会中，但人们对社会的认识所形成的社会科学，远远落后于自然科学的重要原因，至少是重要原因之一。心理学不仅要充分揭示普遍存在于人和高等动物个体身上的心理现象、行为模式和个性特征，而且也要越来越充分地揭示不同民族和社会共同体意义上的社会心理现象、社会行为模式和民族个性特征。

需要说明的是，人的个体心理体验和主观评价是人的价值观和社会文化价值观的心理和社会心理基础，善恶、美丑、是非尽管也与真理观意义上的真假有关，但归根结底还是人在与他人、与社会的关系中，经由心理体验和行为倾向实现和表现的，其中凝结着人在成长或社会化过程中的生活体验，并以认知方式、行为模式的形式固着下来，在个体形成他的个性和人格，在社会则形成一个民族和社会中普遍的被美国文化人类学家露丝·本尼迪克特称之为文化模式、法国社会学家迪尔凯姆称之为集体意识的民族文化。

心理或精神世界是一个广阔的现象领域，在该领域，由于存在着主观与客观、生理与心理、个体与集体、有形与无形的交织，并且这四层关系之间还有相互交织的特征，心理和精神世界甚至比后边将要讨论的社会世界更加复杂，

---

① 裂脑人实验（Split Brain Experiment）：从 20 世纪 60 年代开始，美国加利福尼亚大学生物系教授斯佩里等人，对裂脑人（The Split Brain In Man）进行了仔细的观察和研究并取得了可喜的成果。20 世纪 40 年代起，科学家对药物治疗无效的癫痫病人，采用切断胼胝体（corpus callosum）的办法来治疗。这么一来，癫痫病发作虽然停止了，但大脑两半球却被分割开来，"老死不相往来"，不仅信息不通，连行动也互不配合，于是形成了所谓的"裂脑人"。

　　神经解剖学和脑生理学知识告诉我们，人脑分成左、右两半球，左脑半球接收来自人体右侧的感觉信息，如触觉、视觉等，并控制人体右侧的动作；右脑半球则接收来自人体左侧的感觉信息，并控制人体左侧的动作，即大脑两半球的对侧控制特征。人的语言功能，包括说话、书写和计算等能力是左脑半球负责的；右脑半球则具有描述空间结构和临摹等能力。大脑两半球之间由大约两亿条神经纤维组成的胼胝体连接沟通，构成一个完整的统一体。在正常的情况下，来自外界的信息，经胼胝体传递，左右两半球息息相通。人的每一种活动都是两半球信息交换、综合加工并做出反应的结果。

而且由于主观与客观交织的特征，要在心理和精神世界的研究中充分贯彻科学研究所要求的客观性和价值中心原则，难度甚至更大。人类心理活动中的内在体验和对某种事物价值的赋义和投射，只有当事人才有充分的发言权和解释权，不经由充分有效的沟通，研究者、解释者主体并不具有充分的解释权。这也就是心理学研究中独特的内省方法（introspective research）和社会文化研究中独有的参与式观察法（participatory observation）的重要依据。相对于具体的刺激和情境，也就是具体的事件和问题，他究竟是怎么想的，有什么感受，研究者、解释者并不是充分理解和把握的，中国民间所谓"鞋子好不好，只有脚知道"所指的就是这个意思。精神病或心理病患者的妄想、幻听、幻视只有通过患者的表达和反映才能被知晓，在心理知识缺乏的解释者那里还不能被充分理解。在科学知识尚不普及，社会理性未能充分形成的社会或民族，被社会理想主义鼓噪起来的革命党人和政治领袖，以及由他们动员起来的革命群众，也就是古斯塔夫·勒庞所谓的乌合之众，可以极尽社会破坏之能事，使一个民族和社会陷于全面的苦难之中，而心理学家却对此束手无策、爱莫能助。美国哲学家、教育家杜威也敏锐地把握到思想家和世俗生活中人对于社会生活关注焦点之不同，由此造就了社会的应然状态与实然状态的背离，也就是所谓"智者孜孜于反省，而大盗横行于天下"。①

物理世界是死的世界，生理世界是活的世界，而心理世界不仅是活的世界，而且是有灵魂的世界。这里的灵魂是对社会心理现象和人类精神世界的通俗称谓和表达。人是应当有点精神的，这是对人的生活的积极状态的期待，而这种积极的精神状态，是建立在有所信仰、有所敬畏、有所追求、有所遵循的基础上的。在这种意义上，宗教信仰就成为社会心理现象的一部分而进入科学的视野，包括信仰在内的心理和精神现象，自然也成为科学所必须面对和回答的问题，虽然已有的科学对宗教现象很大程度上持回避或绕道走的立场和态度。

四、社会世界或人类社会

从严格意义上说，人类社会世界（social world）是自然世界的一部分，甚至是最重要的一部分，但由于人类这种在自然世界特别成功的动物的繁衍和扩展——这种扩展很大程度上归功于我们的文明——在大部分学人尤其是社会科学家心目中，社会已经在很大程度上从自然物理世界分化并独立出来了。由于

---

① ［美］杜威. 哲学的改造［M］. 许崇清，译. 北京：商务印书馆，2002：105.

人或人类的社会性，许多反自然主义的社会学家和社会科学家，完全忽略甚至忽视了人的自然性，只从集群、道德、宗教信仰等社会性方面考察人类社会中的现象和问题，罔顾这种社会性的过分放大对人的认识造成的影响，甚至包括通过社会实践对人的基本生存和发展造成的威胁。

如果把大象、狮群、蜜蜂、蚂蚁等社会性动物构成的世界排除在外，社会世界实际就是人类构成的世界。这个世界由于其殊别于其他几个世界而成了一个专门的科学领域，也就是社会科学的领域。在这个领域，还存在着个人充分自主的生活而形成的生活世界（life world）和日常世界（daily world），由于深入研究的需要，现象学社会学家为这一世界的划分做出了贡献。这里结合考察现象世界的需要，对社会世界诸领域做进一步的讨论。

由于人生理和心理的复杂性，以及由这种复杂的人结成的社会的更大的复杂性，社会世界与其他系统性事物一样，呈现出明显的层次性和复杂性。其中层次性表现着大部分乃至所有社会是有分化和分层的，至于是分为简单二元的两层，如马克思的阶级分层，还是分为复杂多元的多层，如韦伯的多元分层①，乃是研究家在研究中的认知方法和标准选择问题。明显的现象和事实是，无论我们如何试图通过"均贫富""等贵贱"等道德倡导和政治强制手段试图缩小社会的差别，一旦强制手段松动了，人们有了一定的自由或自主空间，社会就会呈现出差别或社会分层；如果这个社会没有建立起行之有效的再分配手段，这种差别还会进一步扩大。这也是所有民族和社会，都把平等作为重要的社会价值秩序加以捍卫的重要原因。

利用与生物世界的生命活动相类比的方法，孔德和斯宾塞充分把握了社会世界的有机性和复杂性，使对社会现象的考察朝着科学的方向大大推进了一步。这实际也是把社会世界看成自然世界重要组成部分的表现之一。动物世界的所有机制和法则，无论是弱肉强食，还是优胜劣汰；无论是强取豪夺，还是分食共享；也无论是恶性竞争，还是互利合作；无论我们从人类文明的高度如何否定它，抑或肯定它，这些现象在社会世界都无一例外地存在着，只是由于制度

---

① 马克斯·韦伯把社会看成是通过权力、财富和声望三种力量和三个标准形成的分层体系，其实这三种东西既是社会分层的机制和标准，也是每一个人在社会中追求的社会生活目标。因此，权力、财富和声望也应当被置于社会动力系统中来考察，这样，社会动力机制和社会分层机制就可以较为充分地统一起来了，社会学乃至社会科学的解释力也会相应提高。参见［德］马克斯·韦伯. 经济与社会（下卷）［M］. 林荣远，译. 北京：商务印书馆，1997：246-248.

文化的存在，在一些民族它是明目张胆的，而且被承认的；而在一些民族和社会，则是羞羞答答的，而且试图被选择性地否认和否定的。

经济现象是社会世界中最基本也是最重要的现象，但经济现象的本质是人的谋生和求利行为，抑或者是生产、加工、服务以满足他人需要的行为，在不同的民族、社会乃至不同的人那里，会有截然不同的判断和评价。商业行为是专门从事交换服务的行为，商人究竟是社会经济的寄生者，抑或是社会经济活力的创造者，在不同的研究家尤其是经济学家那里也会有不同的判断和结论。由于前述社会分层或不平等的存在，习惯于用道德也就是经济动机眼光看问题的人，从经济活动中看到了不平等的根源，那就是自私自利的获利行为；而在承认经济人获利动机的理性或合理性的古典经济学家眼中，经由互利交换和合作的中介，经济人的自利行为恰恰是社会经济发展的动力，而且具有明显的效果合理性。相同经济现象不同的认知和评价，表现着人们对社会世界不同认知方法的区别甚至对立，而其中最重要的是涵盖着价值观的所谓逻辑假定或理论假设，最著名的经济学假设便是经济人假设和道德人假设。

求利行为是人类与其他动物相统一的谋生活动在社会经济生活中的表现，而且也是其本质。是独占还是分享，是竞争还是合作，主要取决于资源的丰裕和稀缺程度，以及行动主体获取资源的能力，其中包括技术手段。如果从自然世界的亲子关系尤其是母子关系简单推演人类社会的各种社会关系，那么，我们存身的社会甚至任何一个现实社会，都在很大程度上是一个不道德的社会。但只要注意到即使是最亲密的母子关系，随着幼崽的成年也将归于解体，甚至原有的母子之间也会构成竞争关系，那么，我们的社会虽然不如人们期待的那么完美，但也不像道德中心论者所排斥的那么不堪。

由于资源分布的不均衡，以及人的先天禀赋和后天努力所造成的能力的差别，在一个竞争或有一定经济自由的社会中，经济分层或者说贫富分化是不可避免的，再加上社会保障的不足甚至缺失，会使一些人失去基本的生存条件，这就是现代化国家社会保障制度的由来。但从另一方面看，经济分层或差别也是经济和社会发展动力的重要来源之一。高差或落差是水流的条件，电势差或电压是电子或电流流动的条件，气压差是风力或者气流产生的条件……这一为物理学所揭示的自然物理世界的基本规律，表现在社会世界中，便是包含贫富差距在内的社会差别或社会分层。"人往高处走，水往低处流"，是中国民间对这种差别所造成的人和水体行动或流动动力的经典表述，也表达了民间社会对自然和社会统一性的认识，尽管这里的高处仅仅指被权力中心社会中人人所看重的权力或社会地位而已。

随着技术文明的进步以及技术与经济日益密切的结合，人类经济领域已经充分扩展并高度复杂化了，尤其是随后要介绍的科学技术已经创造了人类社会独有的强大的技术经济体系及其实体——城市社会，人类经济活动早已脱离了纯粹谋生这一单一目标，朝着严重而明显的多元社会的方向发展。经济世界内部明显而深刻的分工与分化，足以让对经济学这门揭示人类经济现象的科学不甚了解的人眼花缭乱、应接不暇。社会分工和职业化，带来了社会生活相对于基本谋生活动的间接化（indirectalization），这种间接化严重扰乱了人们观察、理解社会的视线，以至于不明白自己究竟为什么活着，不明白人的社会生活的本质。儒教社会那种"功名利禄乃身外之物，生不带来，死不带去"的判断，再也无法为现实中人提供任何道德指引和说教。正如亚当·斯密所指出的，这种能够给他人和社会带来经济进步的，是那些热衷于利益并奉行互利交换原则的勤快人，而那些热衷于提倡利他主义道德原则的人，没有见得他们究竟为社会做出了什么贡献。①

互惠互利构成了人类经济生活的社会本质，但是大部分人只会从他人对自己的付出中感受到获取的好处，倡导经济生活中的利他主义，实际是从自己需要满足的高度单方面看待经济生活和经济活动，却不会注意到自己付出时，哪怕是如同所有社会行贿送礼活动中行贿送礼者的感受和评价。在采食经济中，农民、牧民、渔民那样直接的产食者生产和劳碌的直接目的便是满足自己的消费需求，一旦社会告别了或部分告别了短缺，生产的目的便不再是满足自己的生活消费之需，而是借助交换过程，通过满足他人或其他消费者的需要实现自己获利或资本增值的目的。财富和资本增值正是经济分层的根源，也是经济和社会发展的动力之一。由于人的经济理性的作用和影响，借口消灭剥削、消除两极分化而排斥商业、货币和市场经济，只能造就一个效率不断下降、社会财富日益短缺的贫穷社会，而富足社会不仅承认并保护人的利益需求，而且把这种需求转化为为提高效率而不断取得技术进步的社会。经济生活中这种效果与动机相背离的现象，成了观察、研究人类经济活动和社会经济现象的重大障碍，这种障碍只有在厘清了价值与工具、目的与手段以及动机与效果的哲学，甚至是社会科学原理后才能有效消除。

---

① ［英］亚当·斯密. 国民财富的性质和原因研究（下）［M］. 王亚楠，译. 北京：商务印书馆，1997：26-27.

所有社会性动物世界都存在着权力分化和分层，但唯独人类社会赋予了权力以政治的意涵。在社会性昆虫世界，如白蚁、蚂蚁、蜜蜂社会，权力分化源于它们的基因代码，一些个体生来就是专门劳作的，一些个体是专门负责防御的，也有极少数个体是用于繁衍的。基于对人与社会性动物统一性的认识和把握，英语世界中甚至把蜂王和女王（Queen）同语相称。其他社会性动物世界的权力分化往往源于体力或智力竞争，在体力打拼中获胜的个体不仅可以统治整个群体，而且还享有与群体内所有雌性交配的权利。这样的动物往往以雄性为首领，如狮子、野牛以及所有非人灵长类社会性动物；而智力竞争中成为首领的则往往是以年长雌性为首领的动物种群，如大象、狼群、斑鬣狗等。人类是动物世界中共享所有社会性动物特质的一类动物，这种动物所构成的群体就是我们这里需要特别加以说明的人类社会，或者社会世界。

社会性动物的共同特征是共享性、群体性和群体内部的分化和分层特征，其中共享性决定了群体内的个体只有依赖其他个体乃至整个群体，才能保有自身的存在，该个体也必须能够获得群体中其他个体直至最高首领或领导者的庇护，由此产生了个体的社会性公共需要。群体性是指群体的有机性和整体性，群体内的社会分层体系正是群体有机性的基础，虽然人类社会和其他社会性动物存在着一定程度的哪怕是阶段性的分散，以至于使群体成为迪尔凯姆笔下的机械群体或机械社会。整体性则意味着群体中的个体必须与群体共进退，也就是群体有集体意志和集体行动，个体必须服从并服务于这种行动。狮群、猎狗群体的集体狩猎，蚁类、蜂类群体的集体进攻与防御，以及人类民族和国家之间的战争，都明显表现出集体行动的特征。分化和分层表明，包括人类社会在内的社会性动物群体内部，每个个体在共享资源的机会和权力方面并不相同，居于支配或统治地位的个体往往享有优先权甚至对某些机会和资源的独占权，这种优先权和独占权在人类社会中，就是享有某些公共职务的领导人所拥有的特权，其中包括职务行为的刑事或法律豁免权。

社会生活中的平等要求是一种社会价值的总体性要求，这种要求在政治启蒙思想家那里，往往表现为权利平等和机会均等，而不是事实和具体政治行动中的绝对平等，更不是渗透着政治的经济生活中的绝对平均。社会政治生活中的统治与服从，构成了人类甚至所有社会性动物公共或群体生活的常态。政治民主的要义在于，服务于社会公共需要的权力最好经由全体公民自由、平等、自愿地赋予和授权，统治就意味着不是所有人都可以充分地自行其是，虽然在认识、自我意识以及自主的个人生活方面我们往往是而且最好是自以为是。卢梭的政治名言"人生而自由，却无往不在枷锁之中"反映了政治理想与政治现实的冲突与无奈，这种无奈便是我们时时感到不满，却无以逃脱的历史和社会现实。

从自然社会齐一性或同一性出发，我们确认了政治的社会性甚至是自然性本质，但由于人的复杂性和由这种复杂性构成的社会的更大的复杂性，人类的确发展出了最为复杂的政治和权力系统，这种系统在世界各民族和各个国家表现也不尽相同，集权政治与分权政治、专制政治与民主政治、君权政治与民权政治、世俗政治与神权政治……政治学和政治社会学可以为这些问题提供较为系统的解释与解读，但在人与社会、公民与国家之间的权利/义务、权力/责任的关系却是相当清晰和稳定的。在不同的学者和思想家之间，甚至在不同的人之间，由于认识对人的行动的指导甚至决定作用，我们把政治看成什么，政治在很大程度上就是什么。

在前述韦伯的社会分层体系中，权力是作为其中之一被提出的，虽然政治的本质职能是其公共性，但政治人物在群体、组织和国家社会中居于被人仰慕的高位则是毋庸置疑的，人们看中这一高位的大多是其"人中之王"的优越感，以及普通民众对他们权力和意志不得不做出的服从，哪怕这种服从有多么不情愿。不服从进食规则的母狮和幼狮不仅会被喝止，甚至会被雄狮攻击；试图偷偷摸摸与母猴交配的成年公猴则会被猴王武力惩罚，甚至被逐出猴群……人类社会衍生出了很多成文和不成文的规矩，以使整个社会有秩序，那么当权者一方面要向大众提供社会性公共服务，更重要的是要维持这个社会已经形成的秩序，也就是一般意义上的社会稳定。

在社会政治现象中，还有一个重要的未被纳入讨论，但实际上已经涉及的问题，那就是政治或权力的公共强制性。这种强制性表现为政治领导人意志和政府以及组织领导者做出的决定，必须被贯彻和服从，而且这种强制力是以群体、组织、公民等社会共同体成员集体名义做出的，如果有人胆敢违反和违抗，将会受到群体、组织、国家和社会全体成员的一致惩罚，而且这种惩罚的强度、力度和正确性是毋庸置疑的。马克斯·韦伯的"天鹅绒手套后的铁拳"和刘易斯·科塞的意识形态下的冲突，都对这一点给予了充分的关注和讨论。

政治和权力是社会世界重要的事实之一，对这一事实的理解和解释，构成政治学和政治社会学的重要任务和职能，这里所要指出的仅仅是政治和权力这一现象之于人类世界或社会世界的必要性。由于政治的强制性涉及几乎被所有人所反感的压迫，政治理想主义者试图建构一种没有压迫的权力和政治，但结果可能会建构一个以集体名义实施更残酷的奴役和压迫，从而使人生活在一个更加不堪甚至恐怖的社会中，造成仆人奴役、压迫主人的局面。所以，一个公允、可接受的人道的社会，需要从对政治理解的现实主义出发，也需要从对政治和权力科学的理解和解释出发。

社会世界第三个重要领域便是文化领域或文化世界，这一世界的较为清晰的表述便是人是有文化的动物，当然也可以说人是有宗教的动物，这里的宗教便是一种将由不同的宗教信仰者构成的社会区分开来的标准。

并不是所有动物尤其是社会性动物都有文化，文化从最原始意义上讲实际就是人化，或者叫人文化（humanization，又译人性化），即把自然世界的事物转化为人类社会或社会世界所特有的东西，其中包括拟人化（personification）。当然，拟人化主要表现在语言、文学和艺术领域，实际是指使非人事物具有人格化特征的过程和手法。人类文化虽然是人类世界所特有的现象世界，但这一世界在职能或功能上却有与其他非人社会性动物世界共同的东西，这就是所谓的符号和叫声系统，也就是传递信息的符号或非符号沟通工具。人类学确信人类与其他动物尤其是社会性动物世界的统一性，尽管社会科学不能忽视社会世界的独特性，却也要重视社会世界与动物世界的这种统一性，从而使我们的社会生活也具有属于自己的自然基础。

对人类来说，文化似乎是一个最普遍，也最自然而然的事物或现象，由文化构成的世界是一个充满着象征和意义的意义系统，也称为象征系统或符号系统。这个系统是如此复杂，以至于人们置身其中却不知其意，然而人们却在不经意地使用这些系统或符号。文化学或文化人类学中有诸多学派，涉及对文化不同层面、不同角度的解读。最具影响力的文化学派当属达尔文的进化论衍生出来的文化进化学派①，还有由此演化出来的文化生态学派，该学派把人类文

---

① 文化进化论，也就是文化选择学说。这种学说认为，文化进化所反映的内容与生物进化论一样，也是进化与自然选择问题，只不过二者的区别在于：生物进化论中的进化是一种自然的过程，就是说，生物界全部进化过程中没有人的参与，也没有任何人的意志的加入。而文化进化所反映的虽然也是进化问题，却是有人参与，甚至就是人的进化问题，是人的进化所采取的文化的方式。这样，文化进化论与生物进化论就明显地区别开了。文化进化论的代表人物及其成果分别是泰勒及其《原始文化》，以及摩尔根及其《古代社会》。

化和文明看成是对自然生态环境的某种适应及其成果。而播化论或文化传播学派①，则把文化看成是由世界的某个地区或某个点位开始，向世界其他地方逐步扩展和延伸的过程。另外，还有由著名文化人类学家马林诺夫斯基和拉德克里夫-布朗等建立的文化功能学派，他们把文化看成是人类对某种需要的现实的或象征性的满足。

与文化关系最为紧密的另一种人类存在便是文明问题，这两个东西在一般人甚至学术专家的指称中很难严格区分开来。如果说文化表现为自然的人化过程及其结果的话，那么文明则多表现为由人类创造的各种非自然的社会生活的成果。另外一种区别在于，文化多指人类社会生活中的象征系统及其中的观念与意义方面，而文明多指人们的生产方式、生活方式、行为模式等实体方面。由于文明还存在着价值判断的成分，所以它同时还具有人类社会发展的历史意涵，即人类是从野蛮向文明逐步演化的，在野蛮之前，还存在着人类生活的一种漫长时期，那就是蒙昧时期。人类文明史可以划段，但不可以对文化划段，虽然有传统文化与现代文化的划分，但这是类型划分而不是历史划分。

包括宗教信仰、传统观念、风俗习惯、语言文字、科学知识、道德规范、思维方式、行为模式等在内的文化，构成社会或人的社会生活的重要方面，而且也是人的社会化的核心。人在社会中，重要的是人在文化中，在我们的成长中，不经意间耳濡目染了我们并不明白却试图明白的各种观念和符号系统，并

---

① 传播学派是西方民族学学派之一，又被译为"播化学派"，19世纪末至20世纪初形成于德国，其创始人为民族学家R. F. 格雷布纳。属于这一学派的代表人物还有W. 福伊和B. 安克曼。传播学派是第一个反进化论的学派，其基本理论是直接与"进化论"（evolutionism）相对立的"传播论"（diffusionism）。这一理论是在地理学家F. 拉策尔"人类地理学派"观点的影响下形成的。

传播学派否定各民族文化的创造性，将民族文化的进步、发展与各族人民的创造性劳动割裂开来，把文化现象看成是独立自在的东西，认为每一种文化现象（物质文化、社会制度和宗教观念等）都是在某个地方一次性产生的。一旦产生出来，便开始向外"传播"。各个文化现象传播到某个民族中间以后，便在那里机械地结合起来，形成一定的"文化圈"（cultural circle）。他们认为，各族人民并不是自己创造了自己的文化，而只是从世界上到处传播着的各种文化现象中"借用"了某些现成的东西。这种文化"传播"和"借用"的过程，便是"文化历史"的基本内容。

英国传播学派以G. E. 史密斯和W. J. 佩里师生为代表。他们认为，文明的中心只有一个，即尼罗河流域，所有高级文化的各个因素都是从古埃及传播出去的。因此他们也被称为"泛埃及主义者"。传播学派的观点，在当时也曾对以民族学家F. 博厄斯为首的美国历史学派产生过一定的影响。欧洲传播学派与美国历史学派一般也被称为文化历史学派。

自觉不自觉地被它们所左右。家庭教育、学校教育和社会教育都是通过文化塑造来实现对人的改造和影响的。社会学家把这种被称作文化的集体意识所塑造的过程叫作社会化，亦即使自然人成长为社会人的过程。社会是人的共同体，但这个共同体一经形成，后来者必须接受它的塑造。所以，关于文化与社会的关系，文化与人的关系，文化与政治、经济、科学、法律制度等其他社会事物的关系，构成文化学、文化人类学和文化社会学的核心议题。对人类文化问题持别具一格却又不能为其他流派所取代的认识及其流派，构成文化研究中绚烂多姿的学术分野，但也许能够从科学——当然是社会科学的高度构建一种可以包罗各学术流派的文化的科学，如同莱斯利·怀特①所做的那样。

文化是人类社会中一个广泛的领域，在后面展开讨论的科学理论也是文化的重要组成部分，各民族都有属于自己民族独特的思维方式和生活方式，尤其是相对落后的部落民族往往持有一些在发达的先进民族的人们看来十分粗鄙和落后的生活习惯与习俗，但各民族都会为他们的这些文化找到十分充足的理由，哪怕是类似于中国民间的巫医和跳大神等驱鬼降魔法。需要注意的是，尽管类似的习俗在其他民族的人们看来不可理解，但从文化功能学派的观点看，它都对应着这些民族没有用于满足他们某些需要尤其是医疗健康需要的现代医学知识和技能的现实，于是他们把目光投注到貌似神圣的神秘的巫术领域，如日本的浅草鬼灯节②，中国西南彝族、白族、纳西、拉祜等少数民族的火把舞，汉族的跳大神以及年俗中的放鞭炮等，实际上都是这种文化习俗的延续，但现在

---

① 莱斯利·A. 怀特（Leslie A. White, 1900—1975）：美国知名人类学家，文化进化理论、社会—文化进化论以及新进化论的代表，著有《文化的科学》一书。他把社会看作是一种超有机体，文化是构成该超有机体的核心。怀特一手创建了美国密歇根大学的人类学系，于1964年任美国人类学协会主席。

② 日本浅草鬼灯节，也叫酸浆节。酸浆是日本人偏爱的花草之一，酸浆球是一种类似球形的酸浆果，俗称红姑娘。鬼灯植物学分科属于茄科的多年生植物，到初夏时候，它会开出类似于茄子花的白色小花，然后结出直径约1厘米左右的球形果实。果实外面的花萼像口袋一样将果实包在正中央，当花萼成熟时，颜色便长成特别艳丽的朱红色。看上去特别像点着了蜡烛的中国灯笼，所以被叫作鬼灯。

举办鬼灯节（市）的那一天，通常与佛教的四万六千日相重合；把一升比喻为人的一生，把一升所装载的米粒数出来，江户时代一升大米有四万六千粒。一粒大米等于一生中的一天。浅草人普遍认为在四万六千日这天来参拜，对人整个一生都有利。又有每月10日参拜一次，功德能顶1000天的说法，对既虔诚又忙碌的人来说，简直就是福音。这与中国民间认为初一、十五吃斋念佛功德翻倍的说法很一致。所以鬼灯节这一天，很多繁忙的日本人为了积功德，都会不辞辛劳特地赶来，寺庙之内，香烟缭绕，诵经声此起彼伏，特别庄严。

已经演化成了一种喜庆方式。文化功能主义理论可以对许多民俗文化形态存在和形成的根据提供比较好的解释和说明。

文化现象存在于人类社会生活的每一个方面，也渗透在人类生活的每一个领域，从生老病死、婚丧嫁娶中的各种仪式仪规，人际互动和交往中的规范和法则，到国家社会的意识形态和外交礼仪等，都表现出文化的不同侧面。而仪式所代表的神圣方面，体现着以民族、国家和组织、家族共同体为代表的社会集体或总体方面；而以个人行动自由所代表的世俗方面，则代表着构成这一共同体的个体方面。所以，在社会文化中，就存在着而且永远存在着个人与社会、个体与集体及其利益和需要之间的张力，也就存在着利益与道德、欲求与规范、个人主义与集体主义价值观之间的冲突和对立。关于文化的科学研究，一般不会在这些对立和冲突之间靠边站，或者各执一端的价值中心主义立场，却会对为什么有些民族和社会是这样，而其他民族和社会却是那样，不同主张和选择的社会后果究竟是什么等提供因果解释和功能说明。

在社会世界中，除了前面已经指出的政治、经济、文化三大领域外，还存在着不能为这三大领域充分涵盖，却由这三大领域交织而成的领域，这就是狭义的社会生活领域，其中的社会行动、社会互动、社会结构、社会分工、社区形态、社会制度、社会演化与变迁等都具有高度的综合性，在社会科学中，后起的社会学便要对这些领域提供理性而又经验的揭示与说明。社会行动中的理性（reason）与人情（personal face），社会互动中的合作（cooperation）与竞争（competition）甚至冲突（conflict），社会分化与分工的常态（normal）与病态（abnormal），社区形态中的乡村与城市或城镇及其机理，社会制度或政策选择中的理性（rationality）与非理性（irrationality），社会演化与变迁中的进步（progress）与退行（regression）、革命（revolution）与改良（improvement）以及社会的现代化（modernization）等，都是社会学需要特别关注的。

需要注意的是，社会系统的演化与变迁，受很多因素的制约和影响，这些因素错综复杂而且具有紧密交织的关系，但归根结底则是由人的需要以及表征这些需要的自由引发的，社会学乃至社会科学就是要探明由社会动力系统引发的变迁。究竟在什么条件下才会把社会引向积极的、进步的方向，又在什么条件下会引向消极的、退行的或者退步的方向。在已有的社会历史中，那些本来谋求社会进步的革命性变革，又为什么会造成社会的大破坏和大倒退。这些问题虽然可以在更大的异化与文明关系背景下加以考察，但它首先是一个十分具有现实性的社会学的重要议题。这些议题，会在后面的建构部分做更加深入的讨论与说明。

五、科学世界和技术世界

鉴于本议题就是应解释科学世界的需要而设的，这里不嫌冗赘，对社会世界的重要组成部分，同时也是对这几个世界解释、重构和加工而成的科学世界和技术世界提供必要的讨论。

毫无疑问，科学世界（science world）和技术世界（technical world）是两个纯粹的人工世界（artificial world），而且这两个世界之间从第一次工业革命以后关系越来越紧密，以至于如果没有人们在科学世界的建树和成就，我们最多只能停留在手工技术状态或阶段（manual technology state or stage），至于作为 21 世纪信息技术引领的人工智能或者前面所说的仿智学，根本不可能被设想。

要说究竟有什么东西能够把人类与其他动物甚至是灵长类动物充分区分开来，从现在来看，这种东西既不是亚里士多德所说的理性，也不是马克思所说的劳动，更不是中国传统儒家所谓的道德，而是人尤其是被科学知识武装起来的人的创造力（creativity），以及这种创造力对自然世界和社会世界加工所造成的成果。正如卡尔·波普尔所说，作为认识主体的人类在认识自然世界（甚至所有对象世界，也就是客体）的过程中，加工造成了一个可以脱离认识主体而独立和部分独立存在的第三世界，这就是客观知识世界（objective knowledge world）①。针对这个世界的特征，哈耶克指出——人类在自己头脑中创造出的这个新世界，完全由我们感官无法感知的实体组成，但又以某种方式与我们的感官世界联系在一起。事实上，这个科学世界可以仅仅被描述为一组规则，它使我们能够找出不同的感觉束之间的关系。然而关键在于，只要我们把既有的东西，即我们能同时感知到的具有感觉性质的稳定复合体当作自然单位，那么建立可感知现象所遵循的统一规则的这种努力就不可能成功。取而代之的则是建立一种新的实体，即"建构"（constructs），对它们的定义只能根据在不同环境和不同时间从"相同"之物中得到的感官知觉——这种方法意味着这样的假定：事物在某种意义上仍然未变，虽然它的全部可感知属性可能已经发生了变化。②

自然世界尤其是生物世界也有加工，蜜蜂不仅勤劳，而且智慧，它们可以

---

① ［英］卡尔·波普尔. 客观知识——一个进化论的研究［M］. 舒炜光，卓如飞，等译. 上海：上海译文出版社，1987：166-168.

② ［英］弗里德里希·A. 哈耶克. 科学的反革命——理性滥用之研究［M］. 冯克利，译. 南京：译林出版社，2003：12.

加工出十分规整的正六边形的蜂房、蜜室和育幼室；蜘蛛可以编织出均匀、美观、实用的蛛网，这些加工品貌似经过了精确的人工计算，但却存在于它们本能的智慧中。马克思也对此有过评论，"最蹩脚的建筑师从一开始就比最灵巧的蜜蜂高明的地方，在于他在用蜂蜡建筑蜂房以前，已经在自己的头脑中把它建成了。劳动过程结束时得到的结果，在这个过程开始时就已经在劳动者的表象中存在着，而且是观念地存在着"①。这里似乎可以从动物世界中区分出本能的智慧（instinctual wisdom）和习得的智慧（learned wisdom），或者先天智慧（innate wisdom）与后天智慧（acquired wisdom）两种类型的智慧。我们不能对这两种智慧作高下评判，但显而易见的是，其他动物的本能智慧就那么些，而且在自然历史的进程中并没有明显增长，而人类的智慧则具有随历史演进而明显增加的特征，这就是文明的成长，尤其是表现在其中的知识和技术的进步。达尔文的进化论，也许只有在人类身上表现得最为明显，而关于其他动物世界的进步或进化，仅仅是一种被迫的自然选择。

为了明确技术的社会本质，我们可以把技术定义为"人类为满足自身生存、便利生活和享受快乐的需要，创造出的有效利用、加工自然资源，改进和提高社会生活条件的思维、行动技巧及其对象化成果"②。对技术的这种定义，可以较为充分地揭示出技术涵盖加工、利用自然和在社会活动中谋求改善人类生活条件的属性，而且技术还具有人类创造发明的属性。这一技术定义，也可以涵盖古往今来的人类史，以及技术具有的与部分灵长类动物（如黑猩猩、卷尾猴等）制造和利用简单工具行为相统一的特征。

社会性几乎是所有人类共同体生活内容及其成果的共同特征，也是社会性动物及其行为的共同特征。这种特征，表征出经由个体和群体间的互动，造成了单纯的个体或个人所无法造就的东西。政治权力是社会性的，语言文字是社会性的，文化价值观念是社会性的，作为最基本谋生活动的经济，原本可以成为纯粹个人的活动，但在经由政治和文化整合为共同体的社会中，就是这样可以经由个人自我满足的生活内容，由于单个人的能力的有限性，也被高度社会化了。

从技术的起源来说，某个单项技术作为人巧妙解决某个问题、克服某种困难的手段或技巧，显然是由个人找到、发现或者发明的。用木棍做武器攻击敌

① 马克思，恩格斯. 马克思恩格斯全集（第23卷）[M]. 北京：人民出版社，1972：202.
② 司汉武. 技术与社会 [M]. 北京：知识产权出版社，2013：17.

人比肉搏战显然更为有效，但面对距离更远一些的敌人，用标枪和弓箭也许更为有效。这种后来被用作武器的技术，同样也成为狩猎民族或部落基本的捕猎工具。西方个人主义者充分承认个人自由在人类创造力发挥和发展中的作用，由于以技术、科学为代表的现代文明成果，总是由某个甚至是某些更善于动用心思的个人率先建立的。"一个进步社会最具特色的事实之一，就是个人在其间所努力追求的大多数事情，只有通过更深一层的进步方能达到。这是这种进步进程的必然性使然：新知识及其好处只能缓慢传播和获得，而且众人愿望的实现也始终取决于少数人先行获得新知识，并先行享有由这种新知识产生的好处。"① 确立技术成果尤其是早期技术成果的个人优先性，意义十分明确。但就社会这一人类共同体来说，通过沟通交往解决各种问题和困难的需要永远存在，即使是由某个人发现或发明的技巧或技术，在产权意识和包括知识产权在内的自由产权制度形成以前相当长的历史时期，总会经由学习、模仿和交流或快或慢地传播开来，从而使技术成为一种社会性的东西。

技术从个人技能转变为一种社会力量——生产力，并成为人类文明的有机成果，需要经由社会化方能表现出它的社会价值。另外还有一个十分重要的因素决定了技术的社会性特征，那就是随着文明的演进和经验知识的积累，技术逐渐告别了直接取材于自然，功能简单或单一的手工工具和技术的阶段，而不断从单个人的发明创造，向知识、经验集成和多人合作研发的方向发展，而且技术和技术成果的功能也不断趋于复杂和多样。这样的技术已经或者说越来越变得使任何个人及其智慧、经验和知识所难以承担了。这样，多人联手和合作的必要性大大增强了。默顿在考察 17 世纪英格兰的科学和技术进步时，充分确认了频繁的学术交流和质疑对英国乃至欧洲科学进步和技术发展的促进作用，也对人口密度对技术进步的促进作用表示质疑甚至否定。从当前世界各民族尤其是各主要国家和民族技术文明的发展程度来看，人口规模并没有成为技术进步的促进因素，甚至在很大程度上由于资源匮乏，人们需要耗费大部分精力以满足基本生存，人口规模不仅没有成为促进作用，相反，却成了技术和知识进步，甚至成为社会发展的严重障碍。②

技术世界是一个严重依赖科学知识和人的创造力的人工化的世界，这个世

---

① ［英］弗里德里希·A. 哈耶克. 自由秩序原理（上）［M］. 邓正来，译. 北京：生活·读书·新知三联书店，1997：46.

② ［美］罗伯特·金·默顿. 十七世纪英格兰的科学、技术与社会［M］. 范岱年，等译. 北京：商务印书馆，2007：262-264.

界不仅表现为持续不断的技术发明和创新，而且表现为不断增加的、由技术加工造成的、不断人工化的有形的物质世界与无形的智力、智慧和知识世界。随着人类经历从机械技术、电力技术、信息技术到人工智能技术四次技术革命的开展，工农业生产、社会服务、社会沟通和交往以及日常生活等领域逐步涌现出了取代人的体力、脑力和智力直至完全取代人的机械工具、电动工具、信息工具和智能工具，也就是机器人。荣誉公民"索菲亚"的出现，表现出人的智力和创造力，也就是人类文明不可限量的未来。尽管文明的这种发展朝着机器人有可能完全取代人的活劳动的方向演进，但出于对它们依然是人的创造性劳动的成果，依然受制于人的智力发展水平的限制和制约的判断，在可预见的将来，智能机器人永远不可能超越作为创造它们的"母体"的人类及其活劳动，至于它们将越来越多地取代未能获得充分智力开发和能力发展的低附加值劳动及其承担者，则也是人类文明进步的题中应有之义，这就是越来越充分地解放人自身。

技术世界相对于并未创造它们的人类，也就是社会中的低知劳动者来说虽然具有一定程度的客观独立性，但它却严重依赖于创造它们的高知的人类，尤其是科学家、技术发明家及其创造性劳动，依赖于科学世界的不断繁荣与进步。而科学世界的创造者正是科学家，这里的创造就是建构，而且是独创性地建构。没有牛顿力学及以之为基础的机械力学，就不可能有工业技术的突飞猛进；没有天体力学的成就，宇宙飞船、航天飞机等探索宇宙奥秘的技术工具就不可能出现；没有电的发现和电子化学、电子物理学的建立，电力技术、半导体技术、电报电话技术就不可能出现；没有微电子和信息科学理论，就不可能有计算机和互联网技术，更不会有建立在微型集成电路（芯片）① 基础上的智能机器人

---

① 芯片，又称微电路（microcircuit）、微芯片（microchip）、集成电路（integrated circuit，简作 IC），是指内含集成电路的硅片，体积很小，常常是计算机或其他电子设备的一部分。

集成电路是一种把电路（主要包括半导体设备，也包括被动组件等）小型化的方式，并通常制造在半导体晶圆表面。将电路制造在半导体芯片表面上的集成电路又称薄膜（thin-film）集成电路。另有一种厚膜（thick-film）混成集成电路（hybrid integrated circuit），是由独立半导体设备和被动组件，集成到衬底或线路板所构成的小型化电路。一般芯片是指单片（monolithic）集成电路，即薄膜集成电路。

根据一个芯片上集成的微电子器件的数量，集成电路可以分为小规模、中规模、大规模、超大规模和甚大规模集成电路；根据处理信号的不同，可以分为模拟集成电路、数字集成电路和模拟数字混合集成电路；按照功能及应用领域，芯片可以分为计算机芯片、生物芯片和人脑芯片，反映出芯片在人工智能领域广阔的应用和发展前景。

技术……总之，在每一种或一个重大的技术突破和创新背后，都存在着一门或一类具有重大理论突破的学科和学科群的建立或出现，同样也意味着科学家建构了新的理论。

由于社会世界的复杂性，科学的理论世界不可能造就出像自然科学理论之于有形技术那样的社会技术，但自然科学所造就的技术同样是作用于人类和人类社会的，我们不能指望像加工、利用、改造自然资源与环境那样改造我们的社会环境，但社会科学的进步可以或深或浅、或直接或间接地作用于社会治理和管理。在这里，重要的是利用经济学、政治学、社会学以及社会科学的其他部门和交叉学科发现、建立和提出的人性假设，以及人性在各种极端和非极端条件下的变化及表现，建立合理的社会、政治、经济体制和制度，制定出立足现实、面向未来，既注重效率又兼顾公平，既谋求总体发展又保障个人自由的规则，形成一种既有社会活力又有良好秩序的社会局面。

以上这些世界，都是现象世界呈现出来的领域，也是科学研究所要面对的对象，人类无尽的求知欲和创造性，不仅可以探知我们所面对的物理世界、生理世界和心理世界，而且可以在很大程度上探明我们自己所在的社会世界以及我们的创造性施展的机理和过程。我们不仅可以加工、利用和改造物理世界与生理世界，而且也将创造和利用我们自己创造的科学与技术世界。

第三章

科学方法和方法论

前面对现象世界的说明，只提供了科学所面对或者可能面对的对象世界的范围。从大的方面说，对象世界有这么多而且也这么复杂，而每一个对象世界的问题究竟有多少，却不是任何领域的科学家所可以全面把握的。科学或科学家所静观的世界，不过是现象世界的一部分，而且极可能是一个很小的部分，这个或这些部分可以在很大程度上代表这个世界的面貌，也许只是就人类认识所及的程度和深度而言。物理学、化学在一定的历史阶段，刻画了物理世界的基本图景，如果我们承认库恩对科学理论的判断，那么，牛顿力学和牛顿宇宙体系理论刻画了那个时代的人们——自然主要是科学家——对物理世界的机理的认识，爱因斯坦的相对论理论刻画了爱因斯坦时代的人们——当然主要也是科学家——对物理世界的认识，并使这种认识进展到物质的微观领域。

从一般方法论研究所遵循的从个别到一般的思路看，本章主题应该是科学方法与科学方法论，但这里的假设是率先武断地推出一种方法论主张，进而把它落实到具体的科学研究过程所遵循的一般程式中，所以本章主题应该反转或颠倒过来，从对已有的方法论的考辨中，推出我们的立场，并把这种立场贯彻在我们的科学建构过程中。

一、科学研究中的理性和非理性

理性和非理性是人类心理和行为中的两个方面，而且也是两种支配力量，这两种力量自然也会表现在科学家的科学研究行为和过程中。但科学究竟是理性的，抑或是非理性的；是个人的，抑或是社会的，在科学哲学家那里并没有达成充分的共识。科学哲学被视作科学现象、科学研究活动提供哲学探索和考察的哲学学科，科学哲学并不能具体地解决科学问题，而是试图对科学的本质、科学家的研究过程做出哲学解释和说明，所以科学哲学的主题自然是科学方法论，或者是对科学方法的认识论的揭示和说明。

正如在本书开篇已经说明的，对科学方法和方法论问题，只有在做了较多的科学研究工作，以及在科学研究中有了更多经验和体会的学者，才会涉足。而且由于科学方法论中哲学与科学相互交叉的特征，对科学方法论感兴趣的学者多少有些哲学的灵感和智慧偏好，所以科学方法论所具有的哲学、科学、科学研究相交叉的特征，却不是每一个科学工作者所具有的，由此也就不难明白，科学方法论学者和专家极少的个人、知识和社会原因。

值得注意的是，如同很早就造就了百科全书式的思想家亚里士多德一样，在西方科学界、思想界和哲学界，每每会造就出哲学、科学和科学方法论三大领域三栖甚至多栖的科学家、哲学家和思想家，批判理性主义者康德是哲学家，但并没有妨碍他与数学家拉普拉斯①先后独立提出宇宙起源和演化的康德—拉普拉斯星云假说②；牛顿是举世闻名的科学家尤其是物理学家，但他同时也是

---

① 皮埃尔-西蒙·拉普拉斯（Pierre-Simon marquis de Laplace，1749—1827），法国著名天文学家和数学家，天体力学的集大成者。1749 年出生于法国西北部卡尔瓦多斯的博蒙昂诺日，1816 年被选为法兰西学院院士，1817 年任该院院长。1812 年发表了重要的《概率分析理论》一书，在该书中总结了当时整个概率论的研究，论述了概率在选举审判调查、气象等方面的应用，导入"拉普拉斯变换"等。在拿破仑皇帝和路易十八时期两度获颁爵位。拉普拉斯曾任拿破仑的老师，所以和拿破仑结下了不解之缘。1827 年 3 月 5 日卒于巴黎。

② 康德—拉普拉斯星云假说（Kant and Laplace nebular hypothesis）是最早的科学的天体演化学说。康德于 1755 年和拉普拉斯于 1796 年各自独立提出关于太阳系起源的星云学说。这两种星云假说的基本论点相近，认为太阳系内一切天体都有形成的历史，都是由同一个原始星云按照万有引力定律逐步演变而成的。

康德—拉普拉斯星云假说否定了牛顿的神秘的"第一推动力"，第一次提出了自然界是不断发展的辩证观点，因而在形而上学的僵化的自然观上打开了第一个缺口，这是从哥白尼以来天文学取得的最大进步。康德的学说侧重于哲理，而拉普拉斯则从数学和力学上进行论述。拉普拉斯的科学论述加上他在学术界的威望，使星云假说在 19 世纪被人们普遍接受。由于科学发展水平的限制，这两种星云学说也有不少缺点和错误，曾一度被人们摒弃，目前不少天文学家认为，星云说的基本思想还是正确的。

著名的数学家和自然哲学家，他与德国著名数学家莱布尼茨①先后独立发现并创立了微积分数学，而莱布尼茨同时是唯理论哲学家，他的唯理主义的单子说和逻辑学中的可能世界学说闻名世界；卢瑟福②是原子核物理学家，但他对原子结构的发现，同时也改变了人们对包括地球、鸟蛋、细胞等在内的世界结构的认识。至于斯宾诺莎、笛卡尔、恩斯特·马赫、伯特兰·罗素、维特根斯坦等近现代哲学和科学巨匠跨界和学术多栖现象更是不胜枚举，由此说明科学家在自然世界局部领域和个别问题研究中的某些突破，会连带着引起他们对整个世界看法的改变，也就是造成新的世界观；相应地，哲学认识论中的某些突破，也可以造成科学领域的变革，并使他们从哲学横跨到自然或社会科学领域，从而使他们成了人类知识史上的超一流大师。至于这些世界观究竟是唯物的，抑或是唯心的；这些认识论和方法论究竟是经验的，抑或是唯理的，因不是本书

① 戈特弗里德·威廉·莱布尼茨（Gottfried Wilhelm Leibniz，1646—1716），德国哲学家、数学家，历史上少见的通才，被誉为 17 世纪的亚里士多德。他本人是一名律师，经常往返于各大城镇，他的许多公式都是在颠簸的马车上完成的，他也自称具有男爵的贵族身份。

　　莱布尼茨在数学史和哲学史上都占有重要地位。在数学上，他和牛顿先后独立发现了微积分，而且他所建构和选择的微积分的数学符号被更广泛地使用，莱布尼茨所发明的符号被普遍认为更为综合，适用范围更加广泛。莱布尼茨还对二进制数的发展做出了贡献。

　　在哲学上，莱布尼茨的乐观主义最为著名，他认为，"我们的宇宙，在某种意义上是上帝所创造的最好的一个"。他和笛卡尔、巴鲁赫·斯宾诺莎被认为是 17 世纪三位最伟大的理性主义哲学家。莱布尼茨在哲学方面的工作在预见了现代逻辑学和分析哲学诞生的同时，也显然深受经院哲学传统的影响，更多地应用第一性原理或先验定义，而不是实验证据来推导以得到结论。

　　莱布尼茨在政治学、法学、伦理学、神学、哲学、历史学、语言学诸多方向都留下了不朽的著作。

② 厄内斯特·卢瑟福（Ernest Rutherford，1871—1937），新西兰裔英国著名物理学家，著名的原子核物理学之父。学术界公认他为继法拉第之后最伟大的实验物理学家。

　　卢瑟福首先提出放射性半衰期的概念，证实放射性涉及从一个元素到另一个元素的嬗变。他又将放射性物质按照贯穿能力分类为 α 射线与 β 射线，并且证实前者就是氦离子。因为"对元素蜕变以及放射化学的研究"，卢瑟福荣获 1908 年诺贝尔化学奖。

　　卢瑟福领导的团队成功地证实了在原子的中心有个原子核，创建了卢瑟福原子模型（行星模型）。他最先成功地在氮与 α 粒子的核反应里将原子分裂，他又在同一实验里发现了质子，并且为质子命名。第 104 号元素为纪念他而命名为"铲"。

　　当人们评论卢瑟福的成就时，总要提到他"桃李满天下"。在卢瑟福的悉心培养下，他的学生和助手先后有 8 人获得了诺贝尔物理学奖或化学奖。有人说，如果世界上设立培养人才的诺贝尔奖的话，那么卢瑟福是第一号候选人。

的主题，这里略去不议。

在诸多科学家和科学哲学家中间，值得一提的是作为经验批判主义代表人物的恩斯特·马赫①。马赫是一位博学的自然科学家、卓越的科学史家，是世界上第一位科学哲学教授。他的经验批判主义②一度成为哲学社会科学界的热门话题，引起了广泛的讨论。马赫主义在奥地利、德国产生以后，迅速在西方各国流行，为不少自然科学家和哲学家所接受，并很快取代了早期实证主义哲学的地位。马赫主义形成的时期，自然科学特别是物理学领域发生了巨大变革。古典的中观、宏观物理学正向现代微观原子物理学和宇观的天体物理学过渡，新发现的 X 射线、电子、放射性元素镭等，使人们对物质结构有了新的认识。被人们奉为绝对真理的牛顿力学无法解释物理学的新发现，以牛顿力学为自然科学基础的哲学也走到了尽头。用什么样的哲学来概括、解释自然科学的新变化，马赫、阿芬那留斯的经验批判主义就是一种尝试。

在各种认识和解释世界的尝试中，究竟是理性在起作用，还是包括情感在

---

① 恩斯特·马赫（Ernst Mach, 1838—1916），出生在奥地利帝国边境的摩拉维亚，毕业于维也纳大学，并获得博士学位。1864 年任格拉茨大学数学教授，1867 年在布拉格大学讲授物理学，1895 年在维也纳大学任哲学教授，并开设归纳科学哲学讲座，1897 年因病瘫痪。1901 年被选为奥地利上议院议员，离开教育岗位并辞去教授职务。1913 年到德国居住，1916 年逝世。

　　马赫一生最大的兴趣就是观察、理解自然界，在光学、声学、物理学、心理学等学科中都有许多重大贡献，较早地系统地批判了牛顿的绝对时空观，认为一切运动都是相对的，为相对论的创立提供了思想准备。马赫的学术生涯从物理学开始，经过科学史，然后到达哲学。他研究哲学的目的是寻找各门科学统一的基础。他哲学方面的主要著作有《力学及其发展的历史批判概论》（1883）、《感觉的分析》（1885）、《我的自然科学认识论的基本思想和同时代人对它的态度》（1901）、《认识和谬误》（1905）等。

② 马赫主义（Machism），亦名经验批判主义（empirical criticism），19 世纪 70 年代至 20 世纪初产生并流行于德国、奥地利以及欧洲大陆其他国家的哲学流派，以其创始人 E. 马赫而得名。另一位创始人为 R. 阿芬那留斯，其代表作为《纯粹经验批判》，因此马赫主义又被称为经验批判主义。马赫主义强调经验的重要性，把感觉经验看作是认识的界限和认识世界的基础，指出作为世界第一性的东西既不是物质也不是精神，而是感觉经验。从这一立场出发，强调一切科学理论都不过是作业假说，它们只有方便与否之分，没有正确与错误之别。马赫主义曾吸引了不少哲学家和科学家，其思想直接影响了实用主义、逻辑实证主义的建立和形成。

　　经验批判主义建立了一种超越传统哲学唯物、唯心对立的中立哲学。他们主张取消现象范围以外的存在和本质问题，科学和人类认识所及的世界就是经验世界，物质和精神、主观和客观的区别只是经验内部的区别。他们抛弃了建立一种将各门具体科学联系起来的、无所不包的综合的哲学体系的企图，同新康德主义马堡学派一样，把哲学归结为科学的认识论。

内的非理性在起作用，我们似乎无法给出一个非此即彼的答案或选择。就科学是经验的理性知识和理性的经验知识这一判断来说，可以说科学既是理性的，也是包括感性经验在内的非理性的。至于把科学进步看成是范式的革命性变革，如同托马斯·库恩所认为的，则是对科学进步的社会革命的附会。

人有理性和非理性的两面或者两端，这两端的区分主要表现在哲学和心理学中，考察主宰人的行动的主要力量究竟是包括经验、逻辑、功利等在内的理性力量，还是包括情感、顿悟、兴趣等在内的非理性力量。就科学是经验的理性知识和理性的经验知识的判断来说，科学主要是理性的，而在科学发现和理论创立与创新过程中，非理性也会发挥重要的作用，这一点则是毋庸置疑的。但在一些科学哲学家看来，在某一个历史时段，之所以有科学理论和学科群的爆发性建立和产生，似乎是某种非理性的革命性力量在发挥作用，并把这种现象称为科学的革命，托马斯·库恩在他的《科学革命的结构》一书中，就明确无误地表达了这一思想。事实上，前述康德和拉普拉斯先后独立提出共同的宇宙星云假说，牛顿和莱布尼茨先后独立发现了微积分，以及哈耶克和赫布在20世纪上半叶先后在脑神经中独立发现的赫比突触（Hebbian synapse）都表明，在人类认识发展的某个阶段，由于科学家共享的知识基础相同，再用大致相同或相似的思路和方法，便可以共同而且是独立地获得某个领域的突破，从而取得人类科学的突破性甚至是革命性进展。在这里，科学哲学家往往看重知识的社会基础这一面，而忽略或忽视了相同或相似的方法——当然包括相同或相似的思路——这另外一面。

值得注意的是，如同建基于德谟克利特的原子论和莱布尼茨单子说的原子化学和原子物理学，使人们研究的思路转向构成物质世界或物理世界的最小粒子——原子的内部结构，考察它们与该原子和由它构成的物质的性质也就是属性之间的关系，从而使物理学、化学进展到基本粒子时代一样，物理学、化学学科的这一思路自然会启发生物学家深入构成生命的基本元素或单位也就是细胞，从而启发德国植物学家施莱登和动物学家施旺提出并建立了细胞学说。①还值得一提的是达尔文的进化理论与生物体和细胞结构与功能关系的研究，启发

---

① 细胞学说，该学说认为细胞是动植物结构和生命活动的基本单位。这一学说于 1838—1839 年间由德国植物学家施莱登（Matthias Jakob Schleiden）和动物学家施旺（Theodor Schwann）最早提出，直到 1858 年，德国病理学家魏尔肖（Rudolf Virchow）提出细胞通过分裂产生新细胞的观点，才较为完善。细胞学说是关于生物有机体组成的学说，它论证了整个生物界在结构上的统一性，以及在进化上的共同起源。细胞学说揭示了细胞的统一性，这一学说的建立推动了生物学从宏观向微观领域的发展。

从 1665 年英国物理学家罗伯特·胡克（Robert Hooke）发现细胞到 1839 年细胞学说的建立，经过了 170 多年。在这一时期内，科学家对动、植物的细胞及其内容物进行了广泛的研究，积累了大量资料。1759 年，C. F. 沃尔夫在《发生论》一书中已清楚地描述了组成动植物胚胎的"小球"和"小泡"，但还不了解其意义和起源的方式。1805 年，德国生物学家 L. 奥肯也提出过类似的概念。1833 年，英国植物学家 R. 布朗（Robert Brown）在植物细胞内发现了细胞核；接着又有人在动物细胞内发现了核仁。到 19 世纪 30 年代，已有人注意到植物界和动物界在结构上存在某种一致性，它们都是由细胞组成的，并且对单细胞生物的构造和生活也有了相当多的认识。在这一背景下，施莱登在 1838 年提出了细胞学说的主要论点，翌年施旺提出"所有的动物也是由细胞组成的"，对施莱登提出的"所有的植物都是由细胞组成的"这一观点进行了补充。这就是《细胞学说》（Cell theory）的基础。20 年后另一位德国科学家魏尔肖做出了另一个重要的论断：所有的细胞都必定来自已存在的活细胞。至此，以上三位科学家的研究结果加上许多其他科学家的发现，共同形成了比较完备的细胞学说。

贝塔朗菲（Ludwig von Bertalanffy，1901—1972）提出并建立了一般系统理论①，而这一理论又成了研究包括生物生态群落、人类心理和人类社会共同体在内的复杂事物的共同学术进路，促成了生态学、社会学功能学派、信息论、控制论、协同学、耗散结构理论和灰色系统理论等理论学科的建立和形成，也使功能分析法和结构—功能分析法成为考察和研究复杂事物内部运行机理和法则的通用方法。

正如在本书导论中业已指出的，一种理论不仅是研究考察现象世界特定问题的思路和解释框架，这种理论的建构和确立过程就是实验或实证验证过程，而且这种理论一经验证并确立，它就构成一种成熟的研究思路和方法，指导后来者用这种思路和方法研究相同或相似的问题与现象。库恩的说法如果是正确

---

① 一般系统论是关于任意系统研究的一般理论和方法。它虽源于理论生物学中的生物有机体论，却与哲学密切相关，是处于具体科学与哲学之间，具有横断科学性质的一种基本理论。其主要任务是以系统为研究对象，从整体出发研究系统整体和组成系统整体的各要素的相互关系，从本质上说明其结构、功能、行为和动态。

　　系统的存在是客观事实，但人类对系统的认识却经历了漫长的岁月，对简单系统研究得较多，而对复杂系统则研究得较少。直到 20 世纪 30 年代前后才逐渐形成一般系统论。一般系统论来源于生物学中的有机体论，是在研究复杂的生命系统中诞生的。1925 年英国数理逻辑学家和哲学家 N. 怀特海在《科学与近代世界》一文中提出用有机体论代替机械决定论，认为只有把生命体看成是一个有机整体，才能解释复杂的生命现象。系统思维最早出现在 1921 年建立的格式塔心理学中，还在工业心理学研究中，1958 年帕里（Parry J. B.）提出了系统心理学（system psychology）的概念。1925 年美国学者 A. J. 洛特卡发表的《物理生物学原理》和 1927 年德国学者 W. 克勒发表的《论调节问题》中先后提出了一般系统论的思想。1924—1928 年，奥地利理论生物学家 L. von 贝塔朗菲多次发表文章表达一般系统论的思想，提出生物学中有机体的概念，强调必须把有机体当作一个整体或系统来研究，才能发现在不同层次上生命的组织原理。他在 1932 年发表的《理论生物学》和 1934 年发表的《现代发展理论》中提出用数学模型研究生物学的方法和机体系统论的概念，把协调、有序、目的性等概念用于研究有机体，形成研究生命体的三个基本观点，即系统观点、动态观点和层次观点。1937 年，贝塔朗菲在芝加哥大学的一次哲学讨论会上第一次提出一般系统论的概念。但由于当时生物学界的压力，没有正式发表。1945 年，他发表《关于一般系统论》的文章，但不久毁于战火，没有引起人们的注意。1947—1948 年，贝塔朗菲在美国讲学和参加专题讨论会时进一步阐明了一般系统论的思想，指出不论系统的具体种类、组成部分的性质和它们之间的关系如何，都存在着适用于综合系统或子系统的一般模式、原则和规律，并于 1954 年发起成立一般系统论学会（后改名为一般系统论研究会），促进了一般系统论的发展，创办《行为科学》杂志和出版《一般系统年鉴》。虽然一般系统论几乎是与控制论、信息论同时出现的，但直到 20 世纪六七十年代才受到学界的普遍重视。

的，只在于他给这种成熟的理论和方法取了一个恰当而通俗的名称，那就是范式。①但把范式看成是涵盖和包括所有科学研究过程的思维方式、行为模式和社会规范的做法，则是对科学共同体及其成员自主的创造性研究过程不应有的强制，而且是需要防范和摈弃的。

科学研究和科学发现中的理性和非理性，正如行为和活动中的人的理性和非理性，本不是可以截然分开的，但研究家基于分析的需要，却往往在二者之间各取一端，而排斥和否定另一端，结果造成对科学家统一的科学研究过程的割裂。这一割裂的认识论或形而上学的源头，便是在洛克和莱布尼茨之间展开的经验论和唯理论旷日持久的哲学争论。作为认识主体的人，尤其是科学家的大脑及其思维既不是一块毫无经验印痕的白板，已有的经验和在这些经验基础上发展而来的智慧，也不是上帝植入人脑中的东西，毋宁是对这些经验印痕予以加工的产物。至于这个加工过程是如同行为主义所谓的不断的刺激强化，抑或是逻辑实证主义所说的理性加工，乃是需要进一步讨论的问题。但毋庸置疑，甚至不变的是，人的行动是在由右脑所主宰的情感和情绪与左脑所主宰的逻辑、理性和语言之间的互动和结合中产生的，而左脑是理性半球，右脑是非理性半球②。裂脑人不过是神经生理学和心理学实验中被切断了神经联络也就是胼胝体的理想的实验人（experiment man）或被试（participant），而不是现实中行动着的正常人，更不是科学家。科学家则是两脑并用，而且是经验和理性并用、注意力相对集中、智力相对超常的正常人。他们用好奇的双眼和其他感官再加上大脑，经验地认识和捕捉到他们认为有探索和解释价值的现象和问题，并用顽强的毅力和巧妙的方法完成了这种解释，而且发现可以用同样的解释思路和框架，解释其他相似的问题。这就是科学研究的本质，至于其中究竟是理性的还是非理性的力量发挥了主要的甚或是决定性作用，并不是他们所关

---

① 范式（paradigm）的概念和理论是由美国著名科学哲学家托马斯·库恩（Thomas Kuhn）提出并在《科学革命的结构》（*The Structure of Scientific Revolutions*，1970）中系统阐述的。库恩认为，范式是指科学共同体成员所共享的信仰、价值、技术等的集合，指常规科学所赖以运作的理论基础和实践规范，是从事某一科学的研究者群体所共同遵从的世界观和行为方式。其中包括开展科学研究、建立科学体系、运用科学思想的坐标、参照系与基本方式，以及科学体系的基本模式、基本结构与基本功能等。

② ［美］托马斯·R.布莱克斯利. 右脑的奥秘与人的创造力［M］. 董奇，杨滨，译. 北京：国际文化出版公司，1988：90-91，101-108.

心的。

如果要下个定义来说明科学方法论究竟是什么的话，那么就是从诸多科学家科学研究的成功——也许还有失败——的经验中，抽象出一般的指导后起科学家从事研究的关于科学研究方法的理论或主张，而这恰恰是哲学领域的部分学者所热衷的。由于方法论一定程度上从属于认识论，而认识论自西方哲学完成认识论转向后，就成为哲学的主要任务而区别于形而上学，这样科学方法论又被一些热衷于新学科的人命名为科学学，也就是说科学学的中心任务就是科学方法论，或者说要建构关于科学研究方法的理论。

二、科学革命与无政府主义

在已有的科学方法的研究中，涌现出了若干富有学术创见和个性的理论和理论家，对这些理论，学术界以理性和非理性为主导的标准划分为两大阵营，分别是非理性的科学革命论、无政府主义和以理性为主的批判理性主义、科学纲领派。其中科学革命论就是库恩的范式理论，而无政府主义则是法伊尔阿本德的反方法论理论。本节先扼要介绍和评价库恩和法伊尔阿本德。

范式概念是库恩科学方法论的核心，库恩认为："按既定的用法，范式就是一种公认的模型或模式。""我采用这个术语是想说明，在科学实际活动中某些被公认的范例——包括定律、理论、应用以及仪器设备统统在内的范例——为某种科学研究传统的出现提供了模型。"① 在库恩看来，范式是一种对本体论、认识论和方法论的基本承诺，是科学家集团所共同接受的一组假说、理论、准则和方法的总和，这些东西在心理上构成了科学家的共同信念。

按照库恩的说法，范式有这么几个特点：①一定范围或程度上的公认性；②范式是一个由基本定律、理论、应用以及相关的仪器设备等构成的一个整体，它的存在给科学家提供了一个研究纲领；③范式还为科学研究提供了可模仿的成功先例。可以看出，在库恩那里，范式归根到底是一种理论体系，范式的突破导致科学革命，从而使科学获得一个全新的面貌。库恩对范式的强调对促进心理学理论研究具有重要意义。由于范式概念是库恩整个科学哲学的核心，他试图以此来概括和描述多个领域的现实科学，而不仅仅是对科学史和哲学感兴

① ［美］托马斯·库恩. 科学革命的结构［M］. 金吾伦，胡新和，译. 北京：北京大学出版社，2004：10.

趣，因而从不同方面、不同层次和不同角度对范式概念做了多重的界定和说明。

库恩给出了范式这一概念的现代用法，他指出，范式是在某一个指定时间内一系列限定某一学科科学活动的规范或规则体系。他自己则比较偏好用范例（exemplar）和常规科学（normal science）两个更有哲学意义的概念来指称范式。

他在《科学革命的结构》中把科学范式定义为"成熟的科学共同体在某段时间内所接纳的研究方法、问题领域和解题标准的源头活水"①。很多人没有注意到库恩思想的这一特征，往往根据自己的需要，引述库恩对范式的某一解释来阐述自己的问题，因而不可避免地出现某些偏差。英国学者玛格丽特·玛斯特曼（Margaret Masterman）对库恩的范式观做了系统的考察，他列举了库恩使用的 21 种不同含义的范式，并将其概括为三种类型或三个方面：

一是作为一种信念、一种形而上学思辨的哲学范式或元范式；

二是作为一种科学习惯、一种学术传统、一个具体的科学成就的社会学范式；

三是作为一种依靠本身成功示范的工具、一个释疑解难的方法、一个用来类比的图像的人工范式或构造范式。

尽管范式的首要含义在哲学方面，这也是库恩范式的基本部分，但是库恩的创见和独到之处则在于范式的社会学含义和构造功能。与一般科学哲学思维的抽象性相反，库恩特别强调科学的具体性，并把具体性看作是科学的基本特性，因为他认为，一套实际的科学习惯和科学传统对于有效的科学工作是非常必要和非常重要的，它不仅是一个科学共同体团结一致、协同探索的纽带，而且是其进一步研究和开拓的基础；不仅能赋予任何一门新学科以自己的特色，而且决定着它的未来和发展。这样一来，库恩也就把具体性作为自己哲学思想的核心，在实际的"图像""模型"和哲学之间划出了一条界线，使自己的思想与其他科学哲学区别开来。库恩的构造范式就是这种实际的"图像"和"模型"，它不仅使常规科学释疑解难的活动得以完成，从而成为开启新学科的契机和手段，而且在应用模型和形而上学之间建立起一种新的相互关系，解决了从

---

① ［美］托马斯·库恩. 科学革命的结构［M］. 金吾伦，胡新和，译. 北京：北京大学出版社，2004：95.

一般哲学理论转向实际科学理论的途径问题。我们通常讨论和运用的是范式的后面两种含义。

在库恩看来，科学革命的实质就是范式转换，是少部分人在广泛接受的科学范式里，发现现有理论解决不了的例外，尝试用竞争性的理论取而代之，进而排挤掉不可通约或失去解释力的原有范式。当然，一个新范式的确立并不是一蹴而就的，而是需要赢得大部分科学家的选票，也就是认可。

库恩的范式理论大体来自由科学史实例引发的思考。两千多年前，亚里士多德认为"物体自由下落的速度和物体的重量成正比"，因此，"物体越重，下落的速度就越快"。这一观察似乎接近日常生活事实，除非在真空里，一张纸和一本书落地的速度是不一样的。但是，如果把它们放在一起，下落得更快还是更慢？伽利略爬上了比萨斜塔，用一对同样大小的木球和铅球，通过实验证明它们是同时落地的。为什么两千多年来，人们一直承袭着这个错误的认识呢？

当波普尔和他的对手们正在热烈地讨论着科学的可否定性时，库恩认为，一门理论的正确与否，是不可能被证伪或证实的，它不过是在那儿。就像一套合身的衣服，直到发现它变得不合身了为止。一门理论在经历了一段时间的问题解答以后，就会遇到越来越多的怪题。从解答不了到出现危机，就会刺激新的理论出现，而旧的理论就像不合身的衣服一样被扔掉。伽利略的斜塔实验就这样使人们放弃了过时的亚里士多德假说。

例外对于理解科学进步极有帮助，因为它指出了原有模式的不足并刺激新理论的产生。众所周知，1900 年，英国物理学家汤姆逊曾经宣称，在物理学的天空上只剩下两朵乌云。① 然而，正是这两朵乌云在 20 世纪导致了相对论和量子力学的诞生。1873 年《牛津英语词典》曾经引用达尔文的话："在自然界里，

---

① 1900 年 4 月 27 日，在英国伦敦阿尔伯马尔街的皇家研究所举行了一个报告会。对科学界来说，这可是一件大事。其时，欧洲有名的科学家都赶到这里，聆听德高望重却以顽固出名的老头子——开尔文男爵（本名汤姆逊）的演讲。当时开尔文已经 76 岁。他演讲的主题"在热和光动力理论上空的 19 世纪乌云"。开尔文说："动力学理论断言，热和光都是运动的方式。但现在这一理论的明晰性和优美性却被两朵乌云遮蔽，显得黯然失色了……"这个"乌云"的比喻后来变得如此出名，以至于几乎在每一本关于物理学史的书籍中都被反复引用，成了一种模式化的陈述。联系当时人们对物理学大一统理论的乐观情绪，许多时候这个表述又变成了"在物理学阳光灿烂的天空中飘浮着两朵小乌云"。这两朵著名的乌云，分别指的是经典物理在光以太和麦克斯韦—玻尔兹曼能量均分学说上遇到的难题。再具体一些，这两朵乌云是指在迈克尔逊—莫雷实验和黑体辐射研究的困境。

第一朵乌云即迈克尔逊—莫雷实验。这个实验的用意在于探测光以太对于地球的漂移速度。在当时人们的观念里，以太代表了一个绝对静止的参照系，而地球穿过以太在空间运动，就相当于一艘船在高速行驶，迎面会吹来强烈的"以太风"。迈克尔逊在 1881 年进行了一个实验，想测出这个相对速度，但结果并不十分令人满意。于是，他和另外一位物理学家莫雷合作，在 1886 年安排了第二次实验。这可能是当时物理史上进行过的最精密的实验了。他们动用了最新的干涉仪，为了提高系统的灵敏度和稳定性，他们甚至多方筹措，弄来了一块大石板，把它放在一个水银槽上，这样，就把干扰的因素降到了最低限度。然而，实验结果却让他们无比震惊和失望：两束光线根本就没有表现出任何的时间差。以太似乎对穿越于其中的光线毫无影响。迈克尔逊和莫雷不甘心，一连观测了四天，情况都是一样。迈克尔逊和莫雷甚至还想连续观测一年，以确定在四季中，地球绕太阳运行对以太风影响的差别。但因为这个否定的结果是如此清晰而不容置疑，这个计划被无奈地取消了。

迈克尔逊—莫雷实验是物理史上最有名的"失败的实验"。当时，它在物理学界引起了轰动。因为以太这个概念作为绝对运动的代表，是经典物理学和经典时空观的基础，而这根支撑着经典物理学大厦的梁柱竟然被一个实验的结果无情地否定，那就意味着，整个物理世界将会轰然崩塌。不过，在那时候，多数人仍然认为，刚刚取得伟大胜利、到达光辉顶峰的经典物理学，怎么会莫名其妙地就这样倒台？所以，人们还是提出了许多折中的办法来处理这个问题。爱尔兰物理学家费兹杰惹和荷兰物理学家洛伦兹分别独立提出了一种假说。这种假说认为，物体在运动的方向上，其长度会发生收缩，从而使得以太相对运动的速度无法被测量到。长度收缩的假设使人们"摆脱了困境"，其后所要做的，似乎只是修改现有的理论，以便使以太和物质的相互作用更好地自洽罢了。人们认为，这朵乌云最终总会消失的。虽然这些假说使以太的概念得以继续保留，但是，有人已经对它的意义提出了强烈质疑。因为很难想象，一个只具有理论意义的"假设物理量"，究竟会有多少存在的必要。果然，相对论提出以后，"以太"的概念就被光荣退休，成了一个历史名词了。

第二朵乌云是指黑体辐射实验和理论的不一致。在开尔文发表演讲的时候，这个问题仍然没有任何解决的迹象。不过，开尔文对它的态度倒是很乐观，因为他本人并不相信玻尔兹曼的能量均分学说。他认为，要驱散这朵乌云，最好的办法就是否定玻尔兹曼的学说。而且，在当时玻尔兹曼分子运动理论的确还是有着巨大的争议，致使这位罕见的物理学天才苦闷不堪，精神也出现了问题。当年，玻尔兹曼曾尝试自杀，却没有成功。但在 6 年后，在一片小树林里，他终于亲手结束了自己的生命，留下了科学史上的一个大悲剧。

朱天龙. 20 世纪物理天空的两朵乌云 ［EB/OL］. 新浪博客，2016-03-29.

没有比一个不能飞的鸟为更大的例外",但现在人们已经知道,鸵鸟、企鹅的确是不会飞的鸟类。可见,一个例外的事实通常是不为现有的概念框架所预期、难以解释和与逻辑不相容的。在《科学革命的结构》中库恩写道:"发现源于对例外的意识,源于对那些多少违反常规科学统摄下的先导预期的性质的认识。"① 科学发现作为一个复杂过程推动着范式转换,在旧范式中的例外,在新范式里就不再是例外。以库恩的话来说,常规科学是科学群体共同分享的一系列模式和假设,通常在严谨的逻辑框架下运行,如果没有大胆的探索精神,这些框架断不可能被打破。而处于常规思路的科学家们远非客观,他们有理由坚守正统的理论,而倾向于在现有的架构内寻找问题的答案。譬如,公元 3 世纪希腊天文学家阿里斯塔克斯(Aristarchus)就提出了行星围绕太阳旋转的理论。但是当时的科学群体却以托勒密的地心说为正统,没有准备好接受这一认识的飞跃。

库恩的批判者认为他力图把科学说成不过是一群"乌合之众"的规则。库恩则认为这种批判没有道理,并声称要准备为此不实指控而争辩。如果说常规科学是缓慢、连续、稳定和积累的变化,那么,科学革命或范式转换则是极少发生却又极有意义的变化。确认了范式的存在,在科学中就没有不朽的范式,"婴儿科学"常常是从个别科学家那里探索出来的,如伽利略、牛顿、达尔文、爱因斯坦等。库恩相信,科学的历史是由那些极具洞察力的新思想推动的,而不是连续积累的效应。常规科学只是在科学首创确立以后的正规化和精确化。

库恩的范式理论也是人们常常拿来批判霍根《科学的终结》的一部分。他们认为科学的探索是没有止境的,霍根看到的所谓科学的终结,不过是库恩描述的常态科学那一部分。范式转换甚至是不可预期,也不可能计划出来的。因此,从根本上证明霍根是错误的,需要等待新的科学突破并由此导致新的范式转换。

在科学与神学的无限争吵中,库恩的发现似乎更有利于神学,实际上是错觉。科学哲学的理性思考一再告诫人们:科学是一定时期内的假设,自然科学的权威不宜用来衡量人文社会科学的价值。神学曾经是中世纪欧洲人可靠的知识来源,近代科学的诞生则基本取代了神学的位置。

在英语世界,库恩赋予了原意为"语法模式"的"范式"一词以现代含

---

① [美]托马斯·库恩. 科学革命的结构 [M]. 金吾伦,胡新和,译. 北京:北京大学出版社,2004:49.

义，然而它的暧昧性使得它几乎可以被套用到涉及传统与创新的任何领域，各路人士对它也无不心领神会。例如，工业人士认为技术创新，从蒸汽机到计算机，可以引起产业结构的变化；经济学家则运用税收政策来促进公司结构的合理化；在管理学中还出现了一系列诸如组织范式、开放范式、同步范式、协同范式、参照范式和随机范式等标识创意的新术语；社会学家更是把它奉为圭臬，用来描述所谓社会形态和社会治理模式的变化；布什政府 1989 年也曾推行过一个不太成功的"新范式运动"，如确保教育、强化市场、赈济穷人和行政分权等。无怪乎有人抱怨库恩的范式早已面目全非，以至于成了被广泛滥用的"陈词滥调"。批评者在他的经典《科学革命的结构》一书里发现了 22 处范式的不确切使用，库恩也承认他对"范式"一词的使用出现了较大伸缩性（flexibility）。

库恩范式学说似乎和中国传统的整体思维观一拍即合，很容易引起中国人的共鸣。如经济学者把它作为"改革目标转换模式"的理论依据。企业家据此提出再造企业的内部结构、转换机制等。历史学家用它来解释朝代的变更，如"超稳定系统"，有"问题是老的，方法是新的"一说；或探讨"李约瑟难题"：为什么近代科学没有在中国产生？有"科学技术循环加速"说；或回答资本主义制度为什么在英国产生，有"潜在结构"一说。还有在制度经济学研究中由道格拉斯·C. 诺斯提出的经济和制度变迁中的路径依赖等，大体都是从《科学革命的结构》中获得的启发。

给出这么多范式外用的例子，著者并不是要给读者一个它多么有效的误解。相反，范式分析作为一种方法也有其局限性。不分学科、不分情况的范式应用、套用、滥用不仅空洞、肤浅，而且缺乏严谨的结构限定，没有就转换的临界条件进行分析，甚至会造成对范式分析方法的固守和膜拜。范式转换也不可能那么频繁，仅凭一个小的发现就恣意妄言范式转换不过是青年人的浪漫幻想。任何领域都是一样，如果没有思维的突破、技术的更新，单纯的所谓范式转换就毫无意义。例外会导致原有理论和解释框架的危机，应运而生的新思想又往往是导致范式转换的契机，而不是范式转换导致革命。

具有讽刺意味的是，库恩并没有让历史学家完全信服自然科学可以清晰地划分为常规和革命相互交替的阶段，而哲学家和社会学家似乎对库恩的理论倍感兴趣。我们需要意识到，库恩的探讨不同于他的奉承者，如西方后现代主义把他作为反科学的同盟者，片面利用甚至盗用他的理论。他们的研究范围通常包括哲学、心理学、认识论、社会学、文化、女权和艺术，等等。自波普尔、库恩和法伊尔阿本德等科学哲学家对科学的深刻反省以来，在 20 世纪后半叶，后现代主义的一个逆反倾向就是缺乏对真理的理性探讨。他们共同的信条就是宣称"一切都有可能",进而滑向了强烈的反科学的偏见里。

库恩把科学某个发展阶段上的通用理论作为范式是有价值的,但把范式看作是该阶段所有科学家应共同遵循的研究规范则有其局限性。任何理论都是针对它要揭示和解释的现象世界的理论,而这个或这些现象只是前述整个现象世界的一部分,甚至是一个很小的部分,试图用得到的来自部分领域合用的解释框架来涵盖整个现象世界,并把它看作是自称为革命的范式转换,则有明显的以偏概全的嫌疑。量子力学和相对论是从微观物理世界的解释中逐渐形成的范式,从时序上说它是后起的理论,而牛顿力学对此却无能为力,但量子力学和相对论同样揭示不了宏观物理世界的问题。因此并不是新范式取代了旧范式,而是新现象、新问题解释的需要催生出了新范式、新理论。

把由于科学进展到新的现象世界,从而爆发式地形成了新的解释框架和理论,并把这些新理论所共有的品格相对于旧范式称之为范式转换甚至科学革命也是适宜的,但这不过是科学世界的现象,却不是科学家群体有意追求的结果。科学发展的客观进程不过是不断面对新现象、新问题而形成的知识的递进和积累——当然也会有某类知识或范式爆发式的成长和出现——而不一定就是革命。库恩之革命很显然是对20世纪中叶席卷世界的社会革命和新技术革命的学术呼应甚至附会。①

值得注意的是,库恩的范式思想高度契合于形式逻辑中命题推理可靠性验证的范式方法,其意义是,检验一个命题推理的有效性,在于求解该命题推理真值形式的范式,如果获得了一个重言的合取范式,那么该命题推理是有效的;如果获得了一个矛盾的析取范式,那么,该命题推理为无效推理。如果既不能获得重言的合取范式,也不能获得矛盾的析取范式,那么该推理便是非充分有效,也不是明显无效的推理,只能被判定为或然性推理。为了定义合取范式和析取范式,相应地还要规定和定义简单合取式和简单析取式,并由简单合取式构造析取范式,简单析取式构造合取范式。于是合取范式被定义为:一个范式为合取范式,当且仅当它的任意一支合取支是重言的简单析取式,如 $p \lor -p \lor q$(其中 p、q 为命题变项);相应地,一个范式为析取范式,当且仅当它的任意一支析取支为矛盾的简单合取式,如 $p \land q \land -q$(同前)。而简单合取式和简单析

---

① [美]托马斯·库恩. 科学革命的结构[M]. 金吾伦, 胡新和, 译. 北京: 北京大学出版社, 2004: 85-86.

取式是重言（真）式还是矛盾（假）式，则是直观可判的。这里提出的疑问是，库恩的科学范式理论是否是受了逻辑学范式方法的启发，并对这一逻辑学知识进行了方法论扩展的成果。在已有的文献中，关于这一点却无从可考。

方法论非理性主张的另一极来自美国的保罗·法伊尔阿本德。法伊尔阿本德（P. Feyerabend，1924—1994），当代美国著名科学哲学家，因其观点过于极端，维护和论证相对主义、非理性主义、反科学主义，提倡认识论无政府主义，所以被认为是当代科学哲学中的最大异端。在20世纪50年代，他主要遵循波普尔的理论，批判逻辑实证主义方法论。但他关于理论思维的作用，关于形而上学观念在认识中的作用，以及关于经验的批判力依赖于理论竞争的思想，也对波普尔本人及其学派的观点有较大影响。20世纪50年代末期，他的立场转向批判波普尔，其后言辞更加犀利，态度更加激进，批判一切建立理论合理性的判据及科学知识进步的合理性理论。集中表现其方法论思想的著作是《反对方法——无政府主义知识论纲要》，从书名就可以看出其语言犀利而又排斥所有科学方法的特征。

法伊尔阿本德提出了一种与传统看法截然对立的科学方法论论点：怎么都行。他在批判逻辑经验主义和理性主义科学观基础上，阐述了观察与理论的关系，提出用不可通约性（incom mensurability）来说明理论选择、评价及科学进步问题；他扩展了无政府主义的含义来论述科学与其他知识、社会现象的关系。他认为，"同充分确证的理论相矛盾的假说供给我们的证据，是用任何别的方法都得不到的。理论的进步是对科学有益的，而齐一性则损害科学的批判能力。齐一性还危害个人的自由发展"①。尽管其思想中包含着许多不合理因素及神秘主义色彩，但它体现出的宽容、民主的作风及突破权威的气质都值得深入探讨。

法伊尔阿本德指出，一切证据都是受评价者的世界观或自然观的影响而彻底地渗透理论的。一个理论可以同证据相矛盾，不是因为它不正确，而是因为证据受到了"污染"。既然证据受到了理论的"污染"，要对竞争理论进行评价，就必须考虑除了竞争理论和证据之外的其他一些相关的高层背景理论。比如在哥白尼时代，当用亚里士多德力学来对他的问题做出解释时，这一现象就支持托勒密的地心说而反对哥白尼的日心说；反之，当伽利略以运动相对性和惯性原理对他的问题做出不同的解释时，这个证据则转变成为支持日心说的证据。所以，在理论比较评价中，由于指导观察的理论被"污染"，具有不同的世

①　[美] 保罗·法伊尔阿本德. 反对方法——无政府主义知识论纲要 [M]. 周昌忠，译. 上海：上海译文出版社，2007：16.

界观或自然观的人，对同一个证据会有不同的解释。由此，理论的评价就必然缺乏客观标准。法伊尔阿本德认为："科学仅仅是人发明出来应付其环境的众多工具之一种。它不是唯一的工具，它不是不会出错的，它已变得太强大、太进取而又太危险了，不能听凭它自作主张。'教师'利用分数和对失败的恐惧来塑造年轻人的头脑，直到他们可能有过的想象力丧失殆尽。一个人的理性是另一个人的荒谬。但是，有一件事务必不惜一切代价地戒绝：切不可让那些规定特殊题材和特殊职业的标准渗透进普通教育，也切不可让其成为一个'受过良好教育的人'的规定品性。"① 由于先后相继的理论是不可比的，它们并没有任何互相连续的继承关系，因此他断言：科学的演变不具有不断进步的性质。这一看法严重不符合科学、科学史及科学认识论和方法论实际。科学是随着社会需要、人类认识能力的不断提高而逐步发展的，它的发展也不是一帆风顺的，它总是在经验与理论、理论与理论的相互冲突中求得生存与发展，体现了人的认识和思维不断递进和增长的特征，要真正了解科学不断演变进步的实质，就得理解科学的常态与革命、动态与静态的联系与区别。

在欧洲和美国，人们经常用一些极端的词汇来称呼法伊尔阿本德的极端哲学，有人称他是"'什么都行'的哲学家""反科学的哲学家"，甚至有人说他是"科学最坏的敌人"，使法伊尔阿本德在科学哲学界获得了"科学理论界的肆无忌惮者"的声誉。总之，"法伊尔阿本德曾经是而且现在仍然是当代哲学最有争议的人物"。在欧美，从1964年开始就有学者注意法伊尔阿本德的哲学观点，截至2003年年底，可查考到研究法伊尔阿本德的论文和著作达167篇（部）之多。许多著名的哲学家都关注他的思想动向，例如罗蒂、普特南、阿加西等人都发表过研究法伊尔阿本德的文章，拉卡托斯更是他的头号论敌。而劳丹、夏皮尔等新历史主义科学哲学家的思想都与法伊尔阿本德哲学直接相关。葛瓦利斯（S. G. Couvalis）、普雷斯顿（J. M. Preston）、蒙内瓦（G. Munévar）等人在欧美哲学界成了法伊尔阿本德研究专家。葛瓦利斯撰写的《法伊尔阿本德对基础主义的批判》是欧美哲学界第一部研究法伊尔阿本德哲学的专著，该书考察了法伊尔阿本德的后现代哲学思想。普雷斯顿在1992—1999年8年间写了8篇论文和一部全面研究法伊尔阿本德哲学的专著《法伊尔阿本德：科学、哲学与社会》，他还编辑了法伊尔阿本德哲学文集第三卷；又与蒙内瓦和拉姆（D.

① ［美］保罗·法伊尔阿本德. 反对方法——无政府主义知识论纲要 ［M］. 周昌忠，译. 上海：上海译文出版社，2007：271.

Lamb）共同编辑了一部研究法伊尔阿本德哲学的纪念文集《科学最坏的敌人？——法伊尔阿本德纪念文集》。蒙内瓦编辑的《超越理性：保罗·法伊尔阿本德哲学研究文集》一书被收入世界著名的波士顿科学哲学研究丛书，成为研究法伊尔阿本德的重要参考文献。

　　无政府主义可以部分作为自由的代称，自由尤其是思想和学术自由是科学发展的社会和个人意识前提也是毫无疑问的，但正如任何理性健全的人都不会认为自由意味着为所欲为和无政府一样，在科学领域需要保障科学家的思想和学术自由，但科学并不意味着科学家的为所欲为，更不是恣意妄为。科学是经验的理性知识和理性的经验知识，这其中经验和理性两端是缺一不可的，经验意味着科学的对象是可感的，理性意味着理论必须经由科学家的加工，其中包括逻辑加工。科学是人类的事业，更重要的是它也是科学家的事业，人人都有生活经验，但并不是人人都具有理性加工能力，所以如同马斯洛所说，科学家是那些摆脱了低层次需要，并具有强烈的主观效能感的自我实现者才有的事业，尤其是业绩。理性潜在地包含着被人们所普遍认可的社会规范和规则，其中包括作为理论科学重要的知识基础的逻辑学在内的认识规则。科学可以有而且也可能有不止一种的方法，但科学也绝不是"怎么都可以"。

　　随着人们对科学认识的不断提高，分属于科学哲学、科学社会学领域的学者纷纷展开了对科学的知识类型和科学研究过程的考察，其中最为全面和深刻的论述则是由罗伯特·默顿完成的，他认为，除了价值中立的价值观要求外，科学的精神气质的构成主要有无私利性、人类共享性、非民族性和理性的质疑精神，由此展示了科学的内在精神。在各国高等学校的专业教育中，每一个成型专业的专业课安排中，都有关于该专业的理论课和相应专业的研究方法，以加强学生对专业基础理论知识和基本的研究方法与规范的学习，比如自然科学专业中的化学、物理学乃至生物学实验，社会科学专业的田野调查法、问卷设计和结构式访谈法，文化和习俗研究中的参与式观察法，以及市场调查与预测中的德尔菲法①等。如果科学是怎么样都行，那这些专业性的高等教育在科学

---

①　德尔菲法（Delphi Method）又称专家会议预测法，是一种主观预测方法。它以书面形式背对背地分轮征求和汇总专家意见，通过中间人或协调员把第一轮预测过程中专家们各自提出的意见集中起来加以归纳后反馈给他们。德尔菲法是在20世纪40年代由O.赫尔姆和N.达尔克首创，经过T. J.戈尔登和兰德公司进一步发展而成。德尔菲这一名称起源于古希腊有关太阳神阿波罗的神话，传说中阿波罗具有预见未来的能力，因此，这种预测方法被命名为德尔菲法。1946年，兰德公司首次用这种方法来进行预测，后来该方法被迅速广泛采用。

知识，尤其是科学方法普及和科学精神传播中的作用，则可以完全被否定。尽管单一研究方法和方法论的训练有可能影响或部分影响学生或受训者科学研究能力自由发挥的方向和程度，但一个不曾受过任何学术训练的人，几乎不可能在科学和学术研究领域有太多建树和贡献。

科学知识不是人们在日常生活中积累起来的日常知识，而是由训练有素的专家经由科学研究建构起来的专门知识，尽管真正的科学知识在很大程度上是符合日常生活经验的，但并不意味着所有日常知识都是符合科学原理和法则的。可以说日常知识是专门的科学知识的基础和来源，但不能说科学知识是日常知识的有机构成。随着人类文明的发展和进步，将会有越来越多的日常生活领域需要接受科学知识的指导，尽管人类不可能完全按照科学知识的精细化和程式化要求来生活，如同医生对人的健康生活方式的严格要求一样。

如同价值与工具的关系一样，科学研究中的对象与方法，也构成价值与工具的关系，其中问题仅仅起定向作用，问题一经确定，就意味着我们需要解释的对象和任务是明确的，剩下的就是如何完成这种解释。至于把问题归结于本来就是这样，那就是懒人的方法；归结于直觉的神秘力量，那是神秘主义的思路和方法；从现实关系中找原因，并不满足于表象，而习惯于"打破砂锅问到底"以及"打破葫芦倒出籽"的精神，则有可能导向对问题和现象的真正解决与解释，而且极有可能导向科学的解释。科学是对经验知识理性加工尤其是逻辑加工的产物，这里的经验知识，其中还包括为自然科学家尤其看重的科学实验，特别是受控实验；而其中的理性加工则表现为对表述现象和问题的可能原因的前提的真假判定，以及由真前提推出可靠结论的逻辑过程的选择。逻辑学的要求是前提真实，推理可靠，如此才极有可能推出可靠的结论。至于经验知识中潜含的验证，在实验自然科学中依赖于实验验证，而在社会科学中则依赖于经验事实和实证调查数据。所以，所谓怎么都可以的无政府主义，可以成为科学哲学中的一支极端主义流派，增加该学科批判与争论的靶子和学术热度，而在承认并肯定科学研究方法的科学家群体中，则是一种可以被忽略甚至被藐视的胡言乱语，因为它不是导向科学，而是导向科学的反动。

在人类社会生活和社会问题研究中倡导无政府主义，是对人类生活的不负责任，而在科学研究中尤其在社会科学研究中倡导无政府主义，则是对社会和科学研究的不负责任。科学家虽然不像政治家和社会实践家那样，需要为自己的理论和学说及其实践承担直接责任，但作为社会职业之一，科学家尤其是哲学家和社会科学家却要为自己理论的社会实践后果承担理论责任。作为科学无政府主义者，法伊尔阿本德及其理论，极有可能造成这样的科学后果：高校各专业学生，不认真学习专业理论和该专业各门课程及其所在学科的研究方法，因为怎么样都行；科学家不再追求实验手段的完善和精心设计，因为怎么样都行；社会政治家和实践家不再追求社会体制和制度最大限度的理性化或合理化，因为怎么样都行……从这个意义上说，法伊尔阿本德在人类知识和智慧问题上，什么都说了，但实际上什么也没说，甚至于如同准备招待客人的中国主人问客人，大家想吃点什么，有人会回答"随便"一样！

三、证伪主义与科学研究纲领

在20世纪中后叶的科学哲学界，还有两位具有师徒关系却最后在学术上分道扬镳的人物，但他们共享了科学哲学理性主义的美名，这就是批判理性主义代表人物卡尔·波普尔和他的学生——科学研究纲领方法论的建立和倡导者拉卡托斯。基于研究的需要，本节对这两位理论家及其学术思想和主张，提供简单的介绍和评论。

卡尔·波普尔（Karl Raimund Popper，1902—1994）是当代西方最有影响的哲学家之一。波普尔原籍奥地利，父母都是犹太人。第二次世界大战期间，为了逃避纳粹迫害移居英国，加入了英国国籍。波普尔研究的范围甚广，涉及科学方法论、科学哲学、社会哲学、逻辑学等。波普尔于1934年完成的《科学发现的逻辑》一书，标志着西方科学哲学最重要的学派——批判理性主义的形成。他的另两部著作《历史决定论的贫困》（1944）和《开放社会及其敌人》（1945）是其社会哲学方面的代表作，出版后轰动了西方哲学和社会科学界。1950年，波普尔应邀到美国哈佛大学讲学，并结识了爱因斯坦，深得爱因斯坦的赞赏。

波普尔是批判理性主义的创始人。他认为经验观察必须以一定理论为指导，但理论本身又是可证伪的，因此应对之采取批判的态度。在他看来，可证伪性是科学不可缺少的特征，科学的增长是通过猜想和反驳发展的，理论不能被证实，只能被证伪，因而其理论又被称为证伪主义。20世纪50年代后，他的研究重点转向本体论，提出了著名的"三个世界"理论。

波普尔的哲学体系，重点在于批判的理性主义，这与经典的经验主义及其观察—归纳法泾渭分明。波普尔尤其反对观察—归纳法，他认为科学理论并不具有普世性，只能作为间接评测的依据。他认为，科学理论和人类所掌握的一切知识，都不过是主观的推测和假想，人在解决问题时不可避免地掺入想象力和创造性，好让问题能在一定的历史、文化框架中得到解答。人们只能依靠仅有的数据来确立相应学科的科学理论，然而，又不可能有足够多的实验数据来证明一个科学理论绝对无误。例如，人们在观察 100 万头绵羊后得出"绵羊是白色的"这一理论，然而观察之外，只要有一只黑色的绵羊存在，即可证明这一理论是错误的。谁又能无穷无止地检测所有绵羊，以证明"绵羊是白色的"理论的绝对无误呢?① 这一"可错性"原则所推演出的"真伪不对称性"（真不能被证明，只有伪可以被证明），是波普尔科学哲学思想的核心。

波普尔借用和引证大量的逻辑知识高度评价了休谟对归纳法的批判，虽然他对休谟和归纳逻辑主义的批判是牵强的，但他对基础论的批判是相当有力的。基础论是指人们普遍相信，知识需要一个坚实的基础，经验科学的基础是感觉基础，这也正是归纳法的根源所在。他指出，经验基础论将科学分为两个部分：一是观察和实践所得到的经验基础；二是建立在这一基础上的理论。而人们普遍忽略了观察和理论不是独立的两个方面，任何观察都受理论倾向的影响——这一点似乎回到了无政府主义的法伊尔阿本德。这里也可以发现测不准定理对他的启发。波普尔认为寻求知识基础是一种错误，但不是偶然的失误，这是一种人从事物的本性中寻求安全感的需要。

波普尔同意对偶然真理的界定，但它强调这样的经验科学应该服从一种证伪主义。证伪主义至少存在两个优点：第一，科学理论的表达一般为全称判断，而经验的对象是个别的，由它所得出的判断只能是特称判断。所以，经验如果用来证实理论，那么它将无法穷尽一般的理论。比如，再多的白羊也不能证明所有的羊都是白的，而只要一只黑羊就能证明"所有的羊都是白的"这个理论是错误的。所以，经验的真正意义在于可以证伪科学理论。第二，证伪主义可以避免对错误理论的教条式辩护和维护。如果坚持实证主义，那么一旦出现与理论相悖的经验，人们便会做出特殊的设定或限制，以使理论满足经验。但实际上这样的设定往往是极不科学的。证伪主义使人们相信所有的科学都只是一种猜测和假说，它们不会最终被证实，但却会随时被证伪，而能否被证伪，正是科学与一切形式的形而上学的分界。形而上学由于其脱离经验的纯理性或理论的特征，既无法被证实，也无法被证伪。证伪主义应采用试错法，即人们应该大胆地提出假说和猜测，然后去寻找和这一假说不符合的事例，根据事例对

---

① 现在看来，波普尔的这一判断是严重失误的，"绵羊是白色的"仅仅是一个判断，而绝不是什么理论，一个理论并不是一个单一的判断，而是由若干判断构成的命题推理。波普尔对归纳法的逻辑诘难的正确表达不是他这里所举的例子，而是通常情况下，任何归纳都是不完全归纳，所以，归纳法并不总是可靠的。

假说进行修正，不断重复这一过程，乃至将最初的假说全盘否定。试错法对理论的修改和完善是没有止境的，试错法的结果只能是一个较好的假说，但不是最好的假说。最好的假说是终极真理的代名词，与科学精神相悖。

波普尔同样想调和唯理论和经验论的冲突，但他同时批判唯理论和经验论。唯理论和经验论都承认，知识起源于一个不变的基础。唯理论认为这个基础是普遍必然的原则，而经验论认为它是人的感觉经验。波普尔科学哲学的核心在于，一切理论和原则都可以被证伪，而经验虽然不是知识的来源和基础，却是检验知识的标准。他将这种观点称作批判理性主义。

于是科学和非科学的划分在波普尔这里得到了明确界定，而且这一界定是违反科学常识的。非科学的本质不在于它的正确与否，而在于它的不可证伪性。于是数学和逻辑学便被划分为非科学的。同样，心理分析学说、占星说、骨相学等也都是非科学的，它们都不可被证伪。数学和逻辑学之所以被划分到了非科学在于他们并不需要经验去检验它们，他们被休谟称为必然真理。而科学和非科学一样，都既包含着真理，又包含着谬误。

关于科学知识的积累和增长，波普尔不止一次地用这样一个模式来描述：

$$P1->TS->EE->P2$$

（式中 P1：问题 1；TS：尝试性解决方案；EE：证伪过程；P2：问题 2）

波普尔认为，对于问题 1，人们提出假说尝试解决（tentative solution）它。然后通过证伪来消除错误（error elimination），进而产生新的问题 2。随着问题的深入，对问题做尝试解决的理论的正确性也就越来越高[①]。科学知识的积累不仅仅是数量上的增长，而更应该是新理论代替旧理论的质变。

由于波普尔所处的时代，他的学说受到了达尔文主义和量子物理的很大影响。他认为，在上面这个模式中，TS 并非只有一个，对于一个时代的 P1 来说，同时存在着多个解释方案，而最后能脱颖而出的只有一个。只有通过严格的检验，这个方案才能被保留在知识体系之中，而其他的方案都被淘汰。此外，他反对机械决定论，即通过足够的知识，我们可以断言下一时刻的每一个事件。他认为科学知识的增长模式既是开放的，也是非决定论的，人们不能完全预测科学知识的未来状况。最后，他还认为理论的革新和进化论中的突变一样，存在某种非理性因素，虽然这些理论本身是理性的产物。

---

① ［英］卡尔·波普尔. 客观知识——一个进化论的研究 ［M］. 舒炜光，卓如飞，等译. 上海：上海译文出版社，1987：154.

波普尔的主张其实是一种对于理性的批判。真正的理性在于它可以接受批判，不迷信、不盲从的批判和探索是理性真正的精髓所在。波普尔对理性的态度是，我可能错，你可能对，通过努力，我们可以更接近于真理。科学之所以是科学，在于它既可以被证伪又不服从任何权威。很显然，这不是一种完全的理性主义，他不坚持理性能够解释包括理论自身在内的一切现象。在他看来，证明各个学科其固有的价值预设是没有确切把握的，而且不免落入循环论证的圈套中去。如果一个人坚持理性主义，那么他本身就是有非理性主义因素的。因为他存在这样一种价值预设，那就是，理性主义比非理性主义更有优越性。波普尔也承认，非理性主义比理性主义在逻辑上更具有优越性，那是因为它不需要对自身的存在提供合理辩护。但同时波普尔否认彻底的非理性主义，他说，完全的理性主义只会给人带来思维上的困惑，而完全的非理性主义却会造成社会的祸害。所以，理性主义和非理性主义之争，逻辑上不能提供答案。但在伦理道德关系上，在价值判断的领域上，理性主义比非理性主义的优点多得多。所以，波普尔没有过多地在科学哲学上突出两者的对立，但在社会政治哲学中，他以批判理性主义和非理性主义的对立作为矛盾的焦点，猛烈抨击了开放社会的敌人，也就是奉行集权统治的封闭社会，也抨击了社会科学研究中包括历史决定论在内的形形色色的决定论倾向。

被解释的（历史）趋势是存在的，但它们的持续存在依赖于某些特定的原始条件的持续存在（这些原始条件有时又可以是趋势）。密尔和他的历史决定论伙伴忽视了趋势对原始条件的依赖。他们对待趋势，仿佛它们是无条件的，如规律一样。他们把规律和趋势混为一谈，这使他们认为趋势是无条件的（因而是普遍的）；或者，我们可以说，他们相信绝对的趋势。例子是：不断进步的历史总趋势——"越来越好和越来越幸福的趋势"。当他们想到把趋势回归到规律的"回归法"时，他们以为这些趋势可以直接从普遍规律推演出来，例如从心性规律（或者辩证唯物主义的规律等）推演出来。①

如果把某种趋势看作是绝对的，并且忽略对条件的精确把握，那么，即使是在逻辑上恰当的逆演绎，也依然不能对历史发展规律做出精确的判断，因为条件的存在不是绝对的，条件的改变也会在一定的程度上影响趋势的存在。例如，存在着物质财富极大丰富的趋势，人的思想道德水平不断提高的趋势——

---

① ［英］卡尔·波普尔. 历史决定论的贫困［M］. 杜汝楫，邱仁宗，译. 北京：华夏出版社，1987：102.

正如马克思所说的，然而，在人口迅速增加以及社会辩证法持续有效的情况下，我们难以设想这个趋势会持续下去。

那么，究竟什么样的方法对于社会学乃至社会科学来说才是正当的，即它既是符合逻辑的，又是符合科学精神的呢？就波普尔的观念来说，这应该是一个简单的问题，自然科学所运用的方法，对于社会科学来说也一样有效，自然科学与社会科学在方法上是统一的。"这些方法就是演绎的因果解释、预测和检验……它有时被称为假说的解释法，或者经常地被称为假说方法，因为它并不会获得可以验证任何科学命题的绝对确实性，这些命题总是保持试验性假说的性质，尽管它们的试验性质在经受了大量严格检验之后可能不明显。"[①]

这里需要指出，就否定经验归纳法、逻辑实证主义的绝对可靠性而言，波普尔是正确的；就用大量的逻辑学推理形式质疑科学在无限条件下的可靠性而言，波普尔也是正确的；但就他用简单的判断来论证科学理论不可被证实、只可被证伪，以及一切经验观察都受理论指导，从而不是独立的观察，所以观察不能用来证实，只能用于证伪理论这一判断不仅违反科学活动的常理和常识，而且也是极不可靠，甚至是错误的。

众所周知，科学和科学家的任务和职能在于解释世界，这种解释需要借助观察甚至源于观察，初次观察甚至毫无心理准备，仅仅出于科学家善于发现的眼光和好奇心，以及不懈的探索精神，说任何观察都受理论指导这个判断也是极不可靠的。对这一判断做恰当的纠正，那就是任何实验都受理论的指导，而经验绝不仅仅限于实证经验，还有非实验或非实证的感觉经验；感觉经验并不受理论的指导，却是发现问题（库恩意义上的反常）的重要途径；对问题的求解促成了理论的进步，对猜想的验证可能推翻或证伪理论。波普尔试图在科学与形而上学之间做出明确界分，甚至认为证伪主义的主要功用就是界分此二者，但离开了实证和感觉经验，科学也只能沦为毫无根据的胡思乱想。

波普尔证伪主义的另一个硬伤在于，科学家的科学研究和开创性工作，其目的不在于证伪理论、推翻假说，而恰恰在于建构具有较高解释力的理论，以对所面对的现象世界的疑惑和问题提供较为充分的解释和说明。至于面对难以充分解释的新现象，或者说出现的新证据，那恰恰就是库恩所着力论证的所谓科学革命或范式转换的情形。也就是说，科学的职能在于解释世界，而不是推

---

① ［英］卡尔·波普尔. 历史决定论的贫困［M］. 杜汝楫，邱仁宗，译. 北京：华夏出版社，1987：104.

翻理论，科学实验的目的也在于检验或验证假说或者猜测的可靠性。虽然在出现了否定的判决性结果的情况下，自然要放弃不合理甚至错误的假设，但不能由于经验具有这样的功能，就把这种功能看作实验的唯一职能。科学发展的实际经验是，一个合理的猜想与假设，仅仅由于实验设计和操作手段的不完善，就会屡屡失败，为了验证这个逻辑上合理的假设或猜想，要在不断改进设计和实验手段（技术）的条件下做数百次甚至上千次重复试验。如果像波普尔所说，"一千次成功的实验不能证实一个理论（假设），但一次失败的实验，足以否定或推翻一个理论（假设）"——虽然从逻辑绝对主义角度看这是正确的——人类就不可能获得如今的科学技术成就。爱迪生发明和改进电灯的故事，可以在很大程度上推翻波普尔这个武断的判断。

尽管归纳法是不完善的，但正如培根所说，经验归纳法仍然是人类获得知识，甚至是获得科学知识最重要的途径。一般科学理论都是一组由命题推理构成的全称判断，其中每一个命题实际地扮演着概念定义的角色，这种判断在认识所及的有限意义阈中是正确或可靠的，即使这样，没有科学家或者很少有科学家认为甚至宣称他或他们的成果揭示了整个宇宙的真理。科学是有限的，不仅其断言的真理是有限的，而且其适用范围也是有限的。这部分支持了波普尔的判断，但也不能因此断言，实证经验只能成为否认或推翻科学理论的证据。在这一点上，由卡尔纳普①所代表的逻辑实证主义更符合科学理论兼具经验性和逻辑性也就是理性特征的实际，而逻辑实证主义其实只提供了关于科学的知

---

① 保罗·鲁道夫·卡尔纳普（Paul Rudolf Carnap，1891—1970），德裔美籍作家、哲学家，经验主义和逻辑实证主义代表人物，维也纳学派的领袖之一。卡尔纳普是物理学和数学出身，在耶拿大学曾受业于弗雷格门下，研究逻辑学、数学、语言的概念结构。深受伯特兰·罗素（Bertrand Russell）和弗里德里希·路德维希·戈特洛布·弗雷格（Friedrich Ludwig Gottlob Frege）著作的影响。哲学上早期受新康德派的影响，他最早的作品如《空间：论科学哲学》《论物理学的任务和简化原则之应用》等都可以看到这种影响的印迹。同时受到马赫实证论和经验论的影响，使他完全走上了实证论的道路。《世界的逻辑结构》（又译为《世界的逻辑构造》）是卡尔纳普的代表作。

卡尔纳普早年受教于 G. 弗雷格门下，1921 年获耶拿大学博士学位，1926—1931 年应 M. 石里克之邀任教于维也纳大学，1931—1935 年任布拉格大学自然哲学教授，1935 年年底前往美国，并于 1941 年加入美国国籍。1936—1952 年任芝加哥大学哲学教授，1954 年继 H. 赖兴巴赫之后接任加州大学洛杉矶分校教授，1961 年退休。其哲学思想可做如下归纳：①一切关于世界的概念和知识，最终来源于直接经验。②哲学问题被归结为语言问题，哲学方法就在于对科学语言进行逻辑分析。③归纳推理可以而且应当像演绎推理一样予以规则化和精确化，归纳逻辑提供据以评价人的合理信念和合理行为的标准。

识论特征的说明，并没有把实证检验和逻辑推证过程看成是科学研究缺一不可的两个环节。

科学方法论理性主义另一重要代表人物是波普尔的学生兼同事伊姆雷·拉卡托斯（Imre Lakatos，1922—1974），他提出并建立了一门被称为"科学研究纲领方法论"的科学哲学理论。这里结合其学术生平，简单介绍和点评他的思想和理论。

拉卡托斯出生在匈牙利的一个犹太商人家庭，原姓利普施茨。1944年在德布勒森大学毕业。纳粹德国占领匈牙利期间，他加入了地下抵抗运动，后又改姓为拉卡托斯。1949年留学莫斯科大学，从1969年起在伦敦经济学院任教，并成为卡尔·波普尔的学生和同事，1972年任该学院科学方法、逻辑和哲学系主任，并兼任《不列颠科学哲学杂志》主编。1974年突然病逝。他的主要学术著作在死后由他人整理成《哲学论文集》出版，第1卷名为《科学研究纲领方法论》，第2卷名为《数学、科学和认识论》。

拉卡托斯早期着重于数学哲学研究。他受波普尔的影响甚大，把波普尔的证伪理论运用于数学哲学之中。他认为反驳在数学中起决定性作用，猜想的提出不能保证没有反例出现，数学发展的过程则是一个以更深刻、更全面、更复杂的猜想代替原有较朴素的猜想的过程。他认为数学没有必然性基础，数学公理的真理性难以保证，因而必须把数学看成是"准经验的"科学。

拉卡托斯批判地继承了他称之为"朴素证伪主义"的波普尔的哲学思想，提出了一种有独到见解的科学研究纲领方法论。他认为不仅一切理论是可错的，而且理论的经验基础也是可错的，任何个别理论既不能被经验证实，也不能像波普尔所说的那样可以被经验证伪。因此，拉卡托斯认为科学中的基本单位和评价对象不应是一个个孤立的理论，而应是在一个时期中由一系列理论有机构成的研究纲领。

拉卡托斯提出了自认为比库恩的范式论更为完善的科学哲学理论——科学研究纲领方法论。在拉卡托斯看来，科学研究纲领是一组具有严密的内在结构的科学理论系统。科学理论系统是一个有机联系的整体，它构成一个连续性的纲领。研究纲领由下列几个相互联系的部分组成：①由最基本的理论构成的"硬核"。它不容经验反驳，如果遭到反驳，整个研究纲领就遭到反驳，放弃"硬核"就意味着放弃了整个研究纲领。②围绕在硬核周围的许多辅助性假设构成了"保护带"，对保护带的调整、修改可消除研究纲领与经验事实的不一致。③不准放弃或修改研究纲领的硬核的原则——反面启发法。④丰富、完善和发展研究纲领的原则——正面启发法。所谓硬核，就是这个科学研究纲领的核心部分或本质特征，它决定着研究纲领的发展方向。科学研究纲领之间的不同，就在于硬核的不同。硬核是坚韧的、不容反驳的和不许改变的。如在科学史上，地心说就是托勒密天文学理论系统的硬核，牛顿运动定律和万有引力定律是牛顿力学理论系统的硬核。硬核周围是保护带，它由各种辅助性假设所组成，为研究纲领可反驳的弹性地带。当反常证据出现时，科学家就把否定的矛头指向这些辅助性假设。通过修改、更换辅助性假设来保护研究纲领的硬核，使研究纲领免遭反驳或证伪。① 例如，托勒密时期的天文学家就是通过修改本轮和均轮等辅助性假设，以保护地心说。同时，拉卡托斯指出，研究纲领还有两种方法论上的规定：反面启发法是一种方法论上的反面的禁止性规定，它本质上是一种禁令，禁止科学家把反驳的矛头指向硬核，而要科学家竭尽全力把它们从硬核转向保护带，并以修改、调整保护带的办法保护硬核，使它免遭经验的反驳。正面启发法是一种积极的鼓励性规则，它提供并鼓励科学家通过增加、精简、修改或完善辅助性假设，以发展整个研究纲领。如果说研究纲领的硬核是基础理论，那么保护带的辅助性假设则是它的具体理论。科学研究纲领的辅助性假设构成一个完整的理论系统或理论链条，每个后继的具体理论都更充分地表达硬核，更好地保护硬核。反过来，研究纲领又可以促进更复杂、更完善的具体理论的发展。

拉卡托斯的科学研究纲领理论是对库恩范式论的改造和发展。范式虽然反映了科学的整体性，并提出了科学理论系统的内在结构的思想，但是对这种结构的具体内容并没有做任何具体的探索。库恩从来没有说清楚范式与具体理论之间的关系问题。拉卡托斯的科学研究纲领理论则探讨了科学理论的具体内容，特别是说明了科学理论系统中的基础理论或大理论与具体理论或小理论之间的关系。同时，科学研究纲领理论纠正了库恩范式理论的心理主义的错误，拉卡托斯认为，科学研究纲领不是纯粹的心理的信念，而是认识过程中理性的产物。

拉卡托斯在上述科学研究纲领理论基础上提出了一个不同于库恩的新的科学发展动态模式。他认为，科学研究纲领表现为进化和退化两种形式。权衡一个理论的进化和退化的客观标准在于它的经验内容。一个科学研究纲领如果经过调整辅助性假设后，它的经验内容增加了，或者说它能对经验事实做出更多

---

① ［英］伊·拉卡托斯. 科学研究纲领方法论［M］. 兰征，译. 上海：上海译文出版社，1987：65-73.

的预言和解释，那么它就是一个进步或进化的研究纲领，否则就是一个退化的纲领。① 科学研究纲领的进步可以分为理论上的进步与经验或事实上的进步两个方面。所谓理论上的进步，就是经过保护带的调整，它在理论上比调整前做出更多的预言；而所谓经验上的进步，就是这种理论的预言，经受了观察和实验的检验。只有一个不仅在理论上，而且在经验上进步的科学研究纲领，才是一个成功的研究纲领。拉卡托斯不同意库恩关于常规科学时期（拉卡托斯的研究纲领的进化时期）只有一个范式垄断整个科学领域而不会有其他竞争者的观点。他认为，库恩的这种观点也是不符合事实的。科学史表明：一个研究纲领就是在进化时期也总常常有一个或多个其他研究纲领与它竞争。如地质学领域中有火成说与水成说的长期之争，光学领域有粒子说与波动说的长期之争，心理学领域中有行为说与认知说的长期争论。科学史永远是一个研究纲领的相互竞争的历史，竞争开始得越早，它们进步得越快。库恩认为不同的或竞争的范式之间是不可通约的或不可比较的，而拉卡托斯则认为竞争的研究纲领之间是可以彼此贡献一定成分的。

拉卡托斯认为，一个研究纲领不可能永远是进步的，它进化到一定时期，就必须要转入退化阶段，再到另一个时期又可以恢复到进步阶段。

这一理论的合理之处，在于他形成了一个科学发展的动态模式——研究纲领的成长。当研究纲领与某些事实不一致时，科学家不应急于抛弃纲领，而是通过调整辅助性假设消除反常。一个新的研究纲领内部也可能是自相矛盾的，同样需要调整，如果调整后经验内容增加，并提高了预见性，它就是一个进步的研究纲领；但是任何研究纲领都会退化，如果调整后经验内容减少或不能预见新的事实，那么它就是一个退化的研究纲领。科学的发展过程就是一个新的进步的研究纲领不断取代陈旧的退化了的研究纲领的过程。拉卡托斯认为研究纲领的进步性是科学的划界标准。但他又认为一个研究纲领是否真正退化，人们往往只能在事后得知。

科学家以具体的现象世界的现象和问题为对象，而科学哲学家和大部分方法论研究者则以科学家的科学研究活动及其成果为对象；科学家基于经验，建构他们相对于具体现象和问题的理论，也就是解释框架，而科学哲学家或方法论研究者则试图从科学家的活动及其成果中，探寻到可以指导后学更好地开展

---

① ［英］伊·拉卡托斯. 科学研究纲领方法论［M］. 兰征，译. 上海：上海译文出版社，1987：47-48.

科学研究的不二法门，也就是指导科学研究的方法论原则；科学家在建构自己的理论以解释世界，而科学哲学家和方法论研究者则在解释科学家的解释。具体到拉卡托斯这里，他通过列举大量科学家的研究成果，提出并建构了一套解释框架，并把它命名为科学研究纲领方法论。这种建构可以看成是科学哲学领域富有开创性的工作，并且与前述库恩、法伊尔阿本德和拉卡托斯自己的老师卡尔·波普尔的理论有一定的相关性，但与这几个人一样，同样是非科学家——既非自然科学家，也非社会科学家——对科学研究工作及其成果的主观判定和评价，并且在评价中形成了自己的一孔之见，但这些见解却有商榷的余地。

就 20 世纪中叶科学尤其是自然科学发展的成果来看，人们已经知道，原子有原子核，细胞有细胞核，地球有地核，国家社会有中央或联邦政府，文化人类学研究也表明，各民族的文化中有各民族区别于他民族的核心价值观，以及为了维护政权的合法性，各国还有自己的政治意识形态（核心价值观）等，但在科学理论尤其是自然科学理论中究竟有没有被拉卡托斯称之为硬核的东西则犹有可说。说一个或一种科学理论一定有用于描述和表达相应现象或对象的核心概念可能是对的，如原子物理学中的原子，原子核物理学中的原子核，细胞生物学中的细胞和细胞核，市场经济学中的市场经济和计划经济学中的计划经济，普通经济学中的效率和效益，以及技术经济学中的技术……但说一种理论存在着硬核，而该理论的其他部分构成对这个硬核的论证特别是证实性论证和保护的保护带，就感觉它很大程度上是对这些有核事物和现象的机械移植和比附，而且具有明显的牵强附会的嫌疑。

类比、比附和对照研究，是人类认识事物或现象重要的思维方式。由于现象世界的相似性，利用已知世界的知识对照考察相似的未知世界，也是一种惯常的研究思路，如同中国小学生在学习识字时，用已经认识的简单字识记和解读不同部首但读音相近的生字一样。喜欢喝茶的亚洲人都会有这样的观察：用开水浸泡的一杯茶静置桌面，一开始茶叶附近的茶水茶色显然要更浓一些，但时间久了，整杯茶便呈现出颜色浓淡均一的状态。如果再仔细或者用放大镜观察，虽然茶杯静置不动，但从茶叶中浸提出来的茶汁都明显处于运动之中，当然中学时期学过溶解化学的人都知道，类似于茶叶浸泡、浸提过程中的这种变化，也就是溶解现象，被英国植物学家布朗（Robert Brown，1773—1858）所发现，并给予了描述，这就是所谓的布朗运动①。不论我们怎么承认运动的绝对性，但按照牛顿惯性定律，世界总是趋向于静止状态，而运动则是受到其他事物或物体作用的结果，这种趋势在溶液中，就表现为溶液密度或浓度的相对均衡与稳定。这种情况也高度同构于人的心理系统和社会系统的特征，也就是心理失衡的主体总是趋向于通过攻击、宣泄等途径释放压力，以恢复其心理平衡，而社会中遭受歧视或压迫的群体也会通过个体或集体行动的方式宣泄或释放这种压力，既使自己恢复心理平衡，也借以使整个社会趋于结构或秩序平衡与稳定。

更为具体一点，在植物分类中同属于蝶形花科的植物，无论是草本的，还是木本的；也无论是野生的，抑或是人工培植的，也许会共享该类植物的性质或属性，它们自然也应该有相同或相近的功能。这样，人们发现豌豆因具有根瘤固氮作用，而可用于轮作倒茬和提高地力，是否意味着同属该科的刺槐和苜蓿，也应该有这样的功能？更深入的研究自然也证实了这一类比推理的结论。

需要注意的是，人类认识、学习和科学研究中的这种类比研究法，在明显具有相同或相似性的事物之间——哪怕它们在分类上完全不同——往往是有效的，比如具有相同的系统性特征的事物，往往都具有结构—功能及其关系的相似性，如前述原子、细胞、鸟蛋、星球甚至人类社会及其中的政治和文化中，都有被我们称之为核心的东西，但这种思路是不是也可以移植到科学家的科学研究活动和成果中，却需要打一个大大的问号。牛顿力学的内核当然是力，而且力是物体运动的原因，但他的三个运动定律究竟是对力与运动关系的揭示，还是构成对他的力这一硬核的保护，也是一个问题；法拉第电磁力学揭示了电量、电场、磁场以及与电磁力之间的关系，其中如果有硬核的话，那么，这个硬核无疑就是电磁作用原理，即电路中感应电动势的大小，与穿过这一电路的

---

① 布朗运动（Brownian movement）是将看起来连成一片的液体，在高倍显微镜下观察，可以发现这片液体其实是由许许多多分子组成的。液体分子不停地做无规则的运动，不断地随机撞击悬浮微粒。当悬浮的微粒足够小时，受到的来自各个方向的液体分子的撞击作用不平衡，在某一瞬间，微粒在另一个方向受到的撞击作用超强，致使微粒又向其他方向运动，直到液体达至均一状态。液体中物质微粒或分子的无规则运动就是布朗运动。

这一运动形式是1826年由英国植物学家布朗（Robert Brown，1773—1858）用显微镜观察悬浮在水中的花粉时发现的，故定名为布朗运动。不只是花粉和小炭粒，对于液体中各种不同的悬浮微粒，例如在胶体和其他物质尤其是化合物的溶解现象中，都可以观察到布朗运动。

磁通量的变化率之间的关系，但这一原理究竟是对电力和磁力相互作用关系的揭示，还是构成对这一内核的保护，问题也是一样。每一门部门生态学都是对所要重点考察的生物世界的对象——无论是生物群落还是其环境——与其环境之间的关系以及这种关系对对象存在和演化影响的考察，这其中对象构成它的内核，而其余要素都是它的环境，环境在这里构成生态内核的生存和发展条件，但并不总是保护，而各门部门生态学理论，都构成对其特定对象生存发展与其环境关系的揭示，而不是对所谓内核的理论保护，无论是森林生态学、海洋生态学、动物生态学、鱼类生态学，抑或是农业生态学，莫不如此。因此，认为在科学家的科学理论中，存在着一个硬核和围绕着这个硬核的理论保护袋，如果不是对有核生物和核心现象的机械移植和理论附会，便是对科学家科学精神的误解甚至曲解——找寻一个硬核，创设一系列理论推论把它保护起来，以捍卫自己科学家的地位和自己理论创新成果的科学地位。

包括硬核在内的理论是用于对现象世界提供解释的，而不是科学家用于自我标榜的，尽管这个或这些理论是由科学家创造性地建构起来的。在这个建构过程中，会有从核心概念到扩展性论证，以及在建构的同时考察这些论证之间的逻辑关系。按照逻辑学的话语，只有前提真实、推理有效的论证才能推出一个相对可靠而不总是可靠的结论，这样构成的命题推理才能形成理论。所以，可以说科学家提供科学论证的过程，就是对观察现象世界的经验所进行的模拟式的推证，其中经验和观察记录构成所有的经验世界，而逻辑推证过程很大程度上是一个纯理性的过程，所以理论就是借助经验所进行的纯理性或逻辑的论证。这个从经验到理论，从猜测到论证（反驳）的过程，对于科学家或科学研究者来说，在其脑海或项目论证设计中，会形成一个初步的轮廓，这个轮廓就是拉卡托斯所谓的科学研究纲领。问题在于，这个纲领是科学研究过程或者科研选题论证中的纲领，而不构成理论的基本形态。而科学则是理论体系，理论则是概念体系，从概念到概念体系，从概念体系到理论，再从理论到理论体系也就是科学的过程，则是一个建基于经验或实验的逻辑过程，而不是纲领。当然，如今在科学领域中，不同学科构成学科体系，同一学科内部还有不同的理论，从而构成理论体系。这就是科学理论或者理论科学的基本状态。

拉卡托斯方法论的合理性在于，任何科学研究在项目论证阶段和整个研究过程中，都会形成一个大致的纲领，这个纲领中包含着被波普尔称作猜想的东西，甚至可以说，一个有价值的科学研究选题的完成，意味着研究家在其意识中已经完成了这一研究的构思过程，剩下的工作是将这一过程通过实验和成果发表的形式外化出来。中国俗语中所谓的"胸有成竹",大体可以借助绘画表达包括科学研究在内的人类有计划、有目的行为或活动的基本过程。

尽管科学研究工作有大致相同或相似的过程,这一过程可以被上升到科学纲领的高度,但这种纲领并不能涵盖科学研究的所有方法。科学以解释世界中的现象和问题为己任,但这些现象和问题可以被科学家归结为不同形式的问题,并构成科学家的科研选题。虽然自然科学领域的大量问题表现为因果分析,社会科学领域的问题除了与自然科学相同的因果分析外,还有许多功能分析的问题,但每一个科学研究选题都会被研究主体归结、凝练为不同形式的问题,所有这些问题并不能用一种包罗万象的方法来考察。科学研究方法大体总结凝练出了人们常用或比较常用的方法,并通过高等学校的科学研究方法课堂传授给学生,使我们培养的人才不必走前人已经走过的老路去获得关于研究方法的直接经验,而可以继承已经成熟或比较成熟的方法用于自己的研究工作。如自然科学研究中的受控实验,社会科学研究中的实证调查,理论研究中的理解、概念建构与解析,以及自然科学、社会科学领域共同的比较研究和对比分析方法等。但这些相对具体的方法,都构不成如同拉卡托斯所说的研究纲领,而是包含在这些纲领之中。因此,科学研究纲领方法论作为一种方法论探讨的成果,自然可以成一说,但对具体的科学研究过程来说,并不具有普遍的指导作用,虽然科学方法论的创立者的确想让它发挥这种作用。

四、归纳法与科学研究的要求

诚如著者在价值与工具关系的考察中业已指出的,包括目标、目的、任务、对象在内的价值对人类行为来说,只能起目标定位甚至定向作用,目标一经确定,我们就知道做什么以及该做什么,剩下的问题就是如何做了。所以,包括方法、途径、手段、道路在内的工具对于价值或旨在实现这些价值的效果而言,就具有决定作用。①

科学以解释世界为己任,其实人类所有知识,其主要职能依然在于解释世界,问题在于如何解释。不是问题本身可以区分宗教与科学,尽管如同罗素所说科学只能解释事实问题,而不能解释价值问题②,真正区分宗教与科学的很

① 司汉武. 价值与工具 [M]. 香港:香港教科文出版有限公司,2003:301.
② [英]罗素. 宗教与科学 [M]. 徐奕春,林国夫,译. 北京:商务印书馆,2009:136-137.

大程度上不是问题本身，而是解释或求解问题的方法。诉诸信仰和历史传说的解释和求知方法，只能导向宗教和巫术，而立足于经验并借助逻辑理性的方法，则有可能把人们引向科学。

培根指出，探究与发现真理有两种方法，即演绎法和归纳法。演绎法（deduction）是从最普遍的公理，也就是人们公认固定且无法动摇的原理出发，着手中间原理的判断与发现。演绎法是我们在数学中最常用的，它在数理科学中确实取得了极好的成效。凡是学过几何学的人都会记得，教师上课一开始就介绍定义、公理及假设，然后开始推演结论，比如"一个三角形内角的总和等于两个直角"。虽然这种方法在数学上获得了巨大成功，但培根却坚信以这种方法探索自然是失败甚至错误的。

归纳法（induction）就是从感觉经验与特殊事例出发推衍出公理，经由逐步逼近与不断提升，最后获得最普遍的公理，也就是真理。培根认为这是真正科学的方法，却不被倡导演绎的数学家和逻辑学家所认可。与演绎法相反，培根认为我们必须从感官感觉到的经验证据出发，非常慎重地从特殊事例的观察推演出试探性的一般规律（general law）或假设（hypotheses）；他认为我们必须回到自然本身并且根据更多的感官证据来测试我们的假设，避免贸然地运用演绎法建立精密的知识体系；最后，如果我们足够谨慎（以及幸运），我们就能有充分的信心，在这个历程的终点，达到某个可以寄予厚望的普遍真理。①

依培根的立场，科学所探究的自然世界的"形式"（forms），是我们用感官可以掌握的日常事物的特质。热能、重量、固态等可感的性质和状态都是科学发现的主题。若把传统的宏观物理学研究的现象与现代科学相比较，现代科学所研究的对象——如原子、基因、星云——是我们无法用肉眼直接观察到的。若没有包括显微镜和天文望远镜在内的精密的科学仪器，更为复杂的现象世界和解释这些现象的理论，我们根本无法理解。

在此基础上，培根还提出了"集合意象或显象"的概念，意指在感觉经验和调查基础上，我们会得到一份相关现象或对象的清单，并予以概念化，它是一种由历史的方式建构起来的，其中没有草率的推断或过多的取巧。培根的意思是，物理学家只要描述热能的事例并列出清单，而不需要对热能是什么，或者在哪里较容易发现热能采取任何预先的科学假定。培根认为，科学家要以尽可能开放的心态面对经验事实和证据，记录呈现给他或他们感官的任何东西，

---

①　[英]培根. 新工具 [M]. 许宝骙，译. 北京：商务印书馆，1984：12-14.

而且任何经验也不能轻易被放过，这个程序的重点是避免让科学家预设的立场不经意地渗入事实的清单中，以使科学研究的结果或结论沦为一偏之见。

培根还是科学事功论，也就是科学功能主义的倡导者，他认为，整个科学研究的目的即在于运用知识以获得改变自然的能力。这就是"知识就是力量"这句名言的由来。培根并未告诉我们热是什么，但他告诉我们如何制造和获取热能。他认为"科学真正而合法的目标，就是让人类拥有新发现与新力量，此外别无其他"①。

培根可以说是科学经验论的鼻祖，他在质疑和批判亚里士多德演绎推理的科学有效性的基础上，提出并建立了被后人称为经验归纳法的方法论主张。这一主张，后受大卫·休谟②的怀疑主义和前引恩斯特·马赫的经验批判主义的质疑和批判的影响，遭到部分科学家的否定甚至扬弃，甚至演化出了后来的逻辑实证主义（后文详述）。但不容否认的是，归纳法或经验归纳法仍然是人们认识现象世界所不可或缺的重要方法，至少是方法之一，离开了感觉经验，人类的知识极有可能重新退回宗教神学和形而上学那里去。

已有科学方法论思想家力图在科学研究方法方面，提出和建构一种可以包罗万象、能够涵盖所有现象世界的方法，并为此提供自己的方法论主张，但就我们目前已经掌握的科学门类和科学史资料来看，对于科学方法的这种主张，也许是学者和思想家的过分要求，也是学者学术野心的表现。由于现象世界的纷繁杂陈，观察尺度宏微有别，切入角度有所差异，自然、社会差异明显，我们或许无法探寻到一种试图研究和解决现象世界所有问题的万应之法，至多是找寻到可以作为科学方法重要构成的原则和要素。为马克思主义哲学所强调的"具体问题具体分析"的方法，尽管有了无章法的嫌疑，但也足以表明现象世界的复杂性和科学研究方法的多样性，那些试图构建宏大的方法论理论的企图，

---

① ［英］培根. 新工具［M］. 许宝骙，译. 北京：商务印书馆，1984：64.

② 大卫·休谟（David Hume，1711—1776），苏格兰怀疑论哲学家、经济学家、历史学家，被视为苏格兰启蒙运动以及西方哲学史中最重要的人物之一。虽然现代学者对于休谟的著作研究仅聚焦于其哲学思想，但是他最先是以历史学家的身份成名的，他所著《英格兰史》一书，在当时成为英格兰历史学界的基础著作长达60至70年之久。

　　历史学家一般将休谟的哲学归类为彻底的怀疑主义，但也有一些人主张自然主义也是休谟的核心思想之一。研究休谟的学者经常将其分为那些强调怀疑成分的（例如逻辑实证主义），以及那些强调自然主义成分的人。休谟的哲学受到经验主义者约翰·洛克和乔治·贝克莱的深刻影响，也受到一些法国作家的影响，他也吸收了分布在各个学科和领域的英格兰知识分子如艾萨克·牛顿、法兰西斯·哈奇森、亚当·斯密等人的理论。著有《人性论》《人类的知识》等。

也就难免有些不可为而为之的勇气，却未必是值得称道的勇气。鉴于此，这里试图区别现象世界和其中的问题及其类型，对科学研究所必须把握的方法论要件提供以下讨论：

（一）现象世界的具体化（materialization）

现象世界是对自然、社会和人类思维及意识活动中各种对象、现象和问题的一般抽象（general abstraction），现象世界可以是形而上学和哲学尤其是自然哲学的共同对象和话题，但在科学这里，便不可以用抽象的现象世界指称我们所研究的问题和对象，必须把现象世界落实到具体要研究的对象和问题上，如光学物理要研究的光，原子物理要研究的原子，化学中的具体物质，如元素、单质、化合物，化学热力学中的热、功和效率，生物学中的生物及其生理，也就是生命活动的机理以及遗传和变异等。还有社会科学中的各种社会对象和问题，如社会秩序、集体意识、社会行动、社会冲突、社会整合以及制度理性、经济理性、技术理性等。这些指称具体事物或对象的概念，尽管也比较抽象，但相比于现象世界这样宏大的概括和抽象来说，则要具体得多。

科学所面对的世界是一个有限世界，科学所要提供的解释也是对科学家选定的有限世界的解释，这个或这些世界不仅是有限的，而且要尽量是有形的，尤其在自然科学内部。运动是物体的运动，力是物体之间的相互作用，生命活动是生物世界的运动，而生命则是具体生物的生命。在社会科学中，生活是人类的生活，特别是人类的社会生活，其中的经济基本是人满足物质生活需要的活动，政治是满足人们社会性公共需要的活动，文化虽然较为抽象，但也是人际互动中的符号或意义互动活动。无论自然世界，抑或社会世界，这些现象和问题，以及作为其实体承载者的对象，都是有形、具体和可感的。类似自然世界、社会世界中的机理、机制以及社会世界中独有的制度，貌似十分抽象，但也可以从物质、事物乃至人的行为的变化过程来把握。至于类似于自然科学中的原子化学、原子物理学、分子生物学、细胞生物学、生物遗传学，以及社会科学尤其是社会学、经济学中的技术经济学、技术社会学、制度社会学、制度经济学等更进一步的部门学科所面对的问题，则更加具体。在学科群中，相对比较尴尬的逻辑学和数理科学，它们所研究的数量、空间和思维形式，相对于更为抽象的哲学和形而上学来说，也是相对具体的。逻辑学可以界定为考察人类思维形式及其可靠性的学科，而数理科学则可以界定为考察自然世界和社会生活中数量关系和空间形式的学科，由于逻辑学中还有数量和数理逻辑，也可以把整个数学统称为数理逻辑学。

（二）对象世界的类型化（typed）

现象世界的具体化，可以过渡到相对具体的对象世界（objective world），但这个对象世界也是高度复杂的，要想较为清晰地把握这个依然复杂的对象世界，就必须整理这个世界的层次和秩序。正如康德在其哥白尼式的革命①中所指出的，科学所提供给人们的世界，并不是现象世界的本来面目，而是被科学家所加工的世界。其中最重要、最初步的加工就是类型化，也就是对对象世界进行类型划分，这种划分也可以称为对象世界的类型学（typology）。如把世界分为无机界和有机界，物理学和无机化学就是研究无机世界物质（物体）及其运动和变化的自然科学，其中最为著名的类型学便是门捷列夫建立的元素周期表；在有机界再分出动物界、植物界和微生物界，以及现在人们所熟知的林奈的生物分类学所划分的生物世界体系和秩序；在社会世界的划分中，人们按社会历史演化中智慧成分的多寡，把人类历史划分为蒙昧时期、野蛮时期和文明时期，以及马克思著名的原始社会、奴隶社会、封建社会、资本主义社会、社会主义社会和共产主义社会等。在社会学内部，则有迪尔凯姆按照集体意识强弱对社会所做的两分法，即机械社会和有机社会，马克斯·韦伯著名的理想类型说，以及传统社会和现代社会，或者理性社会和非理性社会（人情社会），传统型统治、卡里斯马型统治和法理型统治等。

---

① 哥白尼革命（Copernicus revolution），德国康德哲学用语，喻指其批判方法在哲学上产生的影响。康德在《纯粹理性批判》第2版序言中把他的批判方法看成是向自然提出问题，要求自然答复。这不同于以前的理性受教于自然，即理性反映自然的方法，这种批判方法从主观到客观而不是从客观到主观，就像哥白尼体系把托勒密体系中的太阳围绕地球旋转改成地球围绕太阳旋转。此即他所设想的批判哲学的哥白尼革命。以为这种认识上的哥白尼式的革命从文艺复兴时期已经开始，伽利略的加速度原理证明一定质量的球在斜面上向下运动的原理，托里切利（Evangelista Torricelli，1608—1647）以空气压力与水银柱的关系来说明气压，就是向自然界提出问题的例子。受教于自然就一定要理性地就自己提出的问题去询问自然界，理性自己所能洞察的只限于理性按其自身的计划去了解事物，而不允许自身为自然界所支配；理性总是以按照一定规律的判断原理作为原理要求自然界解答问题。以前的形而上学认为理性可以认识自然界，即实在的就是合理的，但理性是否可以认识上帝、灵魂与宇宙这个问题也没有明确答案，因为它们完全离开了经验材料。采取批判的方法向自然界提出问题要自然界回答，则用人们的感性形式与知性范畴加之于经验，可以得到现象的知识；而自在之物（上帝、灵魂、宇宙）并没有经验材料，因而不是理性所能掌握的问题。这就把现象与自在之物区别开来，说明自在之物不可认识，避免了形而上学的争论。哥白尼的革命用以说明批判哲学是一种新的认识方法，其目的在于使形而上学革命化。

从字面含义看，科学就是分门别类地考察事物或现象所建立的学科、知识及其体系，其中的分门别类直接就是类型化问题。任何科学研究，尤其是面对全新问题的全新研究，除了前述对象的具体化外，最重要的过程便是类型化，也就是对研究对象的分类。不仅每一门学科内部对其对象和问题要进行分类，从而形成科学研究的类型化，而且不同学科本身也构成不同的知识类型。随着人们对自然和社会现象认识的不断深入，学科分化和知识分类越来越细，也越来越专门化，从而也造成了专门研究某门学科和某类问题的科学家，并使他们的名号前添加了其主司的知识门类和领域。如前述卢瑟福是原子物理学家，牛顿是理论物理学家，而当年创立了进化论的达尔文却被称为博物学家，至多不过是生物学家，但现在已经在自然和社会科学各学科内部涌现出了生物遗传学家如孟德尔、理论社会学家如马克斯·韦伯、实证社会学家如埃米尔·迪尔凯姆、冲突论社会学家如达伦多夫和科塞等。

需要注意的是，现象世界本来是浑然一体的，正是这种一体性使得人类早期的思想家对世界持混沌无界的立场和观点，中国早期思想家如老子便用同样混沌的"道"（Taoism）来理解和解释世界的性质，并用简单的类比思维来分解"道"的特征，如"若善、若水、若无"，以及"迎之不见其首，随之不见其尾，其大无外，其小无内"。但从古希腊雅典时期开始，西方思想家就形成了某些关于世界构造性特征的猜测，原子论、以太说、燃素说等就是这一时期提出来的。如果说世界是有秩序的，那么这个秩序也是由科学家在各自的学科体系中系统地整理出来的，经由这种整理，人们对这个浑然世界的把握渐渐清晰起来了。而对象世界的类型化却要借助各种各样的标准来划分和整理世界，而且按照划分的逻辑要求，每一次划分只能用同一个标准，但世界划分的次数却可以无限推进下去，由此就回答了作为康德四大悖论的世界是否无限可分的问题。但这里说的，不是类似于化学中化合和分解式的分解，也不是像切割、破坏那样的机械分解，而是对指称对象世界的概念在逻辑思维层次上的划分。这种划分，在科学上就是对象的类型化或者分类。

（三）确定问题的学科归属（subject attribution）

随着科学朝着不断细分的方向发展，人们从自然和社会世界中发现的问题也会越来越多，越来越深入。被选作研究、考察对象的问题，一般代表着自然和社会世界中未被解释，或者已经被解释但解释得不够全面、深入和客观的现象，以及人们心目中对某些现象间关系的疑惑。比如干燥季节的人体起电现象，已经被解释和探明的光电效应①，人在面临剧烈危险刺激时的味觉发苦、头发倒竖和胡须紧绕现象，以及社会生活中某种制度选择所造成的社会萧条和经济贫困问题……所有这些现象都必须被置于一定的知识背景和学科领域来考察。自然世界的问题，自然主要是自然科学问题，但究竟属于自然科学哪个学科领域的问题，还要基于问题的性质，从观察、研究的角度去分析。凡是物理现象当然肯定是物理学的问题，同时还有属于物理学哪个部门、哪个学科的问题，如果涉及物质构成和性质变化，那么它也许就是化学问题。生物世界的现象和问题，主要是生物学的领域，无论是动物学、植物学还是微生物学，但动物行为中的现象和问题，则属于动物行为学的领域，这一领域已经多多少少接近于考察人类社会行为的社会科学。

相应地，社会领域的现象和问题，主要是社会科学问题，但也有属于哪一门社会科学的问题，经济问题当然是经济学问题，政权和政治秩序问题，自然是政治学问题，但与人的勤懒程度、责任心和效率紧密相关的制度问题究竟是经济学问题、政治学问题、文化学问题，抑或是社会学问题，也或者既是经济学问题，又是社会学问题，或者是经济社会学问题，于是就有了交叉于经济学与社会学的制度经济学和制度社会学。但就制度本身来说，如果单纯考虑它对经济的影响，它便是单纯的制度经济学问题，如果同时还要考察它对人的社会行动的影响，自然就属于制度社会学的范畴和领域。

需要注意的是，尽管自然科学和社会科学分异明显，且判然有别，但由于社会世界从属于自然世界，人们认识自然世界和社会世界的视角、思路甚至方法也具有某种程度的一致性，在自然科学与社会科学之间，也存在着一定程度的可通约性（acceptability）。物理学中的场论物理（field physics），也可以引申到社会学中，形成布尔迪厄实践社会学中的场域（field）概念，用于分析人在

---

① 光电效应（photoelectric effect）是物理学中一个重要而神奇的现象，在光的照射下，某些物质尤其是金属内部的电子会被光子激发出来而形成电流，即光可以生电。光电现象由德国物理学家赫兹于1887年发现，而正确的解释则由爱因斯坦所提出。科学家们对光电效应的深入研究对发展量子理论起了根本性的作用。

1888年，德国物理学家霍尔瓦克斯（Wilhelm Hallwachs）证实光电效应是由于在放电间隙内出现荷电体。1899年，J. J. 汤姆孙通过实验证实该荷电体与阴极射线一样是电子流。1899—1902年间，勒纳德（P. Lenard）对光电效应进行了系统研究，并命名了光电效应。1905年，爱因斯坦在《关于光的产生和转化的一个启发性观点》一文中，用光量子理论对光电效应进行了全面的解释，并因此获得1921年诺贝尔物理学奖。1916年，美国科学家密立根通过精密的定量实验证明了爱因斯坦的理论解释，从而也证明了光量子理论。

社会生活中的所能获取的结构化的社会支持和资源，也可以用于分析人们尤其是涉世未深的青少年、缺乏知识的底层大众对包括政治家、演艺明星在内的各类社会名流的追捧和追星效应（celebrity effect）。化学中惰性元素的核外电子分布的饱和性与其化学性质的自稳性，自然也可以延伸用于解读社会生活中的懒人和特立独行者的社会特征，等等。因此，由于齐美尔①对社会空间（social space）和社会几何学（social geometry）的发现和建立，说本来就存在着一门被称为社会物理学的学科，作为社会学与物理学交叉的部门社会学也许不会是天方夜谭。至于自然科学和社会科学内部各学科之间的通约性则自不待言。

　　这里讨论的重点在于，科学研究的一个重要步骤，就是对所要考察的对象和问题进行学科归类，以使自己的研究成为具有学科归属的科学研究，而不是类似于自然哲学和形而上学那样无边际的知识漫谈，甚至是胡思乱想。在科学发展到高度分化和细化的今天，科学家的大部分研究主题，基本可以直接判断它的学科归属，但对复杂的自然世界和社会世界中尚未为现有学科探明甚至涉足的问题，却要仔细研判其学科属性，已有明确学科的，归属其中，尚无明确学科归属或者处于多学科交叉地带，甚或属于学科空白领域问题的，则要创立新学科，增加知识所属的学科群或者学科库，哪怕这一学科仅仅属于已有学科的某个部门。

---

① 格奥尔格·齐美尔（Georg Simmel，1858—1918），德国哲学家、社会学家。出生于犹太家庭，父亲是一位成功的商人，父亲去世时齐美尔 16 岁，受父亲一位朋友的监护，并从那里继承了一笔可观的遗产，这使得他得以在以后的岁月里潜心追求一种自在的学术生活。齐美尔一生交友甚广，如德国著名社会学家马克斯·韦伯等人都是他家中举办沙龙的常客。1881 年获柏林大学博士学位，后在该校历任副教授、编制外教授。1914 年转任斯特拉斯堡大学教授。

　　齐美尔是 19 世纪末 20 世纪初反实证主义社会学思潮的主要代表之一。他反对社会是脱离个体心灵的精神产物的看法，认为社会不是个人的总和，而是由互动结合在一起的若干个人的总称。他把社会学划分为一般社会学、形式社会学和哲学社会学三类。他提出"理解"概念，认为研究者难免带上主观的价值取向，其知识也具有主观和相对的性质。他创立了小群体的形式研究。从社会交往的复杂性出发，提出社会冲突的存在和作用，对社会学冲突理论起了很大的促进作用，他还对文化社会学有突出贡献。齐美尔的唯名论、形式主义、方法论的个体主义思想和理解社会学思想，直接影响到以后的德国社会学，同时对美国社会学也产生了很大的影响。著有《历史哲学问题》《道德科学引论：伦理学基本概念的批判》《货币哲学》《康德〈在柏林大学举行的 16 次讲演〉》《宗教》《社会学：关于社会交往形式的探讨》《社会学的根本问题：个人与社会》等。

（四）厘清问题，确定因果关系抑或功能关系

自然世界和社会世界的诸多现象，基本都可以归结为各种各样的关系，除了物理世界中物质的构成或组成结构，生物世界和社会世界中各种有机体和共同体系统的结构与功能关系外，所有这些关系都可以简单区分为因果关系和功能关系，前者属于前溯性或溯源性因果分析（retrospective causal analysis），也就是追溯造成某种现象和问题的原因，而后者属于后逐式因果分析（post-causal analysis），也就是考察这一问题和现象所产生的进一步的作用和影响，这种作用和影响一般归结为其功能，所以后逐式因果分析一般被称为功能分析（functional analysis）。为迪尔凯姆所重视的共变分析法主要是就功能分析而言的，也就是考察两种相关变化的前因后果。①

需要特别说明的是，无论是自然世界还是社会世界，各种现象和问题并不是处于一种单一因素的作用和影响之中，而是处于十分复杂的多重因素的包围之中的，这样，用类似于代数中的一元方程，尤其是一元一次方程的思路观察和理解现象和问题就难免招致失败。马克斯·韦伯在他的文化社会学研究中捕捉到了社会和社会现象的这种特征，从而提出了因果多元性，昭示人们不可用单因决定论的思路考察社会现象，解释社会问题。其实不仅社会是因果多元的，自然世界也是因果多元的，即使是物理世界的现象和问题，也经受温度、湿度、光照等多重因素的影响。运动中的物体，经受着直接的作用力，以及重力、摩擦力、空气阻力的影响，有着生命活动也就是活着的生物尤其是动物及其生活，不仅经受着与物理世界相同因素的作用和影响，还受着食物，空气中的氧气、氮气、二氧化碳的构成，以及对这些因素构成的地理、气候、地形和海拔高度的变化的影响。于是在自然科学研究中，人们探索出了受控实验方法，以便逐个考察这些因素与对象变化间的关系。

在生物生态世界中，物理世界的状况会影响到某种或某类生物的生存、繁衍，这种生物相应地会影响到以这种生物作为基本食物来源的其他生命的生存繁衍，如此等等。所以在有机自然世界中，源于对世界或现象系统性特征的发现，人们总结出了系统的结构—功能分析的研究方法，对应于这类现象和问题的考察。这些现象主要有生物生命现象、生物生态系统的群落演替现象、生态

---

① ［法］迪尔凯姆. 社会学方法的准则［M］. 耿玉明，译. 北京：商务印书馆，1995：37-38.

系统内部的自组织现象①和系统的增长与退化现象等。为了较好地解释和揭示这些复杂现象，科学家们总结出了各种方法，以使科学研究的成果尽可能接近世界的真实面貌，如非线性分析、多元回归分析、偏微分方程等。

如果说自然世界尤其是生物世界的现象已经十分复杂的话，那么人类社会世界则更为复杂，用简单的因果分析尤其是一元回归分析，往往使我们所揭示的社会世界严重失真。与经济决定论、文化决定论、道德决定论、权力（政治）决定论等相对应，通过充分条件假言推理获得的关于社会现象和问题的结论，都会在复杂的社会和社会生活面前遭遇严重的挫折和失败。社会的真实情况是，它是由受多重因素影响的人的社会行动构成的，无论它是实体，还是过程和形式，它都是诸多相互作用和影响的因素共同作用的结果。这个结果既是人后续行动的因，也是人前置行动的果，也就是说，如同安东尼·吉登斯所说，人和社会、人的行动和社会结构是相互作用、相互影响、相互生成的。

本节讨论归结为一句话，那就是：世界是多维的，这个世界不仅指自然世界，也指而且尤其指社会世界，那么，处于多维关系中的社会世界中的现象和问题，自然只能用多维的视角来观察。这里重要的问题是，要区分因果关系和功能关系，而且要意识到这两类关系中的世界的多维性，以便提供足够多维的

---

① 组织（organize）是指系统内的有序结构或这种有序结构的形成过程。德国理论物理学家哈肯（H. Haken）认为，从组织的进化形式来看，可以把它分为两类：他组织（other-organize）和自组织（self-organize）。如果一个系统靠外部指令而形成组织，就是他组织；如果不存在外部指令，系统按照相互默契的某种规则，各尽其责而又协调地、自动地形成有序结构，就是自组织。自组织现象无论在自然界还是在人类社会中都普遍存在。一个系统自组织功能越强，其保持和产生新功能的能力也就越强。人类社会比动物界自组织能力强，人类社会比动物界的功能就高级多了。

自组织理论（self-organized theory）是20世纪60年代末期开始建立并发展起来的一种系统理论，主要是贝塔朗菲（L. Von Bertalanfy）的一般系统论的新发展。它的研究对象主要是复杂自组织系统（生命系统、社会系统等）的形成和发展机制问题，即在一定条件下，系统是如何自动地由无序走向有序，由低级有序走向高级有序的。

自组织理论由耗散结构理论（dissipative structure）、协同学（synergetics）、突变论（catastrophe theory）和超循环理论（super circle）组成，但基本思想和理论内核可以完全由耗散结构理论和协同学给出。自组织理论以新的基本概念和理论方法，研究自然界和人类社会中的复杂现象，并探索复杂现象形成和演化的基本规律。从自然界中非生命的物理、化学过程怎样过渡到有生命的生物现象，到人类社会从低级走向高级的不断进化等，都是自组织理论研究的课题。

自组织理论方法主要包括自组织的条件方法论、自组织的协同动力学方法论、自组织演化路径（突变论）的方法论、自组织超循环结合方法论、自组织分形结构方法论、自组织动力学（混沌）演化过程论、综合的自组织理论方法论等。

猜想和理论假设。

（五）提出模拟猜想（simulated conjecture）和理论假设（theoretical assumption）

科学研究的基本过程是发现和提出问题，无论这个问题是直观出来的，还是在观察或经验中发现的；其次是提出关于问题求解的猜想或假设，这个过程要经历以上所说的各个阶段，即具体化、类型化、学科归类以及厘清关系；然后，实证地或逻辑地验证猜想或假设的可靠性；最后是成果的发表或推出。在关于科学研究过程这一点上，卡尔·波普尔基本上是正确的，他的问题主要在于忽视了世界的多维性，把条件命题推理中的充分条件推理绝对化，利用这一推理的逆否推理简单概括和总结科学家科学研究过程的本质，并把它武断地判断为证伪。尽管科学实证和实验的结果并不总如科学家所愿，但这并不能成为否定"为了证明模拟猜想和理论假设可靠成立"这一科学研究的基本动机和动力。所以，真正的科学判断也许不总是，但却在很大程度上符合我们生活的基本常识——那就是满足需要，对科学而言，是满足求知和解释的需要。

猜想和假设是科学研究的中心环节，这一建构过程需要动员科学家或科学研究人员全部已有的知识，利用包括经验归纳法和演绎推理在内的所有可用的研究方法，在思维层次上探寻问题的可能答案，并为下一步的研究工作做准备。属于自然科学的问题，要为实验设计做准备；属于社会科学的问题，要为实证调查做准备；属于纯理论的问题，也要为演绎推理和论证做准备。科学需要猜想，但猜想并不是胡思乱想，猜想需要灵感，但灵感也不会在未思考也不会思考的主体身上显灵。灵感、顿悟等非理性因素只会在执着、聚焦于某一问题的人身上发挥作用，凯库勒①梦见苯的环状结构的故事堪作范例。

科学事业是一项光荣的事业，同样也是复杂而艰巨的事业。科学研究工作

---

① 凯库勒（Friedrich A. Kekule，1829—1896），德国有机化学家，主要研究有机化合物的结构，并建立了有机物的结构理论。相传他在梦中发现了苯的结构简式，这一事件被称为科学界一大美谈。

凯库勒1829年9月7日生于达姆施塔特。1848—1851年进入吉森大学，原先学建筑，后来他多次聆听化学大师李比希的讲演，深受吸引和启发，遂改攻化学，并在李比希的实验室里积极、严谨地进行研究工作，完成了《关于硫酸戊酯及其盐》的实验论文，获得博士学位。1875年当选为英国皇家学会会员，1877年任波恩大学校长。1867—1869年，凯库勒在演讲"关于盐类的结构"和《关于苯（1，3，5—三甲苯）的结构》一文中，发表了有关化合物中原子立体排列的思想，首次把原子化合价的概念从平面推向三维立体空间。

常常需要科学家不仅要坚持不懈，而且要绞尽脑汁，尤其在提出猜想和假设阶段。对于全新的现象和问题，还需要在总结已有科学研究成果基础上，提出全新的、有助于问题解释和解决的新思路、新方法，甚至要建构新理论。所以，整个科学研究工作需要有尊重权威但又不畏权威、尊重真理却又突破成规的勇气。唯其如此，才能使我们在探索世界未知领域的道路上，有所发现，有所发明，有所创新，通过自己的努力为人类知识大厦添砖加瓦。

（六）科学实验和假设检验

科学实验（scientific experiment）和假设检验（hypothetical test）是科学研究中最重要的验证环节。科学之区别于宗教和形而上学，就是其可检验性或可验证性（verifiability），而非波普尔所说的可证伪性（falsifiability），大部分学者又将科学的这种特征称之为经验性或实证性（empiricality）。宗教是基于信仰的，而科学则是基于怀疑的。在科学研究中，要说服别人，你必须提供坚实可靠的实验数据或证据，单纯的猜测并不是科学，虽然科学需要猜想。在自然科学中，已经形成了为科学共同体承认并坚守的受控实验方法（controlled experimental method）作为检验猜测和理论假设合理性和正确性的标准。这种实验方法之所以是受控的，是由于在自然状态下，每一种事物或现象，同时经受着多重因素的作用和影响，而科学研究的每一次实验只能考察一个或少数几个因素对事物的作用或影响，那么必须使其他因素处于稳定不变或相同的状态，也就是说使这些非目标因素处于控制状态。在生物学研究中，常常采取对照实验（control experiment）的方法处理这一问题。从英文翻译看，对照实验实际就是受控实验。

在社会科学中，由于社会是人的共同体，社会问题和现象表现着社会生活中人的观念和行动，出于对人道和真实性的考虑，我们不能控制人的行动以考察社会问题，所以受控实验方法并不适用于社会科学和社会问题研究，人们逐渐总结出了专门针对社会现象和问题的研究方法，即实证研究法（empirical investigation）或实证调查法和参与式观察法（participatory observation），前者主要用于社会实际问题，后者用于民俗、宗教等观念文化问题的研究。需要注意的是，自然科学的受控实验方法，很大程度上可以实现对某单一因素的确切观察和记录，从而探明该因素与事物变化之间的关系，而且相关性较高，而社会问题研究中的实证调查结果，最多只能表现某个因素与社会问题或现象之间关系的某种盖然性（probability），且相关性较低，因此还需要配合相关分析（correlation analysis)① 以说明这种关系。

这里需要特别指出，由于受科学主义尤其是实验主义思潮的影响，人们往往会忽视这里要提到演绎推理也就是逻辑方法在科学研究尤其是理论科学研究中的价值。在社会科学中，还存在着为模态逻辑（modal logic）所重视的可能性（possibility）和必然性（necessity），以及物理模态（physical mode）和逻辑模态（logical mode）之间的区分。事实上，大部分科学家的研究，尤其是在猜想和理论假设阶段，一般是遵循逻辑规律和法则的。指称事物、事实和现象的概念之间，如果没有紧密的逻辑关系，就不能顺理成章地推导出结论，或者反推出前提。所谓顺理成章，就是遵循逻辑法则或规则。但在社会生活中，区分物理模态和逻辑模态的重要性是一目了然的，逻辑上不可能的事物，肯定在事实（物理、历史）上是不可能的，而事实上必然的事物，逻辑上肯定是必然的。但反过来的推理并不成立，也就是逻辑上必然的事物，不一定是物理上必然的，逻辑上可能的事物，不一定是事实上可能的。由此说明在社会科学研究中乌托邦之所以屡屡失败的逻辑原因，但仍不断有学者甚至是对自然科学所知寥寥的学者，试图在社会科学研究中提出各种基于科学的逻辑可能性的乌托邦结论，并

——————————

① 相关分析（correlation analysis）是研究现象之间是否存在某种依存关系，并对具体有依存关系的现象探讨其相关方向以及相关程度，是研究随机变量之间的相关关系的一种统计方法。

相关关系是一种非确定性关系，如以 X 和 Y 分别记一个人的身高和体重，或分别记每公顷施肥量与每公顷小麦产量，则 X 与 Y 显然有关系，而又没有确切到可由其中的一个去精确地决定另一个的程度，这就是相关关系。相关关系可以分为线性相关与非线性相关，正相关与负相关，以及单相关、复相关与偏相关等类型。

相关分析与回归分析在实际应用中有密切关系。在回归分析中，主要考察一个随机变量 Y 对另一个（或一组）随机变量 X 的依赖关系的函数形式。而在相关分析中，所讨论的变量地位一样，分析侧重于随机变量之间的相关特征。如以 X、Y 分别记小学生的数学与语文成绩，主要考察二者的关系如何，而不在于由 X 去预测 Y。

复相关是指研究一个变量 x_0 与另一组变量（x_1, x_2, …, x_n）之间的相关程度。例如，职业声望同时受到一系列因素（收入、文化、权力……）的影响，那么这一系列因素的总和与职业声望之间的关系，就是复相关关系。复相关系数 $R_{0.12\cdots n}$ 的测定，可先求出 x_0 对一组变量 x_1, x_2, …, x_n 的回归直线，再计算 x_0 与用回归直线估计值之间的简单直线回归。复相关系数 $R_{0.12\cdots n}$ 的取值范围为 $0 \leqslant R_{0.12\cdots n} \leqslant 1$。复相关系数值越大，变量间的关系越密切。偏相关是指研究在多变量的情况下，当控制其他变量影响后，两个变量间的直线相关程度，又称净相关或部分相关。例如，偏相关系数 $R_{13.2}$ 表示控制变量 x_2 的影响之后，变量 x_1 和变量 x_3 之间的直线相关。偏相关系数比简单直线相关系数更能真实地反映两个变量间的联系，偏相关系数、复相关系数、简单直线相关系数之间存在一定关系。

作为历史的必然性或者规律指导人们去实践。

（七）研究成果的鉴定、交流和发表

尽管科学研究过程是复杂而艰辛的，但通过坚持不懈的努力，发现了新问题，揭示了新现象，建构了新理论，解释了新世界，对科学家也起到了巨大的激励作用。科学研究的最后一个程序，便是形成科研成果报告，展示研究结论和研究中新发现或者存在的问题。研究成果的鉴定和交流，是指通过会议形式，召集专业、学科内同行尤其是权威或资深专家，对研究成果和该成果形成的过程进行全方面深入、审慎、严格的研判，以确定研究结果和结论的可靠性，并对其中可能存在的问题，以及研究过程中的新发现做出准确、可靠的结论。在科学研究的道路上，任何人都可以自主地从事自己的研究，推出研究成果，但要使这种成果为科学界，并经由科学界为全社会所广为接受，必须经过科学家共同体，尤其是同行专家的学术或专业鉴定。

在科学研究的道路上，倡导不慕权威、不畏权威和反权威主义，并不意味着任何人可以作为自己成果的最终裁判者。由于科学工作的高度专业性，对于大部分学者尤其是青年学者来说，都有一个逐步成长的过程，在没有形成足够专业性和学术水平的成果之前，任何人的学术成果都需要经由权威专家的评审和鉴定，只有通过鉴定的成果方能为学界乃至全社会所接受。所以大凡科学事业发展较好的国家和地区，都有学术和专业鉴定制度，对于出版和发表的著作和论文成果，也需要经过严格的审稿制度来把关。所以，科学研究的道德和制度假定是，科学家可以不慕权威、不畏权威，但也必须尊重权威。反对权威主义，是指反对某些权威专家借助自己的学术地位压制后学的成长，防止借助权威阻碍科学和学术事业的发展，并不意味着一般地否定学术权威。这样，对科学家和科学工作者一般的学历和学位要求，就成为学术评价制度的重要组成部分，尽管唯文凭论不仅是错误的，甚至是有害的。

以上结合对科学哲学中的方法论主张的评论，对科学研究的一般过程提供了一个相对简单的说明。这一讨论的意义在于，科学研究方法是服务于要研究的问题和任务的，尽管有自然科学研究中通用的受控实验方法与社会科学中常用的实证研究法和参与式观察法——这些方法往往被认为是十分有效的——但在具体研究实践中，由于问题的特殊性和复杂性，也许不能单独采用某种在其他问题研究中至为有效，却在当前问题研究中不怎么有效的单一方法，而是要以某种方法为主，其他方法作辅助的综合研究方法，才能实现问题的求解。如从社会科学实证研究中分化出来的统计分析方法及其中最重要的 SPSS 软件分析工具及其对应的社会统计学，就没有被列入单独的研究方法之中，却是构成实证研究法的重要技术和技巧。

至于理论科学研究中的概念分析和演绎推理，无疑是极为重要的方法和思维技巧，但这种方法在科学主义甚嚣尘上的当前，似乎已经从科学共同体中隐退了。正如有学者所强调的，没有理论意图或企图的实证研究，即使在社会科学研究中也没有多大价值，其结果往往是：下了很大气力，花了很多经费，做了很多调查，最后得出的结论竟然是一个妇孺皆知的常识，从而使社会科学中的实证社会学落得一个"常识证实论"的笑柄。

科学之区别于形而上学者，是其可验证性或可证实性，但又不能为了证实而证实，科学要验证的仍然是理论，由于科学本身就是理论或理论体系，无论是关于自然，抑或是关于社会的，甚至是关于人类思维的思维科学，如认知心理学、神经心理学以及理论心理学等。至于理论科学具体的建构方法和方法论，本书随后仍要依序展开。

第四章

逻辑实证主义与双重证实原则

逻辑实证主义（logical positivism）又称"逻辑经验主义"，是现代西方最有影响的哲学思潮之一，形成于20世纪20年代。包括以石里克、卡尔纳普为代表的维也纳学派，以莱欣巴赫为首的柏林学派，以塔尔斯基①为代表的里沃夫-华沙学派以及艾耶尔等具有与维也纳学派相似理论的哲学家。逻辑实证主义一般是作为一种哲学思潮为哲学界所重视，但事实上，它是作为一种科学方法论主张而建立并存在的。这里结合我们倡导的"解释与建构"的方法论主题，对逻辑实证主义做一简单考察，并讨论其中暗含着的科学的双重验证标准。

一、哲学、科学与形而上学

逻辑实证主义的基本特征是把数理逻辑方法与传统的实证主义、经验主义结合起来，主要目标是取消形而上学并建立一种科学哲学。逻辑实证主义认为有意义的命题只有两类：一类是经验科学命题，它可以由经验证实；一类是形式科学（数学和逻辑）命题，它可以通过逻辑演算检验。经验证实原则是逻辑经验主义的基石，它可表述为：除逻辑命题（分析命题）外，任何命题只有表述经验、能被证实或证伪才有意义。形而上学问题，既不是分析命题，也不是经验命题，因而是毫无意义的虚假问题，应当从科学中清除出去。逻辑实证主义认为，形而上学问题的产生是语言乱用所致，消除它的方法是语言的逻辑分析方

---

① 塔尔斯基（Alfred Tarski，1902—1983），波兰裔美国逻辑学家、语言学家和哲学家。1924年在华沙大学获数学博士学位，1939年移居美国，1945年加入美国籍。代表作是《形式化语言中的真这个概念》，该文完成于1931年，1933年发表。该文不仅开创了现代逻辑的语义学研究，奠定了塔尔斯基在逻辑学和语言学中的重要地位，该文还是塔尔斯基用语义分析方法解决哲学问题的重要成果，他关于真理的定义在语言哲学中产生了很大影响，从而也奠定了他在语言哲学中的地位。

法。逻辑实证主义声称要把哲学从形而上学中解放出来，把提供一种语言逻辑分析的方法，阐明概念和命题特别是科学命题的意义，作为自己哲学的任务。

逻辑实证主义以经验为根据，以逻辑为工具进行推理，用概率论来修正结论。它认为科学方法是研究人类行为的唯一正确的方法，因此，它虽然以感性的经验为依据，却否认感性认识的积极作用，逻辑实证主义是不折不扣的理性主义。许多研究者从经验角度认为，外部客观世界是可以被认识、被量化的。

逻辑实证主义的基本观点大体可概括为：①把哲学的任务归结为对知识进行逻辑分析，特别是对科学语言进行逻辑分析。②坚持分析命题和综合命题的区分，强调通过对语言的逻辑分析可以消灭形而上学。③强调一切综合命题都以经验为基础，提出可证实性或可检验性和可确认性原则。④主张物理语言是科学的普遍语言，试图把一切经验科学还原为物理科学，以实现科学的统一。

逻辑实证主义的中心问题是意义问题以及通过意义划分科学和形而上学的界限。他们的纲领是捍卫科学而拒斥形而上学。

逻辑实证主义是分析哲学的主要流派之一，这一流派形成于 20 世纪 20 年代的奥地利，核心成员是以莫里茨·石里克（Moritz Schlick，1882—1936）和鲁道夫·卡尔纳普（Rudolf Carnap，1891—1970）为代表的维也纳学派。该学派的主要成员还有纽拉特、魏斯曼、费格尔、克拉夫特（前期）、弗兰克以及英国的艾耶尔等。1929 年卡尔纳普等人的《维也纳学派：科学的世界观》的发表，标志着该流派的正式形成。逻辑实证主义是传统的经验主义和逻辑分析方法相结合的产物，其思想源于休谟的经验怀疑主义哲学，孔德、斯宾塞的实证主义哲学，马赫主义和罗素的逻辑原子主义哲学。①

---

①　逻辑原子主义哲学（the Philosophy of Logical Atomism）是分析哲学（Analytic Philosophy）的一个重要组成部分，由英国哲学家伯特兰·阿瑟·威廉·罗素（Bertrand Arthur William Russell，1872—1970）提出并建立。罗素认为，世界的逻辑结构与语言的逻辑结构是一致的，所以可以通过语言和逻辑的分析达到对世界的了解。罗素之所以称自己的哲学为逻辑原子主义，是因为它们不是小粒的物质，而是原子事实，是各种不能再分的事实及逻辑单元。罗素的逻辑原子主义认为，人们用一个句子表达的事物是真实世界的一部分，"凭借描述而知道的知识最后可以转化为凭借认识而知道的知识"。哲学就是"对包含着描述的命题进行分析"。逻辑原子主义特征的命题分析所要遵循的基本原则是："我们了解的每一个命题都必须完全由我们所认识的成分组成。"关于原子事实与原子命题，罗素认为，在一种逻辑上完满的语言中，命题中的词汇一一对应于相应事实的诸组成部分。事实是意指使一个命题真或假的事物。我们所具有的整体上无限的事实分层系统中，最简单的那类事实，罗素称之为原子事实，表达这些事实的命题即是原子命题。

逻辑实证主义和逻辑经验主义有很多联系和类似之处，最好不要将两者简单地混同起来。两者发展历程不同，代表人物不同。逻辑实证主义坚持反科学实在论、可证实性，主张用现象主义语言建立统一的科学，反对科学解释。逻辑经验主义坚持科学实在论、可检验性，主张用物理语言建立统一的科学，支持科学解释。

逻辑实证主义认为哲学不是一种知识体系，而是一种活动，一种澄清或确定命题意义的活动。石里克在《哲学的转变》一文中写道：我们现在认识到哲学不是一种知识的体系，而是一种活动的体系，这一点积极地表现出当代西方哲学的重大转向，也就是语言学转向的特征；哲学就是那种确定或发现命题意义的活动。哲学使命题得到澄清，科学使命题得到证实。科学研究的是命题的真理性，哲学研究的是命题的真正意义。逻辑实证主义把哲学问题归结为语言问题，哲学的任务就是对语言进行逻辑分析。卡尔纳普指出，哲学只不过是科学的逻辑，借助逻辑分析，可以得到正反两个方面的结论：正面的结论是澄清科学的概念、命题的意义；反面的结论就是清除形而上学。

拒斥形而上学，反形而上学，并非逻辑实证主义的创举。诚如卡尔纳普所说：从古希腊的怀疑派起，到19世纪的经验主义者为止，有过不少反对形而上学的人，各式各样的批评都提出过。逻辑实证主义反对形而上学有它自己的特点。首先，逻辑实证主义之所以反对形而上学，不是因为它的学说和我们的经验相矛盾，也不是因为它的问题超出了人类理智的界限，而是因为形而上学的命题是无意义的。其次，在怎样反对形而上学问题上，逻辑实证主义不是从心理学角度，而是从逻辑学角度出发，主张通过对语言的逻辑分析清除形而上学。

什么是形而上学？对此，卡尔纳普的回答是：我将把所有那样一些命题叫作形而上学的，即这些命题宣称表述某种在全部经验之上或之外的东西的知识，例如，表述世界本源以及表述事物真实本质的知识，表述自在之物、存在、绝对者以及诸如此类的东西的知识。[①] 艾耶尔也把形而上学定义为一种对实在的本性的探索。他指出，形而上学主要基于这样一个基本假设，即哲学能够给我们提供关于超越于科学世界和常识之外的实在的知识。[②] 可见，在逻辑实证主义看来，一切关于世界的本原、本质的命题，一切关于超验的实在的知识都是

---

① ［德］鲁道夫·卡尔纳普. 世界的逻辑构造［M］. 陈启伟，译. 上海：上海译文出版社，2008：291.

② ［英］艾耶尔，等. 哲学中的革命［M］. 李步楼，译. 北京：商务印书馆，1986：58.

形而上学。

二、意义命题的真假判断

逻辑实证主义之所以拒斥形而上学，是因为形而上学命题割断了和经验世界的联系，在经验上、理论上，即在认识上是无意义的。所谓形而上学命题没有经验意义，它是指这类命题所涉及的对象不在感觉经验的范围之内，既不能通过经验予以证实，也不能通过经验予以否证。换句话说，即形而上学命题不能在经验范围内确定其真假，而一个没有真值的命题由于没有断定性的内容，因而不能给我们提供任何知识，即对增进我们的认识毫无帮助。在逻辑实证主义那里，"意义"一词总是从认识论和真假判断意义上来理解的。据此，形而上学命题都是一些无意义的伪命题。卡尔纳普说，我们既不能肯定也不能否定这些论题，于是我们要拒斥这整个问题。

那么，什么命题是有意义命题呢？凡是有真值（或真或假）的命题就是有意义的。有意义的命题分为两类，即分析命题和综合命题。分析命题的真假可以借助逻辑规则推论出来，因为分析命题里谓词的含义就包含在主词中；综合命题的真假可以通过经验予以检验，因为综合命题陈述的是经验事实。如果一个命题既不是真的，又不是假的，那么它在认识上就是无意义的。形而上学命题既不能根据逻辑规则也不能根据经验事实判定其真假，它既不是真的，也不是假的，而是没有真值即没有意义的伪命题。所以，艾耶尔说，形而上学命题没有意义这一事实，并不仅仅是从它们没有事实内容这一点推论出来。它是从没有事实内容这一点结合它们不是先天命题这一点而推论出来的。① 卡尔纳普也说过，形而上学的命题没有意义，因为它们不涉及任何事实，这个看法，休谟很早就已经表述过了。② 我们同意休谟的这个观点，把这个观点翻译成我们的术语就是，数学和经验科学的命题是有意义的，所有其他命题都是没有意义的。关于分析命题和综合命题的区分以及这两类命题都是有意义的观点，是逻辑实证主义拒斥形而上学的理论依据。

既然形而上学是无意义的，为什么古往今来有那么多的人，其中包括卓越的有识之士，在形而上学上花费那么多的精力和热忱呢？对此，卡尔纳普指出，

---

① ［英］艾耶尔，等. 哲学中的革命［M］. 李步楼，译. 北京：商务印书馆，1986：58－59.

② ［德］鲁道夫·卡尔纳普. 世界的逻辑构造［M］. 陈启伟，译. 上海：上海译文出版社，2008：290.

形而上学命题虽然在认识上没有意义，并不意味着它没有价值，并不排除它有情感上的意义。因为形而上学确实表达了什么，它们就像笑、抒情诗和音乐一样，表达了人们的永恒的情感或意志倾向，表达了一个人对人生的总态度。既然如此，那么逻辑实证主义为什么不拒斥抒情诗而只拒斥形而上学呢？对此，卡尔纳普的观点是：形而上学和抒情诗之间虽有着巨大的类似性，也有着一个决定性的区别，即抒情诗是文学作品，没有人会到抒情诗里去寻找科学知识，但形而上学家们却相信，他给人们提供了某种真理性的知识。关于这一点，形而上学家们不仅欺骗了别人，也欺骗了自己。卡尔纳普指出，形而上学非理论的性质本身并非一种缺陷，所有的艺术都具有这种非理论的性质，而并不因此就失去它们对于个人和社会生活的价值。问题在于，形而上学具有一种欺骗和迷惑人的性质，即它给予知识的幻象而实际上并不给予任何知识。卡尔纳普认为，这就是我们为什么要拒斥它的理由。逻辑实证主义认为，自古以来，人们都没有弄清楚形而上学命题的这一性质，都在那里盲目地无休止地争论，争论了几千年而毫无结果。逻辑实证主义则第一次弄清了形而上学命题的性质，一劳永逸地解决了这一争论。

那么，逻辑实证主义是怎样拒斥形而上学的呢？在这个问题上，卡尔纳普的《通过语言的逻辑分析清除形而上学》一文颇具代表性。

卡尔纳普的论点是：逻辑分析揭示了形而上学的断言陈述是假陈述。他指出：语言包含词汇和句法。因此，假陈述有两类：一类是包含一个被误认为有意义的词；另一类是组成句子的词虽然有意义，但却以一种违反句法的方式凑在一起，因而并不构成一个有意义的陈述。

我们先来看第一类假陈述，即一个句子包含了一个被误认为是有意义的词，而实际上这个词没有意义，只是一个假概念。那么，一个词的意义是什么呢？卡尔纳普指出：决定一个词的意义的是它的应用标准（它的基本句型、真值条件、证实方法所结成的可推关系）。应用标准是决定意义的充分条件。说到底，一个词的意义就在于它能否为经验所证实。例如，X 是一块金刚石。在这个句子里，X 是用来指称金刚石的，而金刚石属于事物范畴，可以用经验来检验其真假，因而是有意义的。许多形而上学的词并不能满足上述条件，因而是无意义的。例如，X 是世界的本原。在这里，X 是用来指称本原的，而"本原"这个词就是一个无意义的词。因为形而上学所谓的本原，即起源于、先于，并不是指时间上在先，而是指形而上学方面在先。由于这个形而上学方面又是没有标准的，因此"本原"这个词是一个没有意义的假概念，包含这种假概念的句子就是形而上学的假陈述。

再看第二类假陈述。在这类陈述中，组成句子的词虽然有意义，但以一种违反句法的方式凑在一起的，也是无意义的。卡尔纳普指出：语言的句法规定了哪些语词组合是允许的，哪些是不允许的。然而，自然语言的语法句法并不能完全消除一切无意义语词组合的任务。例如，"恺撒是一个质数"这个句子虽然符合自然语法规则，但却显然是一个无意义的假陈述，因为人的名称和数的名称属于不同的逻辑类型。卡尔纳普指出，这一事实说明，从逻辑观点看来，语法句法是不适当的。如果语法句法准确地符合逻辑句法，假陈述就不会产生了。当然，许多形而上学的假陈述不像上述例子那么明显，那么容易看出来。卡尔纳普以笛卡尔的"我思故我在"为例指出这个命题就包含着两种基本逻辑错误：第一个错误在"我在"这个结论中。因为存在不是一种性质，它只能与谓词连用而不能与名称（主词、专有名词）连用，不能说我存在、上帝存在、神秘力量存在。第二个错误在于从"我思"过渡到我存在。因为，从"我思"得到的结论不是"我在"而是存在着思维的东西。通过上述分析，卡尔纳普得出如下结论：有意义的形而上学陈述是不可能有的。

拒斥形而上学是逻辑实证主义的一个纲领性口号，是逻辑实证主义的基本出发点和主要目的之一。因为只有拒斥了形而上学，才能使哲学从传统的知识体系转变成一种逻辑分析的活动，才能通过逻辑分析澄清有意义的概念和命题，为事实科学和数学奠定逻辑基础。

三、经验主义的意义标准

所谓意义标准，指确定一个命题有无认识论意义，即确定一个命题是否为真或为假的可能性的标准。卡尔纳普认为，知道一个句子的意义就是知道它会在哪种可能的情况下是真的，它会在哪种可能的情况下是假的。一个有可能确定其真假的命题就是有意义的，反之则是无意义的。因为一个没有真假的命题，没有断定性的内容，不能为我们提供任何知识。在逻辑实证主义那里，意义标准是拒斥形而上学的理论依据，它是区分科学和形而上学的标准。

如前所述，逻辑实证主义把有意义的命题分为两类：分析命题或数学和逻辑的命题、综合命题或经验科学的命题。他们认为，分析命题包括重言式和矛盾式两种类型。重言式是同语反复，是永真的，如所有的鳏夫都是男性；矛盾式是永假的，如有些鳏夫不是男性。由于分析命题的真假可以通过逻辑规则推论出来，即从逻辑关系上就可以确定其真假，所以分析命题具有逻辑意义或形式意义。综合命题是经验科学的命题。由于这类命题是建立在经验事实的基础上的，其真假可以通过经验予以证实，因此具有经验意义。逻辑实证主义把确定综合命题即经验科学的命题是否有意义的标准，称之为经验主义的意义标准或经验意义的标准。

那么，怎样确定一个经验科学命题的意义呢？对此，逻辑实证主义提出了一个著名的原则，即可证实性原则或经验证实原则。所谓证实原则，指的就是，一个命题是否有意义，是否是一个经验科学的命题，就看有没有办法用经验去证实它或否证它。可以证实或否证的命题就是有意义的，反之就是无意义的。据此，一个命题的意义就在于证实它的方法。石里克指出：陈述一个句子的意义，就等于陈述使用这个句子的规则，这也就是陈述证实（或否证）这个句子的方式。一个命题的意义，就是证实它的方法。证实原则就是确定一个命题是否有意义，是否是经验科学命题的标准。换句话说，经验主义的意义标准就是证实原则。这两个问题实际上是密切联系在一起的。正如卡尔纳普所说：认识论的两个主要问题就是意义问题和证实问题；在某种意义上，这两个问题仅仅有一个答案。如果我们知道是什么事情使一个语句被发现是真的，那么我们也就知道它的意义是什么了。因此，一个语句的意义在某种含义上是和我们决定它的真或假的方法相等同的，而且只有当这样一种决定是可能的时，一个语句才有意义。

此外，证实原则要求的只是原则上的可证实性，即当且仅当一个句子在原则上可以被证实（或否证）时，它才是有意义的。所谓原则上的可证实性，是指证实的逻辑的可能性，而不是指实践的可能性。石里克说：必须强调指出，当我们讲到可证实性时，是指证实的逻辑可能性，除此以外，没有任何别的意思。艾耶尔也指出，有一些有意义的论及事实的命题，即使我们想去证实也不能证实，这只是因为条件暂不具备。但是，我们在理论上可以想象到，一旦条件具备，我们就可以证实它。因此，我们认为，那个命题如果不是在实践上可以证实的，那么，它是原则上可以证实的，因此，那个命题就是有意义的。注意：在逻辑实证主义那里，证实原则只是意义标准，不是真理标准。它不是用来判定一个命题之实际上为真或为假的方法，而是用来确定一个命题之为真或为假的可能的方法。作为意义标准的证实原则是探究真理的必要条件，即首先要确定或澄清一个命题的意义，然后才能判定它是否为真理。

经验主义的意义标准就是证实原则。根据这一原则，石里克指出：一个命题的意义，就是证实它的方法。卡尔纳普也说过：对于一个既定的命题进行逻辑分析的主要任务之一是找出证实那个命题的方法。既然一个命题的意义就在于证实它的办法，那么什么是一个命题的证实方法呢？或者，用什么方法去证实或否证一个命题呢？在这个问题上，逻辑实证主义提出了许多不同的方案。

卡尔纳普在回答什么是一个命题的证实方法时指出，我们必须区分两种证实，即直接证实和间接证实。所谓直接证实，就是将待证实的命题与我们当下的经验做比较。任何一个对于当前的知觉有所断定的命题（如这朵花是红的），都可以用我们当前的知觉直接地予以检验。所谓间接证实，是指对于一个不可能直接证实的命题 P，只能通过直接证实那些从 P 以及其他已经证实了的命题推导出来的命题，来予以证实。可见，所谓间接证实，最终还是归结或还原为直接证实，只不过多了一套逻辑推演的过程。在卡尔纳普看来，一切经验科学的命题都可以通过直接的或间接的方法予以证实（或否证）。

除上述方法外，有的逻辑实证主义者还提出用逻辑推导关系来确定一个命题的意义，即一个命题是否有意义，取决于能否从该命题逻辑地推导出一类可观察的命题。

例如，魏斯曼提出的可证实性标准的表达式是：任何命题 S 要在认识上是有意义的，必须有观察命题 O&<33；&<33；O 的一个无矛盾的有限集，使 S 推导出 O&<33；&<33；O 的合取式，并且由后者推导出 S。例如，要确定命题"所有的天鹅都是白色的"是有意义的，必须能从 S 推导出一系列观察命题 O——"这是一只天鹅，并且是白色的"，反之，也能从这些观察命题 O 推导出命题 S。魏斯曼的这个可证实性标准的表达式显然要求太高，科学理论中的很多命题都无法达到此标准。于是艾耶尔又提出了一个较为缓和的可证实性标准的表达式，即任何命题 S 要在认识上是有意义的，必须有观察命题 O&<33；&<33；O 的有限集，使 S 推导出 O&<33；&<33；O 的合取式，而 O&<33；&<33；O 则确证 S 或给 S 以一定的概率。这个表达式只要求由 S 推导出观察命题，但不要求由观察命题推导出 S，观察命题只要能确证 S，即给 S 以一定的概率，使 S 具有或然性，那么命题 S 就是有意义的。也就是说，艾耶尔的这个表达式不要求命题 S 被完全证实。逻辑实证主义认为，科学理论是相对的，永远不能完全地被证实，否则科学就不能发展了。

艾耶尔的表达式比魏斯曼的显然要宽泛得多，所以叫弱可证实性标准，魏斯曼的表达式则被称为强可证实性标准。艾耶尔对"可证实的"这个词项的强意义与弱意义的区分做了如下说明：一个命题被认为是在那个词的强意义上可证实的，如果并且仅仅如果它的真实性是可以在经验中被确实证实的话。如果经验可能使它成为或然的，则它是在弱意义上可证实的。

作为意义标准的经验证实原则，是逻辑实证主义的一个核心理论，是他们用以拒斥形而上学和奠定科学知识基础的方法论原则。但是，由于证实原则在实际运用中遇到许多难以克服的理论困难以及来自各方面的批评，因此，这一原则被不断放宽。可以说，逻辑实证主义在证实原则上的分歧和论争是导致该学派分化和演变的一个重要因素。

四、语言的逻辑句法

根据经验主义的意义标准，确定一个命题是否有意义的方法就是把命题同经验事实相对照。纽拉特、卡尔纳普等人很快发现，这个方法存在两个问题：首先，从理论上说，科学命题是不可能被完全证实的；其次，把命题同经验事实相比较，仍然带有唯我论的形而上学遗迹。于是卡尔纳普等人抛开命题的经验内容，转向了对语言的逻辑句法的研究。

所谓语言的逻辑句法，是指关于一种语言的形式的理论。对语言形式的研究就是只涉及语言的形式，而不涉及其内容，即主要研究语言中的规则、定义、句子及其组成的各个符号的种类和排列等，而不涉及这些符号或句子的意义。卡尔纳普指出，形式的语言应被理解为说话的规则系统。一个形式的语言的规则系统包括形成规则和变形规则。形成规则和语法相似，某一系统的形成规则，决定着该系统的句子如何能由各种不同的符号构造出来。例如，一个主词符号 S 可以与一个谓词符号 P 用系词"是"连接起来，组成"S 是 P"这样的句子。变形规则和演绎逻辑相似，它规定如何将给定的句子变形为其他的句子，也就是说，规定了如何从已给定的一些句子推演出其他的句子。例如，从所有的 S 是 P 可推出这个 S 是 P，或者从所有的 a 都是 b 和所有的 b 都是 c 可推出所有的 a 都是 c。卡尔纳普认为，形成规则和变形规则是构成一个语言系统的两类基本规则，某一语言系统的逻辑句法就是由这两个部分组成的。由于逻辑句法的规则完全不涉及句子的具体含义，而只是用纯粹形式的方法来表达，因此，确定了某一语言系统的形成规则和变形规则，就可以确定哪些句子形式是该语言系统所允许的或有意义的，哪些句子形式是该语言系统不允许的或无意义的。卡尔纳普的这些思想已经成为现代逻辑学的重要内容，那就是直言命题的变形推理及其规则。

至于一个形式的语言的规则系统是怎样确定的，卡尔纳普主张采用容忍原则或语言形式的约定论原则。根据这一原则，任何一个语言系统，只要具有逻辑上的一致性和自足性，就有其存在的权利。人们完全可以任意选择采用任何一种语言系统，因为不同的语言系统并无正确或错误之分，只有相对于某些特定的目的来说，是否方便与合适的问题。

卡尔纳普把语言的逻辑句法看作是关于一种语言的形式的理论，因此，对语言的逻辑句法的研究，也就是对作为一个规则系统的语言形式结构进行分析。对一个语言系统进行逻辑句法的分析，首要的一点就是区分两种不同的说话方式，即形式的说话方式或实质的说话方式。形式的说话方式只涉及语言的表达形式，即词与词之间的句法形式，而不涉及语言所表达的对象。形式的说话方式采用的是句法句子，如"玫瑰花"这个词是一个事物词。实质的说话方式从它的表达形式上看似乎涉及的是对象，但严格说来，只涉及这个对象的名称。所以，实质的说话方式采用的句子，看似真对象句子，其实是假对象句子。如"玫瑰花是一个事物"这个句子和真对象句子，如"玫瑰花是红的"，从表达形式上看似乎都涉及玫瑰花这个对象，但实际上"玫瑰花是一个事物"只涉及了玫瑰花这个名称，而没有涉及它的任何性质，如颜色、形状、气味等。采用假对象句子说话就是实质的说话方式。

卡尔纳普指出，使用假对象句子或实质的说话方式，经常会导致误解、混乱和无谓的争论，在哲学领域尤其如此。传统哲学中的许多无谓的争论都是采用实质的说话方式引起的。例如，实证论者主张事物是感觉材料的复合，实在论者主张事物是物理要素的复合，于是就会发生对于事物到底是什么这个假问题的无休止的争论。解决这种争论的办法就是把实质的说话方式翻译为形式的说话方式。形式的语言习惯的表达式如下：一个物理对象的名字（例如"月亮"这个语词）是可归约为感觉资料谓词（或知觉谓词）的。卡尔纳普认为，如果我们把实质的说话方式翻译成形式的说话方式，就有可能把这两个对立的命题调和起来，消除关于形而上学假问题的争论。

这种用形式的说话方式代替实质的说话方式，用句法句子代替假对象句子的方法，即是逻辑句法的分析方法。其具体方法就是，用事物指称来代替事物，用关系指称来代替关系，用数字指称来代替数字，用时间指称来代替时间，等等。卡尔纳普认为，通过这种翻译成形式的说话方式的方法，我们就使逻辑分析摆脱了一切语言以外的对象本身的提示，因而我们就只管语言表达的形式了。

卡尔纳普指出，只要把哲学局限于对语言的逻辑句法的分析，就可以不涉及与对象有关的问题，从而避免陷入唯我论。同时，确定一个命题是否有意义，也不在于看其是否与经验事实相一致，而是看其是否处在一个有关的语言系统中。

五、现象主义和物理主义

现象主义（phenomism）和物理主义（physicalism）是维也纳学派逻辑实证主义内部的两种倾向，也可以说是该流派自身演变发展的两个阶段。逻辑实证主义认为，哲学的任务就是对语言进行逻辑分析，逻辑分析的主要目的之一是澄清科学的概念、命题的意义，从而为科学知识奠定基础。这就产生了一个问题，即选择什么样的语言作为一切科学知识的普遍语言，或者换一句话说，作为科学知识基础的语言，究竟应当使用一种什么样的语言。正是在这个问题上，逻辑实证主义内部出现了现象主义和物理主义的分歧。

20 世纪 20 年代末至 30 年代初，现象主义在逻辑实证主义内部占主导地位。现象主义主张用现象学语言（phenomenal language）作为科学知识的基础。现象学语言是以个人主观的感觉经验为基础的语言。现象主义的基本特征就在于从感觉、直接经验、所与出发，把主观的感觉经验看作是一切科学知识的基础。他们认为，主观感觉、直接经验是自明的、无可怀疑的，不需要任何检验和证明，也不是从什么命题推论出来的。因此，一切科学命题归根结底都可以还原为表示主观的感觉经验的命题。根据现象主义的观点，整个世界就是感觉经验的逻辑构造，一切科学知识都是借助逻辑在经验的基础上建立起来的，因此，科学知识应采用以感觉经验为基础的现象主义的语言。

物理主义产生于 20 世纪 30 年代初，其倡导者是纽拉特，在他的影响下，卡尔纳普不久也转向了物理主义。于是，在维也纳学派内部出现了以石里克、魏斯曼为代表的现象主义和以纽拉特、卡尔纳普为代表的物理主义之间的争论。物理主义主张以物理对象而不是以感觉材料作为科学知识的基础，主张以表述物理对象的物理语言（physical language）作为一切科学的普遍语言，并试图以物理语言为基础实现科学的统一。

物理主义指出，世界上发生的一切事情都是自然界的一部分，都是物理的事物和事件，因此，构成科学知识的命题不应当是表述个人直接经验的感觉命题，而应当是表述所有人都能观察到的物理事件的记录陈述。感觉命题采用的是现象主义语言，记录陈述采用的是物理主义语言。所谓物理语言，是指人们在日常生活中或物理学中所使用的描述物理事件的语言。由于物理事件是处在一定的时空之中的，因此物理语言也就是对物理事件的时空点的描述。物理语言的特点是使用度量概念，如温度、速度、体积、比重、压力等。

卡尔纳普认为，物理语言是普遍的和主体间性的，这就是物理主义的论点。

物理主义之所以主张用物理语言作为一切科学的普遍语言，就在于物理语言具有普遍性和主体间性。所谓主体间性，指主体之间可以互相了解、互相交流的特征。比如，这块黑板有多长，不必争论，只要用尺子测量一下就行。现象语言就不具备这一点，因为现象语言是以个人感觉为基础的，我的感觉别人无法了解，反之亦然，所以现象语言是不能相互了解、相互交流的私人语言。卡尔纳普认为，物理主义语言的最重要的优点之一，就在于这种语言有主体间的交流性，也就是说，它原则上能够使所有使用这种语言的人观察到为这种语言所描述的事件。所谓普遍性，是指世界上的一切事情都可以用物理语言来表述，因为世界上的一切事情都是物理事实和事件。物理语言即关于物理事件的记录陈述不仅适用于物理学，也适用于一切其他学科。

与物理主义有密切联系是科学的统一性这个论题。物理主义主张用物理语言作为一切科学的基础语言。纽拉特说：统一科学的统一语言就是物理学的语言。卡尔纳普也认为，物理学语言是科学的普遍语言，这就是说，科学的任何领域内的语言都可以保存原来的内容翻译成为物理学语言。致力于科学的统一，也是维也纳学派逻辑实证主义思想的一个重要内容。卡尔纳普在《哲学和逻辑句法》（1934）一书中指出，各门科学为了实践的目的，的确可以被分开，它们都立足于同一基础，归根到底，它们构成统一的科学。他还强调，统一科学并不意味着科学的所有分支的对象都是属于同一种类，而是意味着科学的各个分支的名词是逻辑的一致的。这就是说，在逻辑实证主义看来，统一的科学应当是建立在统一的语言基础之上的。

现象主义和物理主义争论的实质是，作为一切科学的基础语言的命题或句子应是表述感觉材料的现象语言，还是表述物理对象的物理语言。纽拉特、卡尔纳普等人认为，现象主义是方法论的唯我论，物理主义是方法论的唯物论。当然，从现象主义转向物理主义并不意味着是从唯心主义转向了唯物主义，因为现象主义和物理主义的分歧只是方法论意义而非本体论意义上的，分歧的实质仅在于哪一种语言更适合作为科学的基础语言。

20世纪30年代末，随着维也纳学派的解体，作为一个学派的逻辑实证主义也就分化瓦解了，该学派所倡导的逻辑实证主义精神仍继续存在。二战后，逻辑实证主义的中心转到了美国，以蒯因为代表的逻辑实用主义就是在批判逻辑实证主义的基础上形成的。

六、科学的"双重证实原则"

一如前述，逻辑实证主义尽管是作为一种哲学思潮受到学界尤其是哲学界重视的，但它事实上是作为一种科学方法论主张建构起来的。这种主张已经暗含了科学真理性标准的另外一个层面，这就是逻辑证实层面。因此，尽管逻辑实证主义后来逐渐衰落了，但它所暗含的逻辑证实原则依然十分有效，然而这一原则却没有得到学界，尤其是方法论哲学界的应有探讨。

受科学主义（scientism）尤其是自然科学实验主义（experimentalism）的影响，人们对逻辑实证主义所强调的经验验证不持异议，而英国著名的卡文迪许实验室①（Cavendish Laboratory）在科学尤其是自然科学发展中的作用也已成为科学界的重要共识，但对逻辑实证主义所强调的另一条科学证实原则，也就是逻辑推理和语义证实原则，却没有给予充分的重视，从而使社会科学研究中不可避免地存在的主观性和价值预设企图，成为社会科学区别于自然科学的当然标准加以保留。因此，在社会科学领域，还存在着大量拒斥和清除形而上学残余的任务。

---

① 卡文迪许实验室（Cavendish Laboratory）是英国剑桥大学的物理实验室。卡文迪许实验室旧址入口实际上就是它的物理系。剑桥大学建于 1209 年，历史悠久，与牛津大学同为英国的最高学府。剑桥大学的卡文迪许实验室始建于 1871 年，是当时剑桥大学的一位校长威廉·卡文迪许私人捐款兴建的。他是 18—19 世纪对物理学和化学做出过巨大贡献的科学家亨利·卡文迪许的近亲，这个实验室就取名卡文迪许实验室。当时用了 8450 英镑捐款，除去盖成一栋实验楼馆，还买了一些仪器设备。

  卡文迪许实验室即是剑桥大学的物理系，由电磁学之父詹姆斯·克拉克·麦克斯韦（James Clerk Maxwell, 1831—1879）于 1871 年创立，1874 年建成实验室。为纪念伟大的物理学家、化学家、剑桥大学校友亨利·卡文迪许（Henry Cavendish, 1731—1810）而命名为卡文迪许实验室。剑桥大学时任校长威廉·卡文迪许（第 7 代德文郡公爵）是亨利·卡文迪许的亲属。麦克斯韦而后获聘为剑桥大学第一任卡文迪许物理教授（实验室主任）。由于麦克斯韦的崇高地位和卡文迪许实验室的光辉历史，卡文迪许物理教授已成为如卢卡斯数学教授般备受尊敬且代代相传的荣誉头衔，至今已传至第九代。实验室的研究领域包括天体物理学、粒子物理学、固体物理学、生物物理学。卡文迪许实验室是近代科学史上第一个社会化和专业化的科学实验室，催生了大量足以影响人类进步的重要科学成果，包括发现电子、中子，发现原子核的结构，发现 DNA 的双螺旋结构等，为人类的科学发展做出了举足轻重的贡献。

  英国是 19 世纪最发达的资本主义国家之一。把物理实验室从科学家私人住宅中扩展出来，成为一个研究单位，这种做法顺应了 19 世纪后半叶工业技术对科学发展的要求，为科学研究的开展发挥了很好的促进作用。随着科学技术的发展，科学研究工作的规模越来越大，社会化和专业化成为必然的趋势。卡文迪许实验室后来几十年的历史，证明剑桥大学这位校长是很有远见的。

正如前面在现象世界划分中已经指出的，物理世界不管多么复杂，作为一个死的现象领域，它与人类认识主体只构成认识或解释关系，最多再加上功用关系，但对社会世界来说，它不仅是一个活的世界——如同生物或生理世界一样——其中大量充斥着包括认识主体在内的人们对社会生活的感受、体验、评价和价值期待。对于没有经受充分的科学方法训练的人来说，价值和道德期待作为研究的目的会无可避免地进入他的研究过程中，由现象学所看重的意向性思维作为价值和意义世界有可能构成他的研究主题。由这种研究所获得的结论，即使有充分的经验证据，但若不经过对形成结论的推理过程可靠性的逻辑检验，这种结论可能仅仅是一种包含着其主观性的或然结论。这种结论不仅对社会改革和完善不具指导价值，反而具有更大的破坏性。社会科学中的乌托邦之所以是不可靠的，也是不可实践的，主要是由于它据以成立的前提是意向性的，它形成的推理过程不仅是简单经验主义的，而且也是经不住逻辑推敲的。

逻辑实证主义把为社会科学界共同认可的实证主义吸收进自己的体系，以捍卫包括实验方法在内的经验主义和实证主义的科学价值，但它重点强调的并不是已经成为共识甚至科学常识的经验主义，而是以经验为基础的逻辑实证原则，也就是卡尔纳普和艾耶尔所说的经验的意义。这样的意义标准在自然科学中是明确的，但在社会世界中，意义极可能并不是社会现象所具有的客观意义本身，而是人们对这种现象的好恶，和立足于主体生存状态的主观评价。为此，在社会科学研究中，把意义代换为功能和作用，比意义本身更具客观性，虽然社会世界相对于置身其中的个人包括研究家是一个无限意义阈。

世界的意义特征是一个形而上学的说法，这个说法有太多的歧义，放在社会世界中，歧义则更多。逻辑实证主义只是从概念、判断的类型出发，考察了意义造成的混淆，而西方哲学的人本学转向则廓清了这一形而上学概念的起源，那就是意义源于人的需要和生命托付。现象世界没有意义，要有那也只是对人而言的意义。所以，在科学世界中，意义是一个需要被清除的概念，而与这一概念对应并有科学意义的概念便是功能、作用和影响。不仅在物理世界是这样，在生理、心理乃至社会世界也是这样，而且尤其是这样。

逻辑实证主义强调逻辑证实原则对社会科学研究的启示是，必须把为模态逻辑所揭示的道义模态、历史模态的推理规则和规律，贯彻到社会科学研究中。模态三段论指出，在必然命题、实然命题和可能命题中，其逻辑真势是逐渐降低的，由必然命题、实然命题和可能命题构成的三段论的结论，其真势不得高于前提中真势较弱的命题的真势。也就是说，如果一个模态三段论中有可能命题作前提，推出的结论只能是可能命题。而且这一原则仅仅是就逻辑的形式规则而言的，如果加上经验（实验）实证的要求，其真势则可能更低。所以，由出于个人愿望而可能存在的社会条件，不可能推理出必然的理想的社会状态的结论，至于这种社会条件和理想社会状态即使有可能存在但究竟合理与否，尚不在考虑之列。

自然世界的物理现象是一种实然现象，刻画这一现象的命题一定是实然命题，但在社会世界中，有太多的实然现象并不是人们所乐见的，道德感使社会世界中的人们——包括社会科学家——用应然的眼光观察社会，从而提出各种应然的社会存在的主张和期待，并用应然命题来刻画。应然命题至多是可能命题，而且是在满足很多经济、社会和文化条件下的可能命题，由这种可能命题构造的模态三段论推理，貌似具有某种程度的合理性，但这种合理性至多也只能是可能性，用这种可能性作为人类历史发展的客观规律也就是必然性，用来指导政治和社会治理实践，只能导致"好心办坏事"的结果甚至是后果。这正是人类历史上乌托邦不乏其例，但鲜有成功的逻辑根据，也是逻辑实证主义的根据。逻辑实证主义的"双重证实"原则在科学尤其是社会科学研究中的重要性和必要性，由此可见一斑。

第五章

建构主义与科学建构思想

　　建构主义（constructuralism）又译作结构主义，是认知心理学派中一个重要的分支。由于心理学界对科学家科学研究活动中的心理因素，也就是对科学心理学的忽视，使得建构主义理论仅仅局限于理论建构者所关注的教育学领域，它对于科学研究方法所具有的职能和解释力远远没有被重视、被讨论。基于对科学研究的心理过程也就是科学心理学的考虑，也基于对科学理论的建构特征的考虑，本章在对建构主义做一般性介绍的基础上，拟考虑把建构主义所强调的建构思想及其有关概念扩展到科学研究过程中，并对建构主义的科学贡献，尤其是对科学研究方法的贡献做一番评价，以使我们关于"解释与建构"的思想和倡导，有一个较为坚实的理论基础。

一、皮亚杰和他的学习理论

　　让·皮亚杰（Jean Piaget，1896—1980），瑞士人，近代最负盛名的儿童心理学家。他的认知发展理论成了这个学科的典范。皮亚杰一生留给后人 60 多部专著、500 多篇论文，他曾到过许多国家讲学，获得几十个名誉博士、荣誉教授和荣誉科学院士的称号。皮亚杰对心理学最重要的贡献，是他把弗洛伊德那种随意、缺乏系统性的临床观察，变得更为科学化和系统化，使日后临床心理学有了长足的发展。

　　皮亚杰创立的关于儿童认知发展的学派被人们称为日内瓦学派。① 他关于建构主义的基本观点是，儿童是在与周围环境相互作用的过程中，逐步建构起关于外部世界的知识，从而使自身认知结构得到发展的。儿童与环境的相互作用涉及两个基本过程：同化与顺应。同化是指个体把外界刺激所提供的信息整合到自己原有认知结构内的过程；顺应是指个体的认知结构因外部刺激的影响而发生改变的过程。同化是认知结构数量的扩充，而顺应则是认知结构性质的改变。认知个体通过同化与顺应这两种形式来达到与周围环境的平衡。当儿童能用现有图式去同化新信息时，他处于一种平衡的认知状态；而当现有图式不能同化新信息时，平衡即被破坏，而修改或创造新图式（顺应）的过程就是寻找新的平衡的过程。儿童的认知结构就是通过同化与顺应过程逐步建构起来，并在"平衡—失衡—新的平衡"的循环中得到不断的丰富、提高和发展。

　　皮亚杰的认知发展理论摆脱了关于遗传和环境的争论和纠葛，旗帜鲜明地提出内因和外因相互作用的发展观，即心理发展是主体与客体相互作用的结果。皮亚杰认为智力是一种适应形式，具有动力性（dynamic）或者自组织（self-organizing）特点。随着环境和有机体自身的变化，智力的结构和功能必然不断变化，以适应变化了的条件。为了准确说明儿童认知的发展过程，皮亚杰建构了一个很重要的核心概念图式（schema），以说明认知的观念核心。在皮亚杰看来，图式既可被看成是有机体认知结构中的一个子结构，又可被看成是认知结构中的一个元素。认知结构就是协调了的图式或整体形式。

　　为了说明图式与儿童学习和认识成果的关系，皮亚杰还建构了同化和平衡两个概念。将生物学的同化这一概念应用于心理学中，意指人们把知觉到的新鲜刺激融于原有的图式中，从而达到对事物的理解，同化是个体认识成长的机制之一。平衡或平衡化是指通过多重的去平衡与再平衡，导致从一个接近平衡

① 　日内瓦学派（Geneva School），当代儿童心理学和发展心理学中的主要派别，又称皮亚杰学派，为瑞士心理学家 J. 皮亚杰所创立。其主要工作是通过对儿童科学概念以及心理运算起源的实验分析，探索智力形成和认知机制的发生发展规律。

　　　日内瓦学派的最初活动可追溯至皮亚杰 1921 年前后在巴黎比奈实验室工作期间所进行的关于儿童智力的研究。1950 年他发表了 3 卷集《发生认识论导论》，标志着发生认识论体系的建立。在皮亚杰任教于日内瓦大学卢梭学院（后改为教育学院）并相继就任该院实验心理研究室主任及院长期间，在日内瓦大学召集了一批志同道合者，如 B. 英海尔德、A. 斯策明斯卡、H. 辛克莱·德茨瓦尔特等人，形成了日内瓦学派的基本队伍。1955 年，皮亚杰又在日内瓦大学创立了发生认识论国际中心，邀集各国心理学家及其他有关学科的学者进行跨学科合作研究。至 1980 年，该中心已出版专题报告集 37 卷。

的状态向本质存在差异的新的平衡状态的递进发展。而自动调节是介于同化与顺应之间的第三者，对同化与顺应进行调整以达到两者的平衡。

皮亚杰认为一切知识，从功能机制上说，都是同化与顺应的统一；从结构机制上分析，则是主体认知结构的内化产生和外化应用的统一。而运算是组成认知结构的元素，各个运算（又译为运演或演算）联系在一起就组成了认知结构的整体。①

皮亚杰把儿童的认知发展分成以下四个阶段，分别是感知运算阶段、前运算阶段、具体运算阶段和形式运算阶段。

感知运算阶段（感觉—动作期，Sensorimotor Stage，0—2 岁）：这个阶段的儿童的主要认知结构是感知运动图式，儿童借助这种图式可以协调感知输入和动作反应，从而依靠动作去适应环境。通过这一阶段，儿童从一个仅仅具有反射行为的个体逐渐发展成为对其日常生活环境有初步了解的问题解决者。

前运算阶段（前运算思维期，Preoperational Stage，2—7 岁）：儿童将感知动作内化为表象，建立了符号功能，可凭借心理符号（主要是表象）进行思维，从而使思维有了质的飞跃。

具体运算阶段（具体运算思维期，Concrete Operations Stage，7—11 岁）：在本阶段内，儿童的认知结构由前运算阶段的表象图式演化为运算图式。具体运算思维的特点主要有守恒性、脱中心性和可逆性。皮亚杰认为，该时期的心理操作着眼于抽象概念，属于运算性（逻辑性）的，但思维活动需要具体内容的支持。

形式运算阶段（形式运算思维期，Formal Operational Stage，11 岁以后）：这个时期，儿童思维发展到抽象和逻辑推理水平，其思维形式可以摆脱思维内容。形式运算阶段的儿童能够摆脱现实的影响，关注假设的命题，可以对假言命题做出逻辑的和富有创造性的反应。同时儿童可以进行一般而简单的假设—演绎推理。

建构主义理论的代表人物除皮亚杰外，还有美国著名心理学家科恩伯格（O. Kernberg）、斯滕伯格（R. J. sternberg）、卡茨（D. Katz）和苏联著名心理学家维果斯基（Vogotsgy）。

在皮亚杰的"认知结构说"的基础上，科恩伯格（O. Kernberg）对认知结

---

① ［瑞士］皮亚杰. 生物学与认识 ［M］. 尚新建，杜丽燕，等译. 北京：生活·读书·新知三联书店，1989：7.

构的性质与发展条件等方面作了进一步的研究；斯滕伯格和卡茨强调个体的主动性在建构认知结构过程中的关键作用，并对认知过程中如何发挥个体的主动性作了认真的探索；维果斯基提出的"文化历史发展理论"，强调认知过程中学习者所处社会文化历史背景的作用，并提出了"最近发展区"的理论。维果斯基认为，个体的学习是在一定的历史、社会文化背景下进行的，社会可以为个体的学习发展起到重要的支持和促进作用。维果斯基区分了个体发展的两种水平：现实的发展水平和潜在的发展水平。现实的发展水平即个体独立活动所能达到的水平，而潜在的发展水平则是指个体在成人或比他成熟的个体的帮助下所能达到的活动水平，这两种水平之间的区域即"最近发展区"。在此基础上，以维果斯基为首的维列鲁学派还深入研究了"活动"和"社会交往"在人的高级心理机能发展中的重要作用。所有这些研究都使建构主义理论得到进一步的丰富和完善，为实际应用于教学过程创造了条件。建构主义者虽然认为世界是客观存在的，但是认为对于世界的理解和赋予意义是由每个人自己决定的。人们是以自己的经验为基础来建构或解释现实，由于个人的经验以及对经验的信念不同，因此对外部世界的理解也便迥异。他们更关注如何以原有的经验、心理结构和信念为基础来建构知识。

二、建构主义理论中的学习

建构主义理论的内容十分丰富，但其核心只用一句话就可以概括：以学生为中心，强调学生对知识的主动探索、主动发现和对所学知识意义的主动建构，而不是像传统教学那样，只是把知识从教师头脑中传送到学生的笔记本上。以学生为中心，强调的是"学"；以教师为中心，强调的是"教"。这正是两种教育思想、教学观念最根本的分歧点，由此而发展出两种对立的学习理论、教学理论和教学设计理论。由于建构主义所要求的学习环境得到了当代最新信息技术成果的强有力支持，这就使建构主义理论日益与广大教师的教学实践普遍结合起来，从而成为国内外学校深化教学改革的指导思想。

建构主义源自关于儿童认知发展的理论，由于个体的认知发展与学习过程密切相关，利用建构主义可以比较好地说明人类学习过程的认知规律，即能较好地说明学习如何发生、意义如何建构、概念如何形成，以及理想的学习环境应包含哪些因素，等等。总之，在建构主义思想指导下可以形成一套新的比较有效的认知学习理论，并在此基础上实现较理想的建构主义学习环境。

建构主义学习理论的基本内容可从学习的含义与学习的方法两个方面来

说明。

关于学习的含义，建构主义认为，知识不是通过教师传授而得到的，而是学习者在一定的情境即社会文化背景下，借助学习时获取知识的过程和其他人（包括教师和学习伙伴）的帮助，利用必要的学习资料，通过意义建构的方式而获得的。学习是在一定的情境即社会文化背景下，借助其他人的帮助即通过人际间的协作活动而实现的意义建构过程，因此建构主义学习理论认为"情境""协作""会话"和"意义建构"是学习环境中的四大要素或四大属性。学习环境中的情境必须有利于学生对所学内容的意义建构，这就对教学设计提出了新的要求，也就是说，在建构主义学习环境下，教学设计不仅要考虑教学目标，还要考虑有利于学生建构意义的情境的创设，并把情境创设看作是教学设计的最重要内容之一。协作发生在学习过程的始终。协作对学习资料的搜集与分析、假设的提出与验证、学习成果的评价直至意义的最终建构均有重要作用。会话是协作过程中不可缺少的环节。学习小组成员之间必须通过会话，商讨如何完成规定的学习任务；此外，协作学习过程也是会话过程，在此过程中，每个学习者的思维成果（智慧）为整个学习群体所共享，因此会话是达到意义建构的重要途径之一。意义建构是整个学习过程的最终目标，所要建构的意义是指事物的性质、规律以及事物之间的内在联系。在学习过程中，帮助学生建构意义就是要帮助学生对当前学习内容所反映的事物的性质、规律以及该事物与其他事物之间的内在联系达到较深刻的理解。这种理解在大脑中的长期存储形式就是前面提到的"图式"，也就是关于当前所学内容的认知结构。由以上所述的学习的含义可知，学习的质量是学习者建构意义能力的函数，而不是学习者重现教师思维过程能力的函数。换句话说，获得知识的多少取决于学习者根据自身经验去建构有关知识的意义的能力，而不取决于学习者记忆和背诵教师讲授内容的能力。

关于学习的方法，建构主义提倡在教师指导下、以学生为中心的学习，也就是说，既强调学生的认知主体作用，又不忽视教师的指导作用，教师是意义构建的帮助者、促进者，而不是知识的传授者与灌输者。学生是信息加工的主体，是意义的主动建构者，而不是外部刺激和知识的被动接受者。学生要成为意义的主动建构者，就要求学生在学习过程中从以下几个方面发挥主体作用：

（1）用探索法、发现法去建构知识的意义；

（2）在建构意义过程中，要求学生主动去搜集并分析有关的信息和资料，对所学的问题提出各种假设并努力加以验证；

（3）要把当前学习内容所反映的事物，尽量和自己已经知道的事物相联系，并对这种联系加以认真思考。"联系"与"思考"是意义建构的关键。如果能把联系与思考的过程与协作学习中的协商过程（交流、讨论的过程）结合起来，则学生建构意义的效率会更高，质量会更好。协商有"自我协商"与"相互协商"（也叫"内部协商"与"社会协商"）两种，自我协商是指自己和自己争辩什么是正确的；相互协商则指学习小组内部相互之间的讨论与辩论。

为了使意义建构更加有效，教师要在可能的条件下组织协作学习（开展讨论与交流），并对协作学习过程进行引导，使之朝着有利于意义建构的方向发展。引导的方法包括：提出适当的问题以引起学生的思考和讨论；在讨论中设法把问题一步步引向深入，以加深学生对所学内容的理解；要启发、诱导学生自己去发现规律、自己去纠正和补充错误或片面的认识。

与建构主义学习环境相适应的教学模式是，"以学生为中心，在整个教学过程中由教师起组织者、指导者、帮助者和促进者的作用，利用情境、协作、会话等环境要素，充分发挥学生的主动性、积极性和首创精神，最终达到使学生有效实现对当前所学知识的意义建构的目的。"在这种模式中，学生是知识意义的主动建构者；教师是教学过程的组织者、指导者，意义建构的帮助者、促进者；教材所提供的知识不再是教师传授的内容，而是学生主动建构意义的对象；媒体也不再是帮助教师传授知识的手段、方法，而是用来创设情境、进行协作学习和会话交流，即作为学生主动学习、协作式探索的认知工具。显然，在这种场合，教师、学生、教材和媒体四要素与传统教学相比，各自有完全不同的作用，彼此之间有完全不同的关系。但是这些作用与关系也是非常清楚、非常明确的，因而成为教学活动进程的另外一种稳定结构形式，即建构主义学习环境下的教学模式。

在建构主义教学模式下，已经开发出的、比较成熟的教学方法主要有以下几种：

（1）支架式教学（Scaffolding Instruction）

支架式教学被定义为"为学习者建构对知识的理解提供一种概念框架（conceptual frame work）。这种框架中的概念是为发展学习者对问题的进一步理解所需要的。为此，事先要把复杂的学习任务加以分解，以便于把学生的理解引向深入。"

支架原本指建筑行业中使用的脚手架，在这里用来形象地描述一种教学方式，即儿童被看作是一座建筑，儿童的"学"是在不断地、积极地建构自身的过程；而教师的"教"则是一个必要的脚手架，支持儿童不断建构自己，不断建构新的能力。支架式教学是以苏联著名心理学家维果斯基的"最近发展区"理论为依据的。维果斯基认为，在测定儿童智力发展时，应至少确定儿童的两种发展水平：一种是儿童现有的发展水平，一种是潜在的发展水平，这两种水平之间的区域称为"最近发展区"。教学应从儿童潜在的发展水平开始，不断创造新的"最近发展区"。支架教学中的"支架"要根据学生的"最近发展区"来建立，通过支架作用不断地将学生的智力从一个水平引导到另一个更高的水平。

（2）抛锚式教学（Anchored Instruction）

这种教学要求建立在有感染力的真实事件或真实问题基础上。确定这类真实事件或真实问题被形象地比喻为"抛锚"，因为一旦这类事件或问题被确定了，整个教学内容和教学进程也就被确定了（就像轮船被锚固定一样）。建构主义认为，学习者要想完成对所学知识的意义建构，即达到对该知识所反映事物的性质、规律以及该事物与其他事物之间联系的深刻理解，最好的办法是让学习者到现实世界的真实环境中去感受、去体验（通过获取直接经验来学习），而不是仅仅聆听别人（例如教师）关于这种经验的介绍和讲解。由于抛锚式教学要以真实事例或问题为基础（作为"锚"），所以有时也被称为"案例式教学"或"基于问题的教学"或"情景式教学"。

（3）随机进入教学（Random Access Instruction）

由于事物的复杂性和问题的多面性，要做到对事物内在性质和事物之间相互联系的全面了解和掌握，即真正达到对所学知识的全面而深刻的意义建构是很困难的。从不同的角度考虑，往往会得出不同的理解。为克服这方面的弊病，在教学中就要注意对同一教学内容，在不同的时间、不同的情境下，为不同的教学目的，用不同的方式加以呈现。换句话说，学习者可以随意通过不同途径、不同方式进入同样教学内容的学习，从而获得对同一事物或同一问题的多方面的认识与理解，这就是所谓"随机进入教学"。显然，学习者通过多次"进入"同一教学内容，将能达到对该知识内容比较全面而深入的掌握。这种多次进入，绝不是像传统教学中那样，只是为巩固一般的知识、技能而实施的简单重复。这里的每次进入都有不同的学习目的，都有不同的问题侧重点。因此多次进入的结果，绝不仅仅是对同一知识内容的简单重复和巩固，而是使学习者获得对事物全貌的理解与认识上的飞跃。

建构主义学习理论强调以学生为中心，认为学生是认知的主体，是知识意义的主动建构者；教师只对学生的意义建构起帮助和促进作用，并不要求教师直接向学生传授和灌输知识。在建构主义学习环境下，教师和学生的地位、作用与传统教学相比已发生很大的变化。近年来，教育技术领域的专家进行了大量的研究与探索，力图建立一套能与建构主义学习理论以及建构主义学习环境相适应的全新的教学设计理论与方法体系。尽管这种理论体系的建立是一项艰巨的任务，并非短期内能够完成，但其基本思想及主要原则已日渐明朗，并开始应用于指导基于多媒体和互联网（Internet）的建构主义学习环境的教学设计。

皮亚杰的认知活动中性质变化的构思，在1984年《大英百科全书》的评价中获得广泛的承认，新近许多跨文化研究对皮亚杰发现的普遍适用性提供了支持。随着时间的推移，皮亚杰发生认识论的有效性，也将受到进一步的研究与拓展，从而促进其深入发展。心理学家、吉林大学教授车文博认为，不仅应肯定皮亚杰的发生认识论是一种富有创新精神的心理学理论，而且也应充分评价发生认识论对哲学、科学和文化等众多领域的深刻影响。叶浩生教授也认为，皮亚杰创建其学说时，正值行为主义和精神分析理论支配心理学界，皮亚杰不为这两种主流倾向所影响，应用多门学科的知识，探索儿童认识能力的起源和变化，研究知识的心理起源以及认知结构的功能和特点，表现出极高的理论勇气和科学探索精神。他所创立的结构主义认知发生论，不仅贯通了认识论与心理学，甚至为人类认识——当然也包括高等动物的认识——找寻到了生理学乃至生物学的根源。皮亚杰及其认知发生论成果，促进了认知研究的兴起，为认知发展心理学的建立奠定了坚实的生物学基础。这一成果，理所当然地成为科学建构主义重要的理论来源。

三、建构主义与科学研究方法

如果说洛克的白板说①反映或部分反映了与皮亚杰相同的主题的话，那么，

---

① 白板说（theory of tabula rasa），白板的拉丁文是 tabula rasa，原指一种洁白无瑕的状态。在心理学中，白板说是指儿童心灵原始状态的学说。这一说法是约翰·洛克在研究认识的起源问题时提出来的。"白板"一词是拉丁文的意译，本意是未经用刀和笔刻写过的白蜡板，因为相传亚里士多德最早用蜡板做记事牌。后来，就用白板比喻尚未接受外界事物影响或刺激的心灵。洛克在批判莱布尼茨的天赋观念之后，对白板的思想加以发挥，论证了认识起源于经验的基本原则。他认为，最初的心灵像一块没有任何记号和任何观念的白板，一切观念和记号都来自后天的经验。一切知识导源于经验是洛克认识论的基本原则，也是他的认识论的基础和出发点。在他看来，天赋观念论者所说的那些天赋的原则和观念，实际上也都是从经验中得来的。洛克的这一学说坚持了经验主义的反映论。不过，由于他不懂得社会实践在认识中的作用，他的反映论仍是一种机械直观的反映论。

对科学家的科学研究活动和过程来说，白板说却明显站不住脚。然而，相对于建构主义的认识发生论和学习理论来说，白板说仍具有重要的认识论价值。皮亚杰在其建构主义理论中并未承认或声明自己是一位经验主义者，但就其理论全貌以及在教育过程中对学生中心地位的强调来说，他无疑是一位经验主义者。而且经验主义对人类认识发展的立场，也比较符合人类的成长和认识或者知识发展的日常经验。

毫无疑问，人的早年时期是未曾经受更多的外界刺激的，其大脑近乎一片空白，用白板说比喻人幼年的心灵和认知状态是适宜的。即使我们承认和部分承认亚里士多德关于"人是有理性的动物"这一结论，这种理性也不是如同莱布尼茨所谓的上帝植入人的大脑中的"智慧之光"，而是在后天与外界环境频繁的、持续不断的互动中逐渐成长起来的。哈耶克的经验理性（empirical rationality）和演进理性（evolutionary rationality）给人类理性的这种特征提供了较为充分的说明。① 作为理性重要基础和来源的知识的增长，也是随着学习经验和生活阅历的增加而逐渐深化和进步的。皮亚杰和他的建构主义同伴，绕过了对理性来源的诘难和决疑，直接探查儿童认识的发生和起源问题。他的认识发生论是经验主义的，是后致性的，但他的建构主义学习观却具有普遍的科学研究价值。如果把学习中的儿童，代换为探查和了解宇宙或世界奥秘的科学家，把儿童的学习活动代换为科学家的科学研究活动，他的建构主义学习理论及其教育学扩展，就可以直接转化为科学研究过程中的科学建构主义方法论。科学研究过程也是科学认识过程，尽管它是创造性、探索性的认识过程，而不是学习性的认识过程。皮亚杰的认识发生论，也可以转换为科学的认识发生论，其中所涉及的神经生理、心理机制和过程是科学心理学的问题，而认识方法和过程中的知识整理和运用问题，则是科学研究方法问题。

图式是皮亚杰发生论建构主义的核心概念，这一概念揭示了儿童认知的深层结构，图式的形成类似于人们初次接触事物或对象时留下的直观印象，并由此出发连带出对事物相关信息的联想和判断。人际交往中的首因效应（first cause effect）或初次印象（first impression）就是图式的表现，但首因效应并不可靠，真正的图式是在不断的刺激—反应之间的交互中建立的，其中包括皮亚杰所说的同化（assimilation）、调整（adjustment）、顺应（compliance）、平衡

---

① ［英］弗里德里希·A. 哈耶克. 自由秩序原理（上）［M］. 邓正来，译. 北京：生活·读书·新知三联书店，1997：69-71.

（balance）和再平衡（rebalance）过程。成形的图式类似于蛛网化认识中蛛网的网心（net core），人们认知的其他部分类似于蛛网结构中的其他部分，这些部分围绕着网心向四周延伸，而围绕着网心的每一个部分都由经线和纬线构成。纵向的经线和横向的纬线围绕着网心结成了整张蛛网。人类对每一种事物的认知其实都有一个关于这种事物的图式。这种形成认知的图式，如果表现在科学家较为成熟的认识中，就构成库恩范式理论中所谓的范式；如果作为认知心理学的东西，就是克雷奇的知觉定势①（perceptual set），在心理学中就是心理定势（psychological set），在认知心理学中就是认知定势（cognitive set）。说明图式或定势在儿童认知形成和科学家创新理念形成中的重要作用，但定势与科学研究中的理论假设一样，只是一种预判或猜测，假设或定势一旦错误，必然导致错误或变形的认知和科学研究的失败，定势和假设究竟正确与否，需要靠后续的认知活动和实证经验来验证。

白板假设对于儿童的认知肯定是正确的，但对具有一定知识、掌握了科学研究方法的科学家来说则肯定是错误的，尽管二者都属于经验主义。科学认知或科学研究与儿童学习过程有很大差别，其中最重要的差别在于儿童从零或无知开始，而科学家则以大量已有的科学知识为基础。这些知识既可以提供丰富的知识营养供科学家选用，也可以形成某些过时甚至明显缺乏解释力的认知定势，对科学研究工作造成干扰。库恩的常规科学就是这种以往具有很强解释力，但对新的现象和事实无能为力的知识基础，这里就存在着面对新问题和新现象，开辟新思路、创立和采用新方法、建构新理论的机会和条件。所谓科学创新，正是这样一个过程，其中尤其重要的是创立有关现象和问题的新概念，类似于建构主义建立新图式，并尝试着用这些概念及其扩展，解读和解释这些现象。右手螺旋线定律②（right hand grip rule）可以很好地解释电流方向与磁力线或磁极方向之间的关系，却无力解释光照放电现象，但光电效应可以很好地解释作为一种电磁波的光能与电能之间的转换。在社会学中，迪尔凯姆的集体意识说可以很好地解释社会的凝聚原因和有机社会与机械社会之间多方面的差异，却

---

①　［美］克雷奇，克拉奇菲尔德，利维森，等. 心理学纲要（下）［M］. 周先庚，林传鼎，张述祖，等译. 北京：文化教育出版社，1983：77-78.

②　右手螺旋线定律，也叫安培定律，是表示电流和电流激发磁场的磁感线方向间关系的定则。通电直导线中的安培定则（安培定律一）：用右手握住通电直导线，让大拇指指向电流的方向，那么四指指向就是磁感线的环绕方向；通电螺线管中的安培定则（安培定律二）：用右手握住通电螺线管，让四指指向电流的方向，那么大拇指所指的那一端是通电螺线管的 N 极。

无力说明人际互动中的符号互动和包括情感、礼物、商品在内的广泛的交换现象，而必须用由齐美尔形式互动论演化而来的符号互动论和社会交换论来解释和说明。

皮亚杰建构主义中的图式，实际是对为哲学、形而上学和科学所共同看重的理念或概念的有形化和具体化，但正如逻辑实证主义所批评的，形而上学对世界的把握往往以表示世界最高本质的最抽象概念为旨归，但最后却沦为如同中国道家对无形无相的"道"所纠结的那样，不得不用为逻辑学所排斥的类比、比喻的手法来定义和描述这些概念，从而陷于无意义解释。这正应了中国人对哲学家的认识：所谓哲学家（即形而上学家）就是这样一类人，世界上的事情人们原本还理解或懂得一些，但经由他们一说，却如坠五里云雾，更不知所以了。由于儿童缺乏概念理解力，他们脑海中对事物的认识难免处于形象化或形态化处理的阶段，对其双亲的称呼"爸爸、妈妈"，毫无疑问便是咿呀学语阶段最便于发出，也易于巩固下来的两个发音模式。由于分不清树的种类，有一种或一类树会在初春阶段展开类似于毛毛虫一样的花序，于是孩子们自然地将这种树自发地命名为"毛毛虫树"。从类似现象中，已经表现出 2~5 岁的孩子对世界的初步认识和反应能力。但在科学家脑海中，他的世界已经是被许多科学家加工整理过的，这些加工和整理的成果，便以知识的形态存在于他或他们的"知识库"中。对于已知事物和现象，他们便用这些知识来解释；未知事物或现象，则仍然尝试着用这些知识来解释，只有经过尝试无法较好地完成理解和解释的现象，才会作为科学研究所要解释和解决的问题，进入科学家的问题选择中。这实际就是科学发现和科研选题的过程。

知识的社会建构主义① （social constructivism）认为，包括科学在内的人类的知识是由社会而非个人建构出来的，如果这里的社会是指人类已经形成的知识——无论是个人知识，还是社会知识——和知识交流与传播中的社会互动，那么，社会建构主义是正确的，但毋庸置疑的是，科学研究和创新事业从来都

---

① 社会建构主义又译"社会建构论"，是 20 世纪 80 年代产生于西方心理学，特别是社会心理学中的一种理论取向。西方心理学中后现代主义取向的主要理论建构，其早期形态是产生于 20 世纪 20 年代的知识社会学。认为社会文化是知识生产的决定因素，其研究重点在于文化力量怎样建构知识和知识类型。知识社会学家 P. L. 伯杰和拉克曼1966 年出版的《实在的社会建构》在该理论形成过程中具有重要作用。美国社会心理学家格根 1985 年在《美国心理学家》上发表的《现代心理学中的社会建构论运动》一文，标志着该理论的正式形成。前述维果斯基建构主义的学习理论也被称为社会建构主义。

是由科学家个人或其科学小组完成的。而对科学研究事业做出最大贡献，以及用自己的名字作为相应理论和物理量标准单位的，都是倡导个人主义的西方社会，而在以集体主义文化或意识形态见长的东方社会尤其是中国，则严重缺乏在科学领域叫得响的贡献，尤其是理论贡献。这一现象，部分可以作为否定社会建构主义的证据，当然这里的知识主要是指科学知识。因此，传统的建构主义实际是指个人认知发展中的建构主义，把这种建构的主体力量转化到社会这一面，自然形成了社会建构主义。在知识社会学中，社会建构主义是合理有效的，但对科学发现、发展和科学研究来说，恰当的建构主义则是传统建构主义，也就是个人建构主义（personal constructivism），而非社会建构主义。

除核心概念图式外，建构主义所建构的另外几个概念，如同化、平衡、调整、顺应在科学研究中也有明显的表现。在这里，就像同化意指人们把知觉到的新鲜刺激融于原有的图式中，从而达到对事物的理解一样，科学家也试图把知觉到的新鲜刺激融于原有的图式或概念框架中，但如果发现原有的图式或概念框架无法充分解释这些新鲜刺激，在其敏感的认知和心理中，便形成了新的不平衡或者产生了认知或知觉失衡。于是，科学家便要谋求建立新的图式或核心概念，以解读和解释这些刺激或现象，从而消除原有的不平衡，或者建立新的认知平衡。这一过程，实际就是科学研究或理论创新过程，这一过程中的关键环节，则是建构、创立新图式或新概念。这又回到了前述库恩所谓的科学的范式理论或思想，即，一个认知图式即意味着一个较有个性的研究范式。如著者对 21 世纪前十年中国社会频发的工程和食品安全事故所作的粗放社会（extensive society）和精细社会（meticulous society）的建构，以及对频发的灭门案所作的民间私怨（folk private resentment）和作为其学科扩展的社会病理学建构一样。① 这也照应了马克斯·舍勒在其知识社会学研究中结合现象学所提出的，知识乃源于主体的求知欲与现象世界的抵制之间的矛盾与冲突，以及对这些冲突缓解或消除的需要。

需要注意的是，人类知识或认知发展中的失衡或不平衡，正是科学发现所造成的，同样也是科学发展和知识增长的契机，而谋求新的平衡的过程，则是科学研究的过程。通过建立新图式、新概念以谋求消除不平衡或实现新的平衡的

---

① 司汉武. 知识、技术与精细社会［M］. 北京：中国社会科学出版社，2014：221-224；赵青，司汉武. 社会退行现象的病理学分析［J］. 长春理工大学学报（社会科学版），2014（5）：59-61.

过程，则是科学研究所要达成的基本目标。在此过程中，会用到诸多已被前人通过他们的科学研究经验证明行之有效的方法，无论是经验方法还是逻辑演绎方法，抑或是经验加逻辑演绎的方法，以及参与式观察法和受控实验方法……如果已有的被前人证明行之有效的方法，不能充分解释和解决问题，则需要找寻新途径、建立新方法，如在系统性事物研究中不可避免要用到的功能分析法和结构—功能分析法，但这一方法却不如传统自然科学单因受控实验那样简单和易于操作。

　　调整和顺应表现在科学家的科学研究活动中，就是对自己建构的图式或解释框架在对照解释刺激或现象时所作的尝试、反馈和再尝试、再反馈，直到主观建构从理论上可以较为恰当地解释所要解释的现象和问题。尽管这里的建构仅仅是主观的尝试性解释，但不能因其主观性就把它斥之为唯心主义。主观唯心主义正是科学建构主义的特征，离开了这一点，科学就成为行为主义所强调的简单的刺激反应。行为主义对人类探索性行为，结合动物行为研究还提出了两个具有重要的科学研究启示意义的条件作用，那就是经典性条件作用（classical conditioning）和操作性条件作用（operational conditioning），尤其是操作性条件作用，不仅具有科学研究的意义，更重要的是它具有技术发明和创新的意义，而人类即使是最基本的解决日常生活中问题的方法的探索和获得，都是操作性条件作用的范例。科学研究过程之区别于技术发明者，不过是前者主要是理论建构和发明过程，而后者则主要是方法和技巧的探索和总结过程。科学实验或实证检验与实际生活中的成功与否，则构成对理论和方法的共同或者相似的验证。

　　人类学家和现象学社会学家都充分确认人类是生活中的实用主义者，科学家的科学研究事业不过是这一实用主义生活历程较为专业的表现，其中对于方法的选择和使用，完全以效用主义或效果优先原则为考量。如果没有现成的工具和方法可以选用，那么我们自创工具和方法；没有现成理论可以选择，那么我们自创理论，用于较为合理的解释和解读。由于已有的科学或科学理论在所有关于现象的解释框架中，提供了最为合理、可行的解释，于是人们逐渐用科学性（scientity）取代了生活中所要求的合理性（rationality），尤其是社会合理性要求。① 如果说这种取代在自然科学领域没有问题或风险的话，那么，在社会科学领域用科学性取代合理性，尤其是社会的合理性，则会造成包括道德和

---

① 司汉武. 社会科学的标准：科学性与合理性［J］. 延安大学学报（社会科学版），2003（1）：14-18.

社会理想主义、经济和社会计划，以及乌托邦在内的诸多"致命的自负"，甚至演化出社会科学领域中"科学的反革命"，这种后果恰恰是哈耶克用其两部著作振聋发聩的书名所标识的状态。

建构主义所强调的建构是儿童学习或认识发生时的认知建构，科学建构主义则强调科学研究中形成猜测和理论假设时的理论建构。在这一建构过程中，存在着从建构概念到逻辑运演并推演出结论，或者从结论出发，经过逆推理或逆运演到猜想中的根源或原因的过程。在这个过程中，同时还存在着对该建构立足于简单经验的初步检验。因此，每一次科学研究过程中的假设与检验，并不是泾渭分明的两个过程或阶段，而是同一过程两个相互关联的侧面，一个明显不合理的假设或概念建构，并不会等到实证检验完成后才被推翻，而是在建构检验的初步过程中，就会被否决和抛弃。真正进入实验或实证检验过程的理论假设，往往具有强烈的似真性（plausibility）①。基于对心理和情感沟通在人的归属感和社会存在感中重要性的认识和把握，把造成恶性灭门案的心理根源归结于民间私怨（folk private resentment）的过分淤积和发展，应该是合理的。这样从社会怨恨高度考察社会冲突，显然是冲突社会学和社会病理学一个很有前景的角度。从利益或经济人假设出发，借由市场交换关系考察经济问题，具有明显的似真性和合理性，但从道德或道德人假设出发，试图用计划手段推动经济发展则不过是一种善良愿望。平均主义和福利主义分配制度和政策之所以是经济发展的大敌，原因在于消灭了利益或财富这一推动经济人（无论是劳动者抑或是投资者）行动的动力，只能通过经济人的理性选择造成严重的经济短缺，无论这一进程多么迅速，或多么缓慢。

在科学的理论建构过程中，如果说概念建构是基础，那么，利用已有的逻辑工具使概念之间或表达概念的命题之间建立紧密的甚至是严密的逻辑关系，则是理论建构必不可少的环节。其中概念的划分相关于由概念所表达的对象和现象的分类，而每一个概念实质上表达着一个单称甚至全称的直言命题判断，而判断之间的逻辑关系则是形式不同的直言三段论推理，如果其中包含着模态的必然性或可能性，则构成模态三段论推理。这样，直言推理遵循直言逻辑规则，模态三段论除遵循直言规则外，还要遵循模态三段论的规则。以著者已经

---

①　似真性概念是卡尔·波普尔创立的用于描述科学假设可靠性的概念，由于处于假设阶段，只具有貌似真确的特征，并不能直接用真假判断来说明，只能用看上去可靠的概念也就是似真性来表达。参见［英］卡尔·波普尔. 猜想与反驳——科学知识的增长［M］. 傅季重，纪树立，等译. 上海：上海译文出版社，1986：313-314.

完成的制度理性研究为例，这里的概念建构就是制度理性，它所涉及的则是广泛的个人理性和社会理性、私人理性与公共理性，而制度作为工具在人与社会、个人与集体、公民与国家、私人领域与公共领域之间的中介作用是清楚的，那么，把人的能力和社会理想中的理性与非理性加诸制度与这多重关系中，自然而然可以获得制度理性和制度非理性。这样，考察制度理性和制度非理性对人，并经由人对经济乃至社会的影响，就构成包括制度的经济分析①——也就是制度经济学——在内的制度社会学的理论建构②。古今中外、古往今来的制度和政策选择所造成的经济和社会后果，就可以归结为所选择的制度究竟是否理性和合理的问题了，制度社会学的研究主题也就十分明确了。

需要注意的是，概念建构在所有科学发现和新学科、新理论建构中的任务是清楚明确的，但概念及概念体系的逻辑建构，在科学研究中的功能却往往是隐含着的，也就是说，学者或科学家并不会明确指出自己的逻辑建构尤其是逻辑推理过程，而是把这一过程落实在概念间物理、生理、心理乃至社会意义和功能的过渡中。对于经受过较为系统的逻辑学或哲学训练的科学家，这一过程是隐含的，却也是自觉甚至自发的，但对不曾受过逻辑学和哲学训练，又没有充分学习逻辑学的人来说，这种联系则很可能是直观的，甚至是明显违反逻辑的，他们有可能在简单而独特的经验之间找寻关系，并省略逻辑中介从简单的经验前提尤其是单称前提直接过渡到全称结论，从而犯简单经验主义的错误；也或者从可能命题出发，不经由逻辑介词中介，直接过渡到必然且全称的逻辑结论，并倡言以此指导人类社会实践，最终却极有可能造成人道主义灾难。

四、建构主义对科学研究的启示

建构主义对于学习活动和过程的研究，对科学家的科学建构或理论建构过程也有重要的启示或启迪意义。如果说图式是核心，调整、顺应和平衡构成了它的理论框架，那么，建构主义的学习过程及其模式的建构，则可以对应到科学家的科学研究过程。这里结合其支架教学法、抛锚法和随意进入教学法，考察这三种方法对科学研究过程和方法的启示。

---

① ［美］凡勃仑. 有闲阶级论［M］. 蔡受百，译. 北京：商务印书馆，1964：22-28；［美］康芒斯. 制度社会学［M］. 于树生，译. 北京：商务印书馆，1997：81-82；［美］道格拉斯·C. 诺斯. 经济史上的结构与变革［M］. 厉以平，译. 北京：商务印书馆，1992：60-64.

② 司汉武. 制度理性与社会秩序［M］. 北京：知识产权出版社，2011：249-275.

以学生为中心，启发、引导学生对学习内容进行意义建构，构成建构主义教育思想的核心，其中教师主要发挥对学生意义建构的帮助和促进作用，并不要求教师直接向学生传授和灌输知识。这一点作为教学方法，在支架教学法中表现得尤其明显。

所谓支架，取之于建筑学上的脚手架，建筑师或施工人员需要借助该脚手架才能将砖块、混凝土以及其他建筑材料砌置、安装到建筑设计方案或图纸所规定的位置，并使之成为整个建筑的一部分，从而发挥各自的作用和职能。这正照应了老子关于有无关系的一段著名表述——

> 三十辐共一毂，当其无，有车之用；埏埴以为器，当其无，有器之用；凿户牖以为室，当其无，有室之用。故有之以为利，无之以为用。（《道德经·十一章》）

以建筑支架作比喻考察学习过程，就是要让学生充分而且主动地利用前人和教师搭建的知识支架，建构自己的知识屋宇，而不是如传统教学尤其是小学及幼儿园阶段的教学一般，由教师手把手地教授学生如何具体地完成工程建设施工或搭积木每一个环节的具体劳动。尤其重要的是，学生的知识是随着年龄和生活阅历的增加而逐步增长的，这里的脚手架除了教师搭建以外，还有由学生自主搭建和教师引导学生搭建的部分。因此，相对于学习者和研究者而言，脚手架主要用来比喻人类尤其是以往科学家搭建起来的所有知识大厦及其中的知识资源。

对于科学研究而言，科学家或科学研究人员并不是如同在未经雕刻的白板上涂鸦般从事科学研究工作，科学家的脚手架包含着本学科和相近学科，甚至包括一切学科中前人所构建的知识体系及其中的知识，基本包括各学科及其部门的基础理论和研究方法。"层峦叠嶂"刻画的是群山的堆积和交错，"鳞次栉比"刻画的是城市社会的高楼林立，而刻画人类已有知识的状态则是用"包罗万象"和"琳琅满目"。这样由前人建构的知识状态或知识形态，给了科学家十分丰富，但也许并不是那么稳固可靠的知识资源，由科学家自己搭建他们所需要的脚手架，以构筑自己的理论大厦。

对于成长中的科学家或科学研究人员来说，前人建构的知识支架往往会成为他们在研究中直接拿来使用的理论工具，但其中的综合利用和取舍往往会成为关键问题。正如著者的忘年交曾经表达的，一流学者在直观中发现和捕捉问题，二流学者从书本上或前人的成果中发现和捕捉问题，三流学者则主要从事抄书的工作。成长中的学者很难直接成为一流学者，他们往往从书本上或前人的成果中发现问题，从而也只能套用前人的理论来解释问题。这种研究实际构成或许是不同领域、不同对象的重复性研究，或者称之为应用型研究。

建构主义教学法中的抛锚式教学，直接对应在科学研究活动和过程中，那就是问题中心主义（problem centralism）的科学研究理念和方法。与之相关的建构主义理论的核心概念是由该问题引起的认知失衡乃至心理失衡。为了恢复认知平衡，需要对该问题提供一个既符合科学原理又令人信服的解释。相对于学习，那就是带着问题去学习，相对于研究，则是围绕着问题展开研究。而科学研究的过程，便是利用已有的知识资源，采用相应的研究方法，立足于建构出有坚实的实验或实证证据，又符合逻辑的理论体系或解释框架，从而实现认知和心理的再平衡，缓解自己因问题引发的焦虑和紧张。从这个意义上说，科学家是那种对现象和问题充满好奇心和不懈探索精神，并醉心于寻找并建构理论体系和解释框架的人。其中好奇心和探索精神表现了为马斯洛所重视并重点倡导的科学家自我实现的需要和人生价值，也表现了科学家身上难能可贵的自由精神（free spirit）。

随机进入教学作为建构主义教学方法的又一种建构，体现了相对于教学任务和目标的教学切入的多角度。以问题为中心表现出教学和科学研究的主要任务和目标，那就是解释和解决问题，剩下的问题都只具有工具和方法的价值。在科学研究过程中，究竟从概念入手采用唯名论的手段分析和解决问题，抑或从经验事实和证据出发，采用唯实论的方法解决问题，则不具有决定意义，虽然作为工具的手段与方法本身是决定性的。随机进入教学的教学方法主张，高度契合于美国社会学家杰弗里·亚历山大关于科学思想连续统（continuum）的方法论主张和理念①。亚历山大认为，"科学可以被看作这样一种学术过程，它产生于两种不同的环境脉络之中：一个是经验观察到的世界，另一个是非经验的形而上学世界。"在这两端之间，还存在着从概念到理论假设等的诸多领域和切入点，都可以进入科学的圣殿。随即进入教学就如同科学家从不同角度或切入点切入科学研究过程一样，这里关于"解释与建构"的科学设想源自对社会学理论建构特征的发现，把这一发现往前追溯，可以找寻到自然科学尤其是物

---

① ALEXANDER J C. *Theoretical Logic in Sociology* [M]. Vol. I. Berkeley：New York：University of California Press，1982：2.

理学中诸多物理量单位的来源，如安培作为电流单位、欧姆作为电阻单位、牛顿作为力的单位、焦耳作为功的单位、库伦作为电荷单位、瓦特作为功率单位、马赫作为人造飞行器的速度单位①，以及阿伏伽德罗常数（Avogadro's constant）②、普朗克常数（Planck constant）③ ……所有这些单位或常数及其名称的来源都表现了科学理论和科学单位的建构特征。

　　如同现象世界没有时间只有过程一样，不仅表述和解释现象世界的理论是建构的，表示或表达理论并被康德称之为人的先天综合统觉（Innate Synthetic Perception）的时间和空间也是人为地建构起来的。数学或数理科学因其高度的严密性和抽象形式主义，而使自己在科学体系中处于不为常人所理解的尴尬状态。说数理科学是自然科学，但它并不研究任何自然现象，只是考察自然界并不存在的数、代数、函数等数量甚至数理关系，为了演算的需要还虚构出了负

---

①　马赫是表示速度的量词或单位。马赫数即一倍音速（声波可以在固体、液体或是气体介质中传播，介质密度越大，则音速越快，所以马赫的大小并不是固定的）：马赫数小于1者为亚音速，马赫数大于5左右为超高音速。马赫数是飞行的速度和当时音速之比值，大于1表示比音速快，同理，小于1是比音速慢。马赫数的命名是为了纪念奥地利哲学家和物理学家恩斯特·马赫（Ernst Mach，1838—1916）。

　　马赫一般用于飞机、火箭等航空航天飞行器飞行速度的计量，由于声音在空气中的传播速度随着不同的条件而不同，因此马赫也只是一个相对的单位，每"一马赫"的具体速度并不固定。在低温下声音的传播速度低些，一马赫对应的具体速度也就低一些。因此相对来说，在高空比在低空更容易达到较高的马赫数（摄氏零度之海平面音速约为1193 km/hr；一万米高空的音速约为1062 km/hr）。

②　阿伏伽德罗常量（Avogadro's constant，符号：NA）是物理学和化学中的一个重要常量。它的数值为：一般计算时取6.02×10^23或6.022×10^23。它的正式定义是0.012千克碳12中包含的碳12的原子的数量。历史上，将碳12选为参考物质是因为它的原子量可以测量得相当精确。阿伏伽德罗常量因意大利化学家阿伏伽德罗（Amedeo Avogadro，1776—1856）而得名。现在此常量与物质的量紧密相关，摩尔作为物质的量的国际单位制基本单位，被定义为所含的基本单元数为阿伏伽德罗常量（NA）。其中基本单元可以是任何一种物质（如分子、原子或离子）。公式为n＝N/NA。

③　普朗克常数（Planck constant，记为h）是一个物理常数，用以描述量子的大小。普朗克常数的值约为：h＝6.6260693（11）×10^（-34）J·s［其中J为能量单位焦耳，若以电子伏特（eV）·秒（s）为能量单位，则为h＝4.13566743（35）×10^（-15）eV·s］。普朗克常数因被德国物理学家马克斯·普朗克（Max Planck，1858—1947）发现而得名，该常数在量子力学中占有重要地位。马克斯·普朗克在1900年研究物体热辐射的规律时发现，只有假定电磁波的发射和吸收不是连续的，而是一份一份地进行的，计算的结果才能和试验结果相符。这样的一份能量叫作能量子，每一份能量子等于hv，v为辐射电磁波的频率，h为一常量，叫作普朗克常数。在不确定性原理中，普朗克常数具有重要地位，粒子位置的不确定性×粒子速度的不确定性×粒子质量≥普朗克常数。

数、虚数、质数、素数等人们很难理解和使用的数，而这些数无论在自然世界抑或是社会世界均是不存在的。这些东西及其所在的学科纯粹是人为地建构起来的，却是一切科学尤其是自然科学的最重要的工具和基础。把数理科学连同逻辑学从自然科学中分离出来，归于自己所属的特殊类也就是思维科学，也许是妥当的。

如果说自然科学中，时间和空间纯粹是为了演算的需要建构和设立的，那么在社会生活中，为了使人及其共同体的社会行动协调一致和有秩序，不同的民族按照不同的参照体系，创立了各自的纪元和计时系统。从日夜交替构造出一天或一昼夜，从一个月亮的盈亏周期构造出一月，一个季节周期构造出一年，以及中国传统一天之内的 12 个时辰，对应于西方构造出来的 24 个小时，至于生活在极地地区的人们建构了怎样的时间犹未可知……今天看来，这些高度同构或对应于天体相对运动造成的自然变化的时间，似乎是客观存在的，其实却是人们在长期的社会互动历史中逐步建构并演化出来的。古代中国的朝代开元纪元法、西方的基督教纪元法都是人们记载历史的时间工具。如今所谓的公元纪元法不过是世界范围内采行民族最多的基督教纪元法。科学技术进步造成的计时工具的改进，使人们能够更为精确地计算事物运动变化的过程，但时间这种东西则是人们社会地建构起来的。

皮亚杰及其同道的认识发生论和建构主义学习理论，对教育和教学过程和方法的启示，已经得到了教育界和教育学界的充分挖掘，但建构主义所表达的人类知识尤其是科学理论形成中的建构特征，尚未得到科学方法论研究家的重视。把认识发生论和认知建构主义移植到科学研究方法领域，自然也可以演绎和演化出科学发生论和科学建构主义思想方法。作为科学方法论的一种主张和理论流派，科学建构主义立足于阐明科学理论的建构特征，阐明科学家在科学研究过程中的主体性和主观建构职能。这样科学建构主义既可以为科学家的科学研究工作，也可以为后起的青年科学家的健康成长发挥科学方法论的指导。

第六章

科学的动力和科学家的动机

人不可能脱离功利而生活，但在单纯为功利而生活的人的心里，不可能有科学问题的驻足。在马斯洛所谓低层次需要水平上，人们除了主要为简单的生存或功利而努力外无暇他顾，即使他们有日常知识，也不可能对世界作专门探索，从而不可能在包括科学在内的专门知识领域有必要建树。这就比较好地解释了在广大发展中国家和民族，很少有专门的科学知识的原因，虽然也只是部分原因，却也是最重要的原因。

然而培根却也坚持认为，科学是为功利或事功服务的，甚至学界尤其是文化界也把科学归于工具理性主义一边。说明科学虽不直接相关于功利，却是最终相关于功利的一种知识类型。这里可以用著者早年建构的间接知识（indirect knowledge）这一概念来表达科学的这种知识论特征，以区别于日常生活中人们所看重，并对日常生活有用的直接知识（direct knowledge）①。知识源于生活这一判断是正确的，但这种知识是指包括技术在内的直接知识，而被我们界定为间接知识的科学，却不是从生活中直接获得的。科学家的生活除了与大众相同的日常生活以外，还有更重要的生活领域，那便是他的职业生活也就是科学研究事业。这里拟对科学家科学发现和科学研究的心理过程作一番探查。

一、求知的需要与解释的需要

社会学家倾向于从人类共同体或社会总体意义上探查人类行为和活动的本质，而心理学尤其是个体心理学多注重从人类个体意义上考察某种或某类行为的心理本质。在社会学意义上，科学往往被看成是一种制度化的人类行为，这

---

① 司汉武. 间接知识及其对人类文明的影响 [J]. 自然辩证法研究，2011（9）：104-109.

种行为旨在解决人或人类所面临的来自自然和社会生活中的困惑、困难和问题。默顿把科学导向某种崇高的全人类事业，并归纳总结出了科学的精神气质。这一工作实际构成了他科学社会学的主要内容，其余的实证研究都在为这一主题服务①。在心理学界，马斯洛的动机理论应该是关于科学和科学家事业最切近的理论成果，其中处于最高层次的自我实现的需要，较为集中地表现出科学事业和科学研究工作在人的需要层次中的位置。

当把人的生活看成是谋求满足某种需要的活动时，我们实现了对包括求知和解释自然和社会现象在内的学习和科学研究工作的生活化的理解，而且与心理学家对人的生活的个体化理解相一致。叔本华在其生存空虚说中凝练出了相对于人简单谋生的基本生活来说的三种有意义的人生，这三种人生分别是宗教的人生、艺术的人生和科学的人生。其中宗教的人生主要指向对人的灵魂和精神皈依的关怀，从而具有至高的终极关怀的意义；艺术的人生旨在满足人们对于美的追求，而具有体现"美是自由的象征"的创造性意义；科学的人生则是通过探查、解释隐藏在自然和社会现象背后的奥秘和规律，并借由技术进步和社会制度改革和完善最终造福人类，从而具有鲜明的创造性的人生。纵观这三种人生，其中有一个共同的特点，就是通过造福社会和人类实现与满足自己的最高层次的需要，也就是自我实现的需要。在马斯洛的体系中，自我实现的需要除表现在科学家身上，还广泛地表现在伟大政治家、思想家和艺术家等对人类做出杰出贡献的其他著名人物身上。② 为了使人们更好地理解马斯洛的动机理论，我们宁可将他的自我实现者扩展到任何对社会发展和人类进步事业做出重要贡献尤其是开创性贡献的人，这样，所有杰出人才都可以归结为自我实现者，其中包括技术发明家、企业家、金融家以及社会活动家等，而科学家在这些人中无疑占有十分重要的地位。

在《科学心理学》中，马斯洛尽管没有就科学家及其科学研究过程中的心理机制提供较为系统的解释和说明，但在动机理论研究中，他在其需要层次假说基础上，区别低级需要和高级需要，对包括求知和解释需要在内的科学家的动机特征提供了较为系统和全面的讨论。认为高级需要——

是一种在种系上或进化上发展较迟的产物，也是较迟的个体发育的产物；

---

① ［美］R. K. 默顿. 科学社会学（上）［M］. 鲁旭东，林聚任，译. 北京：商务印书馆，2003：361-376.

② ［美］马斯洛. 动机与人格［M］. 许金声，等译. 北京：华夏出版社，1987：179.

越是高级的需要，对于维持纯粹的生存也就越不迫切，其满足也就越能更长久地推迟，并且这种需要也就越容易永远消失；生活在高级需要水平上，意味着更大的生物效能，更长的寿命，更少的疾病，更好的睡眠和胃口等；高级需要的满足能引起更合意的主观效果，即更深刻的幸福感、宁静感，以及内心生活的丰富感；追求和满足高级需要代表了一种普遍的健康趋势，一种脱离心理病态的趋势；……高级需要的满足和实现需要更好的外部条件；需要的层次越高，爱的趋同范围就越广，即受爱的趋同作用影响的人数就越多，爱的趋同的平均程度也就越高；高级需要的追求和满足具有有益于公众和社会的效果；高级需要的满足比低级需要的满足更接近于自我实现；高级需要的追求和满足导致更伟大、更坚强，以及更真实的个性……①

道德中心主义文化和意识形态，倾向于把科学家的工作拔高到全人类事业的无私奉献的高度予以宣扬，其实就科学家自身及其科学研究的心理过程而言，他们所做的工作如同其他工作一样，也无非是为了满足他们的某种需要。所不同的是这种需要的层次和类型有别，也就是说，他们是为了满足自己的好奇心和求知的需要，以就自己所关心的问题向公众和社会提供一种自认为更加合理的解释。马斯洛所谓更大的生物效能，是就人这样一种生命其作用与功能而言的。在较低层次的需要上，人的行为与活动基本是自利或自我保存的，而在包括求知和解释需要在内的高级需要层次上，尽管谋求的依然是需要的自我满足，但这种满足须以向社会提供科学解释和理论服务为前提，或者同时具有满足他人和社会对科学知识需求的效果。在这里，在低层次需要上本来分离的动机和外在社会效果，在科学家或自我实现者的行为与活动中达成了统一和结合。

马斯洛自我实现的需要有时也被翻译成成就的需要，说明自我实现者的行动模式不在于基本生存，而是经由自己的努力，创造出只有自己才能创造出的业绩，以证明自己的价值。在这里，科学明显与社会功利画上了等号，而真正的科学，或真正的科学家所从事的事情不过是探索世界的奥秘，或者揭示或解释自己所发现或捕捉到的现象和问题。人们对科学和科学家的功利主义理解乃是一种效用主义的理解，而科学的真实动机则是马斯洛所重视的似本能的一种需要，其中包含着被称为科学家的那些人或那部分人的人格和心理特征。关于这一点，马斯洛认为，自我实现者具有这样一些人格特质：

①　［美］马斯洛. 动机与人格［M］. 许金声，等译. 北京：华夏出版社，1987：114–116.

对现实更有效的洞察力和更加适意的关系；对自我、他人和自然的接受；自发性、坦率和自然的生活态度；以问题为中心，而非以自我为中心；超然独立的个性，离群独处的需要；自主性、文化和环境的独立性，坚定的意志和积极的行动；审美意识的时时常新；神秘的生活体验也就是高峰体验，海洋般的感情；强烈的人类和社会关怀；人际关系简单而纯粹；民主的性格结构；区分目的和手段，以及善恶分明；富于哲理和善意的幽默感；独创性和高度的创造力；对文化和社会适应的抵抗。①

马斯洛对包括科学家在内的自我实现者人格特质的凝练和总结，难免有理想主义成分，但在大部分科学家身上，的确普遍存在着这些倾向。之所以如此，是由科学这种旨在探索世界未知领域的职业和社会分工所决定的。以问题为中心，而非以自我为中心是由科学的问题中心主义造就的，他们所要寻求的是解决问题的办法，而不是强调捍卫自己的意见和立场，但是一旦探明问题的答案，科学家往往会固执己见，而不是轻易放弃自己的立场。超然独立的个性、离群独处的需要则是由科学研究工作所需要的拒绝干扰的环境所决定的，一个经常混迹于社交场合的人，断难在科学领域有所建树。而自发性、坦率和自然的态度，则来源于科学家对问题求真务实、坦率交流和对世俗生活无能为力态度的自然养成，久而久之便形成了一种自然的生活态度和习惯。

二、个人动机与社会动机

需要说明的是，科学家也是人，他们必须而且必然生活在世俗世界中，由于科学需要专注，他们往往在日常生活中表现出某种程度的笨拙、无知甚至低能。在人际交往中，科学家也往往会表现出对日常生活话语和大众喜爱的娱乐活动的厌倦和排斥，甚至表现出某种类似的心理疾病状态，其实不过是他们与大众关注问题与兴奋点的不同。而生活和社会能力相对低下这一点，恰恰表明社会需要为科学家的工作创造良好的，至少是能够满足其基本生活需要的条件，因为高级需要的满足需要更好的外部条件，尤其是社会条件。这也可以部分解释经济水平比较低的发展中国家，缘何很少形成具有人类和世界影响力的科学家和科学成果。

超然独立的个性反映出自我实现者对现实、对问题独到的洞察力，以及不

----

① ［美］马斯洛. 动机与人格［M］. 许金声，等译. 北京：华夏出版社，1987：179-204.

屈从、不附和世俗和大众意见的倾向，这种倾向也明显表现在科学家的个性中。发现问题需要独到的眼光，求解问题需要独立思考，一个缺乏独立主见，易于屈从权威或大众流俗的人，基本不会成为一个合格的科学研究人员，也很难成长为科学家。而成为科学家的标志性成就，就是发现了新问题，提出了新方案，创立了新理论乃至新学科的人。所以，不是自我实现者都是科学家，但所有科学家基本都是自我实现者。

人类早期的科学成果往往是由科学家个人独立创建并完成的，其中表现出个体心理学所揭示的个人高层次的需要，和为了满足这种需要而付出的不懈的个人努力。工业革命以来，随着科学越来越多地被利用参与技术发明和创新，科学作为一种社会事业而受到全社会，尤其是朝廷、政府和企业界的重视。尽管官僚和企业家并不知道具体的科学问题及其求解的路径，但科学经由技术进步可以提高生产效率，进而获得市场竞争中的优势地位，于是朝廷、政府和企业家纷纷投资设立基金支持科学研究事业，并以制度的形式对科学家的科学研究活动进行规范并提供激励，就成为西方发达国家率先采取的制度和政策选择。这样，科学逐渐由自我实现者个人的事业转变为社会的事业、国家的事业。科学家也逐渐变成了受雇于设立基金的其他社会主体，但拥有自主的问题和项目选择权的职业化的科学研究的劳动者。

需要注意的是，主要分布在大学、科研院所和大企业的科学家，还部分兼顾了教学、项目管理和技术研发的职业和职能，他们的工作已经成为与其他工作没有两样的一种社会分工，但他们工作中存在的远远高于其他职业的自主性、创造性和复杂性，却是其他任何工作所不能比拟的。科学家及其科学研究工作对于知识和保存知识的图书资料、实验设施等条件，甚至整个学术交流平台的依赖，也是其他工作和职业类型所不能比拟的。在那些体制、制度相对健全的国家和社会，科学家相对于其他社会职业者较高甚至很高的地位和社会声望、优厚的工资收入和福利待遇，往往会成为偏爱平均主义的人们诟病的目标和证据，但对科学家群体相比于其他社会群体的劳动差别的忽视，却严重地表现出这些人群及其所属社会阶层对于科学和知识重要性和社会职能的无知。

就功能来说，科学是高尚和单纯的事业，其直接动因是科学家的好奇心和求知欲，但科学经由技术所扮演的工具角色，往往不能为科学家所左右，甚至必要时还要深深地参与其中。原子物理学（Atomic Physics）和核物理学（Nuclear Physics）纯粹是科学家为了探明微观世界的物质构成和结构而建立起来的知识领域，但当这些知识可以用于技术研发甚至军事技术研发，并且十分紧迫和必要时，科学家为了某个国家甚至人类和平的需要，也要把自己的科学事业融进国家、民族乃至人类的需要中去，第二次世界大战后期奥本海默①和他所领导的曼哈顿计划（Manhattan Project）② 即是典型一例。

罗伯特·K. 默顿用"狂喜综合征"引证并描绘了德国杰出的天文学家、物理学家、数学家开普勒（Johannes Kepler，1571—1630）发现行星运动第三定律时的狂喜心情——

一旦我发现天体轨道距离的数值与五个（正则）立体相关，我在 22 年以前预见的东西，我在看到托勒密的和谐论以前很久就确信不疑的东西，我以这部书的名义向我的朋友保证我在 16 年以前就命名的东西，我作为目标孜孜以求的东西（我为此与第谷·布拉赫合作，定居布拉格，并且为此花费了大半生用于天文学计算），终于被我揭示出来了，而且结果的准确性超过了我最高的期望。这并非是我在看到第一线光明 18 个月以后，而在我突然从晴朗的天空中看到了太阳壮丽辉煌的景象三个月之后。别让什么东西来限制我吧；我要在这种种神圣的令人心醉神迷的状态中纵情享受。我将用我诚实的自白征服人类，我承认，我偷了埃及人的一些金瓶，因为我要在远离埃及大陆的地方为我的上帝建造一座圣殿。如果你们宽恕，我会感到欣喜；如果你们愤怒，我也无能为力。书已写完，木已成舟。诸位是现在读还是让后代去读它，我都不在意。也许要过一个世纪后才会有一个读者，就像上帝过了 6000 年之后才有一个注视者一样。③

---

① 尤利乌斯·罗伯特·奥本海默（Julius Robert Oppenheimer，1904—1967），著名美籍犹太裔物理学家、曼哈顿计划的领导者，美国加州大学伯克利分校物理学教授（1929—1947）。1943 年奥本海默创建了美国洛斯阿拉莫斯国家实验室（LANL）并担任主任（director）；1945 年主导制造出世界上第一颗原子弹，被誉为"原子弹之父"。二战后，奥本海默曾短暂执教于美国加州理工学院，之后来到美国普林斯顿高等研究院（IAS）工作并担任所长（1947—1966）。奥本海默被美国的权威期刊《大西洋月刊》（The Atlantic）评为影响美国的 100 位人物之第 48 名。

② 曼哈顿计划（Manhattan Project）系美国陆军部于 1942 年 6 月开始实施的利用核裂变反应来研制原子弹的计划。该工程集中了当时西方国家（除纳粹德国外）最优秀的核科学家，动员了 10 万多人参加这一工程，历时 3 年，耗资 20 亿美元，于 1945 年 7 月 16 日成功地进行了世界上第一次核爆炸，并按计划制造出两颗实用的原子弹，整个工程取得圆满成功。在工程执行过程中，负责人 L. R. 格罗夫斯和 R. 奥本海默应用了系统工程的思路和方法，大大缩短了工程所耗时间。这一工程的成功不仅加快了二战结束的进程，也促进了第二次世界大战后系统工程的发展。

③ ［美］R. K. 默顿. 科学社会学（下）［M］. 鲁旭东，林聚任，译. 北京：商务印书馆，2003：555-556.

科学研究工作的个人独创性和科学事业的社会性和人类性特征，表现出科学动机的两个重要来源，这就是个人求知和解释的需要，以及社会乃至全人类为解决某种问题，往往是重大的社会和人类问题的需要。之于前者，科学纯粹是科学家充分自主的个人领域，而对于后者，则是人类共同体或社会意义上的社会领域，至于这些领域究竟是不是充分理性的领域，却是科学或科学家自身所不能充分把握的。这里可以举出的另外一个例证，便是阿基米德发现浮力原理的传说——

相传，叙拉古赫农王让工匠替他做了一顶纯金的王冠，做好后，国王疑心工匠在金冠中掺了假，但这顶金冠确与当初交给金匠的纯金一样重。到底工匠有没有捣鬼呢？既想检验真假又不能破坏王冠，这个问题不仅难倒了国王，也使诸大臣们面面相觑。后来，国王请阿基米德来检验。

最初，阿基米德也是冥思苦想而不得要领。一天，他去澡堂洗澡，当他坐进澡盆里时，看到水往外溢，同时感到身体被轻轻拖起。他突然悟到可以用测定固体在水中排水量的办法，来确定金冠的比重。阿基米德兴奋地跳出澡盆，连衣服都顾不得穿就跑了出去，在街上兴奋地大声喊着"尤里卡！尤里卡!"（Eureka，意思是"我找到了"）。

阿基米德经过进一步的实验以后来到王宫，他把王冠和同等重量的纯金放在盛满水的两个盆里，比较两盆溢出来的水，发现放王冠的盆里溢出来的水比另一盆多。这就说明王冠的体积比相同重量的纯金的体积大，所以证明了王冠里掺进了其他金属。

这次试验的意义远远大过查出金匠欺骗国王，阿基米德从中发现了浮力定律：物体在液体中所受的浮力，等于该物体所排出液体的重量。一直到现代，人们还在利用这个原理计算物体比重和测定船舶的载重量。

科学既可以用来增进个人和人类的福祉，但也可以用来制造人类和社会的灾难甚至苦难。科学的价值中立性不仅是对科学家科学研究活动和过程的要求，同时也是对科学不能承担道德责任的一种强调。但从总体上看，科学对人类的作用主要是积极的、正面的，这也就是科学家热衷于科学研究的主要原因，而科学的负效应或异化效应不过是人类和人类文明局限性的另一种重要来源。因此，需要承担道德责任的，永远是把科学作为工具使用并具有责任意识和责任能力的人类，而不是科学本身，更不是建构了科学理论，做出了科学发现的科学家个人。

三、直接效用与间接知识

问题中心主义是科学不变的主题，但作为社会事业的科学及其成就，却可以带给科学家无上的荣誉，在较为发达的社会或民族，立志成为科学家也会成为不少人少年时期的伟大志向。说明科学和科学家不仅是一种令人称羡的职业，也是一种很重要的社会功利。但就科学本身来说，很少有科学家直接为了科学的这种荣耀而选择科学研究事业。功利至上是功利主义对包括经济行为在内的人类大部分行为功利性和效用优先特征的把握，只由于这些功利或效用直接指向对引导人的心理和行为的需要的满足。"有用即真理"是实用主义对由科学发现和总结出的规律的效用价值的判断，却不是一个关于科学动力和动机的真理性判断。一如前述，科学作为一种间接知识，其作用恰恰表现为看似不怎么有用，但在客观上却可以通过发明和改进技术与方法，间接作用于人和人类的社会生活。机械力学表面上没什么用处，但用力学原理发明和制造的包括汽车、车床等在内的工具和技术，却可以大大便利人的生活，并十倍、数十倍乃至数百倍、数千倍于人力徒手地提高劳动生产效率。

这里用 20 世纪 30 年代美国普林斯顿大学校长亚伯拉罕·弗莱克斯纳（Abraham Flexner）发表的"无用知识的有用性"① 一文，作为这一主题的结尾。

无用知识的有用性

智力与精神生活在表面上是一种无用型活动。人们之所以大量从事这种活动，是因为他们能获得更大的满足。在本文中，我将讨论这些无用满足的追求程度问题，而这种追求，却往往能意外地得到梦想不到的有用效果。

人们不断地重复说：我们的时代是一个物质主义时代。在这个物质主义时代，人们更关注物质利益的广泛分配和世俗机会，因此使不断增多的学子离开他们父辈所从事的研究而转向同样重要的和紧迫的社会问题、经济问题和政府部门问题的研究。我于这种倾向并无争议。

---

① ［美］亚伯拉罕·弗莱克斯纳. 无用知识的有用性［EB/OL］. 新浪博客，2014–08–30.

我们生活的世界是我们感觉唯一能证实的世界。除非将它改造成一个较好的世界,一个较理想的世界,否则无数的人将继续安静地、忧伤地、痛苦地走向他们的坟墓。现在,我有时纳闷,如果这个世界缺乏某些可赋予它精神上具有重要性的"无用之物",是否能给人的整个一生都提供足够的机会?换句话说,我们关于"有用之物"的概念是否已变得太狭窄,以致不足以适应人类精神的游荡和变幻莫测的可能。

我们可以从科学角度及人文主义或精神角度来看这个问题。让我们先从科学角度谈起。几年前我同乔治·伊斯曼(George Eastman)曾谈起"效用"这个主题。伊斯曼先生是一位聪明、文雅而有远见的人,他一向对我说他打算尽其所能致力于促进有用知识的教育上。我冒昧地问他认为谁是世界上最有用的科学研究人员,他立即回答说:"马可尼(Maconi)。"

我说:"无论我们从收音机得到什么乐趣,无论无线电广播和收音机能给人类生活增加什么内容,马可尼的贡献实际上是微不足道的。"这使他感到惊奇,他要我解释。我大体上做了如下回答:"伊斯曼先生,马可尼的出现是必然的。对无线电领域所做的一切,真正的功劳应归于克拉克·麦克斯韦(Clerk Maxwell)教授。他于1865年对电场与磁场进行了一些深奥的预言式的计算,并在1873年出版的一部专著中再次列出了他的抽象方程。在英国科学促进协会另一次会议上,牛津大学的史密斯(H. J. S. Smith)教授宣称:'如果没有认识到这部多卷的著作中包含着一种大量添加到纯粹数学方法和手段中的新理论,任何数学家都读不懂这部著作。'在其后的15年间,其他的发现补充了麦克斯韦的理论工作,最后在1887和1888年,一项仍未解决的科学问题——无线电信号的载体电磁波的检测与显示,最终由在柏林亥姆霍兹实验室工作的赫兹(Heinrich Herts)解决了。无论是麦克斯韦还是赫兹都没有想到他们的研究工作的效用,他们的研究都没有实际目标。法律意义上的发明家当然是马可尼。"

赫兹和麦克斯韦未能发明任何东西,但正是他们的无用理论被一位聪明的技术人员抓住,而且这种理论为通信、公共事业和娱乐创造了新的用品。赫兹和麦克斯韦是未想到实用的天才,马可尼是一位没有"设想"但重视实用的聪明发明家。赫兹和麦克斯韦究竟做了什么？

　　一件事可以肯定，即他们做了研究工作而没有想到实用。在整个科学史中，已最终证明，有益于人类的大多数真正的伟大发现，并不是由实用愿望所推动的，而是由满足好奇的愿望所推动的。好奇心也许能或也许不能最终产生某种有用之物，这种好奇心大概就是现代思想的突出特征。这不是什么新东西，它可以追溯到伽利略、培根和牛顿时代。学术机构应该致力于培养好奇心，它们因考虑立竿见影的应用而发生的偏移越少，它们对人类福利和满足智力兴趣的贡献就会越大。这种智力兴趣也许的确可以说已成为现代智力生活的统治模式。

　　如果说到一项最有实际应用价值和深远意义的发现，那么我们会同意它就是电。是谁做出了一百多年来在整个电力发展以之为基础的基本发现呢？回答是有趣的。

　　迈克尔·法拉第（Michael Faraday）的父亲是一位铁匠，法拉第本人原先跟一位图书馆装订工当学徒。在1812年，他已经21岁时，一位朋友把他带到英国皇家研究院，在那里他听了戴维爵士（Sir Humphrey Davy）四次关于化学的讲座。1813年，他成为戴维的实验室助理，研究化学问题。但法拉第的兴趣很快由化学转向电和磁，以其充满活力的余生献身于电磁。此前奥斯特（Oersted）、安培（Ampere）和渥拉斯顿（Wollaston）已完成了这个领域的一些疑难而又重要的研究工作，法拉第解决了他们留下的难题，并于1841年成功地完成了电磁感应实验。四年后，他在事业上开辟了第二个光辉时代，他发现了偏振光上的磁效应。但是无论在他那无可比拟的事业的任何时期，他都不对实用感兴趣。从来没有一个准则可以作为他不停实验的依据，实用上的任何怀疑都会限制他那无休止的好奇心。最终，却产生了实用效果。

　　在高等数学领域，几乎可以列举无数个例子。例如：18世纪和19世纪最深奥难解的数学研究工作是"非欧几何"。它的发明人高斯（Gauss）虽然被同时代人公认为杰出的数学家，但他也未敢在25年中出版他的著作"非欧几何"。事实上，如果没有高斯在格丁根做的研究工作，相对论本身同它所显示的实际应用都是不可能的。同样，现在成为"群论"的理论是一种抽象的、并非直接实用的数学理论。它是一些有奇异思想的人提出的，这些人的好奇心和提问引导他们走上了奇特的道路。但是"群论"今天已成为光谱学量子论的基础。概率的完整计算是由那些对博弈理论充满兴趣的科学家做出的。这些科学家并没有实用的目的，但它为所有类型的保险提供了一种科学基础。19世纪，物理学的广大领域也以其为基础。

爱因斯坦1925年的报告不是关于相对论，而是讨论了一些那时没有任何实际意义的问题。报告描述了接近温标下限的"理想"气体的变态行为。因为大家都知道所有气体在所说的温度下都会冷凝为液体，所以科学家们一直忽视爱因斯坦15年前的研究工作。然而，最近发现的液态氦的特性已经给爱因斯坦的理论带来新的可用性。因为大多数液体随着温度的下降，黏滞性会增加。而液态氦却例外，在绝对零度以上2.19度，即δ点的温度下，液态氦的流动比它在高温下的流动更好。在液态氦的奇怪特性中还包括其巨大的导热性。在δ点，其导热性大约为铜在室温的500倍。液态氦的这些特性给物理学家和化学家们提出了一个重大的谜。

我们来看看另一个方面，医学和卫生领域。在瓦尔代尔（Waldeyer）教授的《回忆录》中，他讲了这样一件事情。在随同他去斯特拉斯堡大学的学生中，有一个小个头、沉默寡言、不显眼的17岁男孩，名叫保尔·埃尔利奇（Paul Ehrlich）。那时的解剖课包括解剖和组织的显微镜检查，但埃尔利奇并不太重视解剖。《回忆录》中做了如下描述：我很早就注意到埃尔利奇往往伏案工作很长时间，全神贯注于显微镜观察，而且在他的办公桌上逐渐盖满了一些带有各种说明的彩色斑点。有一天我问他桌子上那些彩虹似的彩色阵列是什么，这个在第一个学期应该学习常规解剖课的年轻学生抬起头来看着我，和蔼地说："Lchprobiere."这可译为"我在试验"或"我正在干傻事"。我对他说："很好，继续干傻事吧。"虽然我不去教他，也不去指导他，但我很快发现，我拥有了埃尔利奇这样一个素质非凡的学生。埃尔利奇通过医学课程走自己的路，最后获得了学位。后来，他到了布雷斯劳，跟随科恩海姆（Cohnhiem）教授工作。我不认为埃尔利奇头脑中曾闪动过实用的念头。他是一个有心人，他干傻事是由一种深深的本

145

能所推动，那是一种纯科学的而不是一种实用的动力。结果如何？科赫（Koch）和他的同事建立了一门全新的学科——细菌学（bacteriology）。埃尔利奇的实验那时由一位研究生应用于给细菌染色，因而有助于鉴别。埃尔利奇自己则创立了血液膜染色法。我们关于白血球、红血球形态的现代知识就是以此为基础的。现在全世界成千上万的医院里，埃尔利奇的技术每天都被用于化验血液。因此，在斯特拉斯堡瓦尔代尔解剖室里显然无目的的行为，已成为今天医学实验的重要方面。

我从不认为在实验室进行的每项实验都将最终转向某种意料之外的实用，或最终实用是其出发点正确的证明。我更赞同废除"实用"这个词，并赞同解放人类精神。可以肯定，我们将因此浪费一些宝贵的钱财。但更为重要的是，为使人们心灵获得自由而涉足风险，使人类的心灵摆脱枷锁。这种风险一方面使得像海尔（Hale）、卢瑟福（Rutherford）和爱因斯坦等人将人类带入最遥远的宇宙领域；另一方面将束缚在原子中的无穷的能量释放出来。这些人完全出于好奇心而做的研究，可使人类改观。但这种最终的、未可预测的实际结果并不能用来作为当时他们出发点正确的证明。

我不是在批评有用性动机占统治地位的像理工学院或法律学院那样的学术机构。工业上或实验室里遇到的实际困难会刺激理论探索，理论探索也许可能、也许不可能解决向其提出的问题，还可能开辟新的领域。理论探索暂时也许是无用的，但孕育着未来的成果，即实用成果或理论成果。

随着"无用"知识或理论知识的快速积累，创造了一种局面。在这种局面下，以科学精神解决实际问题之风日益增长。不仅发明家，而且"纯"科学家也加入了进来。我已提到马克尼这位发明家，一方面他是一位有益于人类的人，而另一方面，在实际上只不过是"拾取了他人之脑"。爱迪生属于同一类型的人。巴斯德则不同，他是一位大科学家，但他不愿解决像法国葡萄属植物的状况或啤酒酿造这样的实际问题。然而，它（"无用"知识）不仅解决了直接的难题，而且根据实际问题得到了某些具有深远意义的理论上的结论，暂时看似无用，以后可能以某种未能预见的方式变得有用了。

同时，有一点必须注意，即谨防把科学发现完全归功于某一个人。几乎每项发现都有长期而坎坷的历史，有人在这里发现一点，另一个人在那里发现一点，第三个人继续向前，直至一位天才把这些拼在一起并做出决定性的贡献，发现才算成功。科学像密西西比河，开始来自遥远森林的小河，众多的小河汇合增大了水量，最终形成了这条能冲破堤坝的咆哮的河流。

我想引用高速发展的"高等研究院"作为例子，来阐述最明显和最直接的"外来影响"。

"高等研究院"系路易斯·班伯格（Louis Bamberger）先生和他的妹妹卡洛琳·班伯格·福尔德（Caroline Bamberger Fuld）女士于1930年在新泽西州普林斯顿建立。那时，因为普林斯顿大学有个小规模的高水平研究生院，这个研究生院的许多部门同这个高等研究院有密切的合作，所以这个研究院受惠于普林斯顿大学。这个研究院的大部分研究工作始于1933年，研究院的人员中，数学家中有美国的维布伦（Veblen）、亚历山大（Alexandar）和摩尔斯（Morse）；人文学者中有梅里特（Merrit）、洛（Lowe）和戈德曼（Goldman）；法学家和经济学家中有斯图尔特（Stewart）、里夫勒（Riefler）、沃伦（Warren）、厄尔（Earle）和米特拉尼（Mitrany）。此外还应加上已经在普林斯顿大学、普林斯顿图书馆和普林斯顿实验室任职的同等水平的学者和科学家。高级研究所还"受惠"于希特勒，因为他逼来了数理科学方面的爱因斯坦、维尔（Weyl）和诺伊曼（Von Neumann），人文科学家赫兹菲尔德（Herzfield）和帕诺夫斯基（Panofsky）以及一大批慕名而来的年轻人。

从组织机构看，这个研究院是最简单、最不正规的。它有三个学院——数学学院、人文科学学院及经济和政治学院。各个学院由一个长期聘任的教授小组和一个成员不断更换的访问学者小组组成。各学院自行管理各自的事务，有充分的自主权。在各小组内，每个人可以自由地处理其时间和展现能力。来自22个国家的和来自美国39个高等学府的访问学者被接纳入学，按学科分到上述研究小组内。他们享受与教授完全一样的自由，自由地与不同教授一起研究。同时他们也可独自研究，不时地请教可能有所帮助的任何人。没有例行公事需要遵循，教授、访问学者、访问者之间没有划出任何界限。普林斯顿大学的学生和教授及研究院学员和教授非常自由地结合，因而难辨师生。不存在委员会，不召开系的会议，行政管理工作在程度上和重要性上已减至最低。有设想的人享有有利于产生想法、有利于交流思想的条件。没有设想或没有集中设想能力的人在这个研究院里不会像在家里那样自在。

我扼要地引述几个例证也许会使这一点更加清楚。

如拨出一份薪金使哈佛大学一位教授来普林斯顿。他来函问道："我的职责是什么？"我回答说："你没有职责，只有机会。"

一位能干的年轻数学家，在普林斯顿工作一年后来向我告别。他说："也许你想知道这一年对我意味着什么。""是的，"我回答说。他接着说："数学发展很快，现时的文献浩繁。我取得博士学位已十余年，前一段时间我能够继续我的课题研究，但后来的那个课题越来越困难和不明朗。在这里工作一年后，盲点找出来了，窗户打开了，房间亮了。我头脑里已有了两篇论文，我很快就写。""这需要多长时间？"我问道。"五年，也许十年。""然后呢？""我会再回来。"

第三个例子是最近发生的事情。一位西部大学的教授去年12月末来到普林斯顿，他想要恢复同普林斯顿大学莫利教授的某些研究工作。但莫利教授建议他去找帕诺夫斯基和斯瓦尔岑斯基（Swarzenski），现在他们三人忙于同一项研究工作。

这个研究院目前还没有大楼，那些数学家们是普林斯顿数学家们在法恩大楼的客人；人文学家是普林斯顿人文学家在麦克科米克大楼的客人；其他人分散在这个城市各处的房间工作。

正如吉尔曼（Gilman）校长60多年前在巴尔的摩所说的，砖和砂浆不是最需要的。但是，为弥补需要频繁的非正式接触，高级研究所创办人福尔德建造一所大楼，称为福尔德大楼。仅此足矣。这个研究所必须保持小规模，并牢牢地坚持这样的信念：群体渴望宽松、安全、自由，不受组织机构和例行公事的约束，与普林斯顿大学的学者和其他地方的人进行非正式接触。因此吸引了国外的学者不时来到普林斯顿。如尼尔斯·玻尔（Neils Bohr）来自哥本哈根；冯·劳厄（Van Laue）来自柏林；利未·奇维塔（Levi Civita）来自罗马；安德烈·韦尔（Andre Weil）来自斯特拉斯堡；狄拉克（Dirac）与哈代（G. H. Hardy）来自剑桥；泡利（Pauli）来自苏黎世，等等。

我们自己不做任何允诺，但我们珍惜这样的愿望：不懈地追求"无用知识"将证明在将来取得的成果就像过去一样。对于像诗人和音乐家那样已赢得去做他们想要做的事情的权利，并因此可望获得极大成效的学者，这里将是一个乐园。

第七章

科学家的兴趣与人格

人们对科学世界的基本认识是：现象世界不缺少问题，缺少的是发现问题的眼睛。这里的眼睛不过是对科学家问题发现能力的感官化称谓，其中包含着科学家已经掌握的知识，科学家的兴趣、能力等为科学研究所需要的许多方面的素质。科学与技术相结合而形成的科学技术，已经为推动人类文明进步和社会发展做出了巨大贡献，但考察科学技术尤其是科学背后的事业承担者，我们会发现在人类群体或数量规模上，对科学事业帮出贡献——且勿说做出重大贡献——的科学家群体，在人类群体中占有极低的比重。为什么不是很多人可以成为科学家并在科学领域作出贡献，而是极少数，这极少数人身上到底有什么个人和社会特征，确是一个饶有趣味的问题。

一、需要与兴趣

中国人常说"兴趣是最好的老师"，这是就兴趣与学生学习及其效果之间的关系而言的。这一结论是不是也可以推演到兴趣与科学家的科学研究事业的关系中，也是一个可以讨论的问题。前面把求知和探索未知世界奥秘的需要，界定为层次最高的自我实现的需要，实际上已经部分接触到了科学家区别于他人的兴趣之于其事业的关系。

人为需要活着，这是我们对人的生活本质的认识，人们日常生活中的需要，多是为了自我保存和广义生命的延续。在这一点上，人类与其他动物没有两样，虽然人有其社会性特征，但这一特征也与其他社会性动物一致，也就是在群体活动中寻求其需要的满足。但人类的特异性还在于，要寻求一种特异于他人和其他动物的存在或生活方式，从而以非生物的途径确证自己曾经的存在，这就是由兴趣所表现着的包括科学研究、诗歌与文学创作、艺术表演以及宗教式冥想在内的创新的需要。由此回到了叔本华所确立的包括科学在内的三种有意义的人生，其他日常生活虽然也是一种生活，却不足以借此把人和其他动物乃至生物区别开来。

兴趣是这样一种需要，它与人的生存或功利目标无关，却与人的存在与良好的心理体验和情绪状态有关。因此，也可以把兴趣界定为一经从事就使人感到兴奋和安适愉快的事情，而不是事物。哈贝马斯①借此把兴趣区分为经验的兴趣和理性的兴趣。经验的兴趣是指谋求满足日常生活需要或功利目标的兴趣，它起源于匮乏性动机，这种兴趣指向功利；而理性的兴趣则指使人置身其中便感到幸福愉快的兴趣，这种兴趣指向创新，这种动机起源于成长性或成就性动机，或者说前者是指人们喜欢什么，而后者指人们喜欢做什么。② 很显然，科学家对问题和现象的兴趣以及积极从事科学研究的兴趣属于理性的兴趣，也就是在其中能体会到自己的价值和美好生活体验的兴趣。

之所以把兴趣看成一种需要，是由于兴趣是推动人——哪怕是一些人——行动的动力之一，尽管它与人的某种生理或心理匮乏感造成的谋求满足的需要不同，却对人的行为发挥相同的促动作用。要说兴趣与一般的需要尤其是生理需要有什么不同，那么其他需要有明确的机体定位，而兴趣多表现为一种摆脱百无聊赖的无意义感的倾向。如饥饿感引起对食物的需要，而这种饥饿感则源于我们的消化器官，也就是胃的空腔蠕动；对饮水的需要源于身体缺水，表现之一便是口渴；对休息的需要表现为人的困倦感；对安全的需要表现为身体、心理或财产方面的不安适和恐惧、焦虑……即使人高度情感化的爱情的需要，也可以最终定位于有一定标准或条件要求的性饥渴，也可以定位到机体的某个组织或器官部位。但兴趣却表现为人们对某种持续性行为的心理依赖，在行动状态下，人的心理是积极、兴奋而又安适的，离开这种状态，主体便陷入某种消极、抑制、焦虑而且不安的心理状态。所以，兴趣在一定条件下，表现为主体某种程度的强迫或依赖行为，但又与某种病态的强迫症和消极依赖心理判然有别。

---

① 尤尔根·哈贝马斯（Jürgen Habermas，1929—），德国作家、哲学家、社会学家，批判学派和法兰克福学派的第二代旗手。出生于杜塞尔多夫，曾先后在哥廷根大学、苏黎世大学、波恩大学学习哲学、心理学、历史学、经济学等，并获得哲学博士学位。当代最重要的哲学家之一，西方马克思主义法兰克福学派第二代的中坚人物，由于思想庞杂而深刻，体系宏大而完备，哈贝马斯被公认为"当代最有影响力的思想家"，威尔比把他称作"当代的黑格尔"和"后工业革命的最伟大的哲学家"，在西方学术界占有举足轻重的地位。2015 年，获美国国会图书馆颁发克鲁格人文与社会科学终身成就奖。著有《公共领域的结构转型》《理论和实践》《知识和旨趣》《技术和作为意识形态的科学》《社会科学的逻辑》等。

② ［德］哈贝马斯. 认识与兴趣［M］. 郭官义，译. 上海：学林出版社，1999：201-202.

二、兴趣的状态与类型

兴趣是人认识某种事物或从事某种活动的积极的心理倾向，它以认识和探索外界事物的需要为基础，是推动人认识事物、探索真理的重要动机。兴趣有直接的，也有间接的，获得知识的兴趣是直接的，为了获得知识而学外语的兴趣则是间接的。兴趣有个体在生活中长期形成的，也有在一定情境下由某一事物偶然激发出来的。兴趣会对人的认识和活动产生积极的影响，但却不一定有利于提高工作的质量和效果。兴趣具有社会制约性，人所处的历史条件不同，社会环境不同，其兴趣就会有不同。

著名知觉心理学家吉布森（Gibson）① 曾经指出：早期婴儿由知觉和注意指

---

① 詹姆斯·杰罗姆·吉布森（James Jerome Gibson，1904—1979），美国实验心理学家，专长知觉心理学研究，创立了生态光学理论。出生于美国俄亥俄州麦克奈尔斯威尔的一个长老教会家庭，逝于美国纽约州伊萨卡。

吉布森因其对知觉的研究而著名。他对心理学的贡献，主要在以下两点：

（一）折叠直接知觉论

在1950年出版的《视觉世界的知觉》一书中，吉布森提出了创新性的知觉理论。传统知觉理论主张知觉是由刺激引起感觉后转化而成的，是间接的，因此称为间接知觉论。吉布森的知觉理论认为知觉是人与外界接触的直接产物，它是外界物理能量变化的直接反映，不需要思维的中介过程。他认为，在长期进化过程中，因适应环境需要，人类和其他动物一样逐渐形成一种根据刺激本身特征即可直接获得知觉经验的能力。换言之，知觉是先天遗传的，不是后天学习的。他与妻子埃莉诺合作采用视崖（visual cliff）的设计，用实验证明了他的理论。由于他主张知觉由刺激直接引起，因此他的理论被称为直接知觉论（direct perception theory）。

物理光学概念是以能量为基础的，但他认为，对人和动物来说能量没有很直接的意义，比如说可见光外波长的光，具有物理学的意义，但对人的视知觉没有任何贡献。因此，他引入了生态光学理论（ecological optics theory），以强调知觉对动物在自然环境下生存和发展的意义。人在环境中行动，光线来自各个方向，外在空间的每一点的光线分布各不相同。这种光线分布被称作"环境光"。环境光对人具有重要生存意义，它的特殊分布提供了空间视觉的信息。研究环境光对人的视觉的作用的科学就是生态光学。他提出了环境光（ambient optic）、环境光阵（ambient optic array）、光流（optic flow）、光流阵（optic flow array）等基本概念。由于生态光学理论以物理光学为基础，对于视知觉的解释又极为简明，特别受到计算器视觉研究者的重视。

（二）折叠视知觉生态论

根据吉布森1960年以婴儿为对象的视崖实验，及其他学者的验证研究，一般均支持他的直接知觉论的观点。他对于缺乏深度知觉经验的婴儿在视崖实验中的反应，在《视知觉生态论》一书中，从进化论的观点提出了理论性的解释。他认为人类是两脚着地的动物，行动时头部离地较远，一旦跌倒头部受伤较重。为适应两脚着地生态环境的需要，长期以来，人类的视知觉系统中进化出一种对三维空间的适应能力，此能力是不需学习的。他的这一理论被称为视知觉生态论（ecological theory of visual perception）。

引的行为在没有任何学习的情况下就可以产生。人类婴儿在出生后就显示出对外界物理性刺激或社会性刺激的反应倾向，因而它一方面被认为是动物的感情性唤醒状态在人类身上的延续——兴趣被认为是由低等动物的趋避行为逐渐内化成一种脑的状态——另一方面被认为是人类兴趣和好奇心的内在来源。

人格心理学家高尔顿·乌.奥尔波特（Gordon W. Allport，1897—1967）认为人类有一种"自主性功能"，就是兴趣，兴趣是一种情感或情绪状态，而且处于动机的最高水平，它可以驱动人主动行动。早期婴儿对外界新异刺激的反应，就是由兴趣这种内在动机驱策的身体运动，这种东西从婴儿出生起就以机体的功能表现出来，婴儿的看、听、发出声音和动作都是由兴趣情绪激发和指导的；兴趣还支持着感觉与运动之间的协调和运动技能的发展，为生长和发育打下基础；缺乏兴趣，这类感情唤醒就会导致严重的智力迟钝或冷漠无情。

赫尔巴特[1]对于兴趣的心理状态也做过分析。他认为在兴趣状态下可以产生两种心理活动，一种是专心或专注，是一种"集中于任何主题或对象而排斥其他思想"的心理活动；另一种是审思，是关于"追忆与调和意识内容"，即协调、同化新旧观念的一种统觉活动。他认为只有通过审思活动，把那些被专心活动所接受的新观念与儿童原有的观念调和起来，才能保证儿童意识的统一性，因此，审思活动应当在专心活动后进行。专心活动和审思活动的交替进行，就构成了所谓的"精神呼吸活动"。他认为："人必须有许多这种无数的变迁，然后一个人才有丰富的审思活动，并有能力完全随自己的意思进入每一种专心活动，如此才称为多方面的。"

---

[1]　约翰·弗里德里希·赫尔巴特（Johann Friedrich Herbart，1776—1841），19 世纪德国哲学家、心理学家，科学教育学的奠基人。在近代教育史上，没有任何一位教育家可与之比肩，他的教育思想对当时乃至之后百年来的学校教育实践和教育理论的发展产生了非常巨大、广泛而又深远的影响。在西方教育史上，他被誉为"科学教育学的奠基人"，在世界教育史上被称为"教育科学之父""现代教育学之父"，反映其教育思想的代表作《普通教育学》则被公认为第一部具有科学体系的教育学著作。

赫尔巴特重视心理学对科学尤其对教育的重要作用。在其心理学著作的序言中，他提出希望通过改善心理学以纠正对哲学乃至整个科学领域的误解，认为心理学不仅是搜集素材，还应领会内在经验的整体性，与自然哲学密切相关，需要形而上学的支持。"这两种科学（自然哲学和心理学）共同依赖于普通形而上学，而心理学与形而上学有着特殊关系"。赫尔巴特首次提出，心理学是一门独立的科学，且是教育者应掌握的首要科学，建议每个人都应了解心理学基础，因为"人类活动的全部可能性的概要，均在心理学中从因到果地陈述了。"很大程度上，赫尔巴特研究形而上学及心理学的动机，是为了寻求支撑教育学体系的科学论据，他对心理科学的探索不仅与发展智力的目的有关，且与形而上学和伦理学相连，最富成效地刺激了现代心理学的科学研究。

人的兴趣是多种多样的，除哈贝马斯的划分外还有三种划分兴趣的方法：

（1）物质兴趣和精神兴趣。物质兴趣主要指人们对舒适的物质生活，如衣、食、住、行等物质生活方面的兴趣和追求；精神兴趣主要指人们对精神生活，如学习、研究、文学艺术、知识等方面的兴趣和追求。

（2）直接兴趣和间接兴趣。直接兴趣是指对活动过程的兴趣。例如，有些人想象力丰富，心灵手巧并富于创造性，对发明创造、制作各种模型有浓厚兴趣，在制作过程中表现出全神贯注的忘我状态；间接兴趣主要指对活动过程所产生的结果的兴趣，有的人喜欢绘画，每当完成一幅画，他都会对自己取得的成果表现出极大的满足。直接兴趣和间接兴趣是相互联系、相互促进的，如果没有直接兴趣，制作各种模型的过程就会很乏味、枯燥；而没有间接兴趣的支持，也就没有目标，过程就会很难持久下去。因此，只有把直接兴趣和间接兴趣有机地结合起来，才能充分发挥一个人的积极性和创造性，并使创造性活动持之以恒，取得成功。

（3）个人兴趣和社会兴趣。个人兴趣是个体以特定的事物、活动及人为对象，所产生的积极的和带有倾向性、选择性的态度和情绪。社会兴趣指在某个民族或国家的某一时期，部分社会成员对社会某一领域的普遍关注，或社会某一领域对社会成员的普遍需求。

兴趣主要有这样四种品质：①兴趣的倾向性，指兴趣所指向的内容。是指向物质的，还是指向精神的；是指向积极的、高尚的、建设性的，还是指向消极的、卑劣的、破坏性的。②兴趣的广度，指兴趣的范围大小。有人兴趣广泛，有人兴趣狭窄。就求知和科学来说，兴趣广泛的人能获得较为广博的知识，却难以在任何领域有太多的精进，而兴趣狭窄的人，往往知识面较窄，却容易在某个领域有所突破。③兴趣的稳定性，指兴趣长时间保持在某一对象、问题、领域或活动上。只有具备了稳定性，一个人才可能在兴趣广泛的背景下形成中心兴趣，使兴趣获得深度。④兴趣的效能，是指兴趣对人的行为与活动发挥作用的大小，或者说是行为与活动的效果。凡是对实际活动发生作用较大的兴趣，其效能也较大，反之，对实际活动发生作用较小的，兴趣的效能也较小。

三、兴趣的作用与职能

对个人而言，兴趣不仅是客观存在的，甚至在一定程度上是先天的，而且对人的个性的形成和发展、对人的生活和活动有巨大的作用和影响，这种作用主要表现在这样几个方面：

（1）对未来活动的准备作用。对一个学生来说，对化学感兴趣，就可能激励他积累各种化学知识，研究各种化学现象，为将来从事化学研究工作打下基础，做好准备。

（2）对正在进行的活动起推动作用。兴趣是一种具有浓厚情感的志趣活动，它可以使人集中精力去获得知识，并创造性地完成当前活动。著名美籍华裔科学家丁肇中教授就曾经深有感触地说："任何科学研究，最重要的是要看对自己所从事的工作有没有兴趣，换句话说，也就是有没有事业心，这不能有任何强迫……比如搞物理实验，因为我有兴趣，我可以两天两夜，甚至三天三夜待在实验室，守在仪器旁，急切地希望发现我所要探索的东西。"正是浓厚的兴趣和强烈的事业心推动了丁肇中的科学研究工作，并使他获得了巨大成功。

（3）对活动创造性态度的促进作用。兴趣会促使人深入钻研、创造性地工作和学习。就研究生和科学家来说，对一门学科和知识感兴趣，会促使他刻苦钻研，并且热衷于创造性思维，不仅会使他的学习成绩和科研业绩大大提高，而且会更多地发现问题，提高独立承担科学研究工作的能力。

由此可知，人的兴趣不仅是在学习、活动中发生和发展起来的，而且又是认识和从事科学研究活动的巨大动力。它可以使人的智力得到开发，知识得以丰富，眼界得到开阔，并会使人更好地适应自然和社会环境，对生活充满热情。兴趣确实对人个性的形成和发展有着巨大的促进作用。

兴趣是一种无形的动力，当我们对某件事情或某项活动感兴趣时，就会全身心地投入其中，哪怕付出再大的努力，并对这一倾心的活动印象深刻。每个人都会对他感兴趣的事物给予优先注意和积极探索，并表现出心驰神往、心醉神迷的忘我的状态和倾向。对美术感兴趣的人，对各种油画、美展、摄影都会认真观赏、评点，对好的作品进行收藏、模仿；对钱币感兴趣的人，会想尽办法对古今中外的各种钱币进行收集、珍藏、研究；而对解释自然世界和社会问题的科学事业感兴趣的人，总是处于积极的观察、思考、冥想和探索之中。

兴趣不只是对事物的表面关心，而且是一种深层探究和挖掘。任何一种兴趣都是由于获得这方面的知识或参与这种活动而使人体验到心理上的满足而产生的。一个对科学感兴趣的学生，会主动、积极地找老师去求教和探讨，阅读相关书籍和研究成果，以谋求解决或解答自己的问题，而且在这一过程中体验到充分的乐趣，他/她也会感觉到要继续深造以夯实知识基础，这样不断努力的结果就是逐渐接近职业的科学研究活动，如出国留学或进入高等学校或科研院所工作。

兴趣不只与个人的认识和情感密切相关，而且会对人的行为与活动产生重大影响。兴趣产生爱好，爱好则会强化或加强兴趣。兴趣是爱好的前提，爱好是兴趣的发展和行动，爱好不仅是对事物优先注意和向往的心情，而且表现为某种实际的行动。对绘画和文学创作感兴趣，而且从喜欢观赏发展到自己动手创作和学习绘画，那么就对创作、绘画有了爱好，科学研究事业也是如此。

兴趣和爱好往往受家庭、学校教育和社会环境的制约和影响，不同的家庭和社会环境、不同的受教育程度以及不同职业和社会阶层的人，兴趣和爱好也不一样。对科学和科学研究感兴趣的人，多出于知识分子家庭，他们处于较高的社会阶层，物质生活需要得到了较好的满足，才有追求满足较高层次需要的条件，如马斯洛所强调的那样；相反，那些成天为一日三餐奔忙的社会中下层劳动者及其子女，往往不会培养出对包括科学在内，与其物质生活条件距离较远或关系不那么直接、不那么紧密的现象和问题的兴趣。

就社会共同体这个环境来说，经济发展水平较低、社会阶层固化、社会结构僵化的民族和社会，没有足够的财力推进教育和科学事业，无以培养出大量有足够知识基础和科学素养的青少年人才，整个社会对物质生活过分关注，难以造就出对貌似无用的间接知识的足够兴趣，而由这些知识所表现的对自然和社会现象的探索行动，不会成为很多有志青年的人生追求。生存中心主义、道德中心主义、动机中心主义和权力中心主义往往会左右人的价值选择，人们追求直接功利的兴趣，远远大于追求真理与科学，而对科学和真理的追求，则是科学发达昌明的必要条件。

人的年龄和社会历史时代的变化也会对人的兴趣产生直接影响。就年龄来说，少儿时期往往对感性特征明显的图画、歌舞感兴趣，青年时期对依赖情感和理想的文学、艺术感兴趣，成年时往往对依赖功利和理性的专门职业、工作感兴趣。所有这些，反映出一个人随着年龄的增长、知识的积累，兴趣的中心在转移。就时代来讲，不同的时代，不同的物质和文化条件，也会对人兴趣的变化产生很大的影响。但不管人的兴趣是什么，都是以需要为前提和基础的，人们需要什么也就会对什么产生兴趣。由于人的需要包括生理需要和心理需要，或物质需要和精神需要，亦或者低层次需要和高层次需要，因此人的兴趣也同样表现在这两个方面。人的生理需要、物质需要或低层次需要一般来说是暂时的、容易满足的。而社会性需要、精神需要或高层次需要却是相对持久、稳定并不断增长的，对文学和艺术的兴趣、对科学研究的兴趣则是长期的、终生的，并且没有充分满足的可能。所以，兴趣是在需要的基础上产生的，也是在需要的基础上发展的。据此也可以把兴趣理解为长期的、终生的而且最终无法被充分满足的需要。在这个基础上，可以把科学家理解为这样一些人，他们不仅以科学研究为兴趣、为志业，且永不停歇，永不满足。

四、科学家的人格

关于科学家的人格，由于科学的心理学研究较为初步，我们无法找到足够的研究成果对这一点加以介绍，但就著者对心理学知识的掌握，这里结合弗洛伊德的力比多守恒原理和人格特质理论对科学家的人格特质加以讨论。

弗洛伊德在其心理分析或精神分析理论中，不仅建构了本我、自我、超我三元的人格结构学说，而且类比物理学已经揭示的能量守恒和转换定律，发现并构建了其力比多守恒原理（Conservation Principle of Libido），认为作为心理能量（mental energy）的性力（sexual force）或"力比多"（libido）在每个人身上，或在其一生中大体是恒定的。一个人在这一方面投注精力太多，必然在其他方面投注较少，而在科学创造方面取得较大成就的科学家、思想家，往往会压抑其性欲并使力比多朝其事业方向转移和升华。这一思想和原理，其实也表现在植物尤其是作为木本植物的果树的生殖生长（reproductive growth）和营养生长（vegetative growth）之间的平衡方面。人们尤其是果农为了获得较好的水果收成，往往要通过修剪营养枝来增加结果枝的数量和规模，促进果树的生殖生长以增加挂果率。这里我们把被弗洛伊德更多看作是性力的"力比多"广义化为心理能量，意在说明人类生活中注意力和精力的集中与转移这一现象的普遍性。

生命是有限的，或者说人的精力是有限的，这是对人、对人的能力和精力有限性的说明。我们现在把这种精力定义为力比多，以便把人的精力代换为一种心理能量。借用物理学的能量守恒和转换定律，一个倾注很多精力于日常生活的人，不大可能成为专业人士；一个倾注很多精力应付人际关系和其他社会关系的人，他可能甚至可以是一个行政人员，但不可能是一个科学家或思想家。同样的，在感性生活方面投注精力太多的人，在理性生活方面一定精力不足。这一基本思想或原理，可以广泛用于考察主要从事科学研究工作的科学家以及他们的科学生涯和人格特质，当然也可用于考察从事任何职业化的社会分工者的人格特质。

科学家的人格在一些民族和社会中，往往与他们的道德品质相联系，但由于心理学中的人格本不是应道德评价的需要而建立的，这里所说的科学家的人格，我们尽量撇开其社会道德含义，只从科学的社会职能、科学家的科学研究活动和过程出发考察其意义。心理学的人格特质理论①认为，人的人格是由人人共通的特质（trait）以其不同的结构形成的，不同的人格类型表现着不同的特质结构，其中的特质可以划分为三大类：首要特质、中心特质和次要特质。所谓首要特质（cardinal trait），是一个人最典型、最具概括性的特质。小说或戏剧的中心人物，往往被作者以夸张的笔法，特别突显其首要特质，如《红楼梦》中林黛玉的多愁善感。中心特质（central trait），是构成个体独特性的几个重要特质，在每个人身上大约有5~10个中心特质。如林黛玉的清高、聪明、孤僻、抑郁、敏感等，都属于中心特质。次要特质（secondary trait），是个体不太重要的特质，往往只有在特殊情境下才表现出来。如有些人虽然喜欢高谈阔论，但在陌生人面前则沉默寡言。

在划分了特质类型并提出动机的机能自主原则基础上，奥尔波特还论述了他所定义的统我（self-unity）的形成过程和对健康人格的定义。他把人格定义为一种"动力组织"，并把这种人格组织在其《生成：人格心理学的基本看法》（1955）一书中命名为"统我"，也就是人的自我统一体，认为人格有别于古代及后来人们称之为"灵魂"和"自我"的晦涩用语。统我是人格统一的根源，是人格特质的统帅。他把统我定义为："包括人格中有利于内心统一的所有面。"完善的统我机能只有从出生到成年经过躯体自我感觉（1岁）、自我同一性的感

①　人格特质理论（trait theory of personality）起源于20世纪40年代的美国。主要代表人物是美国心理学家高尔顿·W. 奥尔波特（Gordon W. Allport，1897—1967）和雷蒙德·B. 卡特尔（Raymond Bernard Cattell，1905—1998）。特质理论认为，特质（trait）是决定个体行为的基本特性，是人格的有效组成元素，也是测评人格所常用的基本单位。

　　人格特质理论把人格认定为是由诸多特质构成的。所谓特质，是指人拥有的、影响行为的品质或特性，它们作为一般化、稳定而持久的行为倾向而起作用。特质被看作一种神经心理结构，也是一种先在的倾向，使个体以相对一贯的方式对刺激做出反应。

　　特质论并不是把人格分为绝对的类型，而是通常认为存在一些特质维度，每个人在这些特质上有不同的表现。比如，慷慨是一种特质，每个人都可在不同程度上具备这种特质，成为其人格的特色之一。而人之所以有差异，就在于不同的人有着不同的特质表现程度，形成不同的特质结构类型，以此来解释人的行为差异。

觉（2岁）、自尊的感觉（3岁）、自我扩展的感觉（4岁）、自我意象的感觉（4—6岁）、理性运用者的自我形成（6—12岁）、追求统我的形成（12岁至青春期）、作为理解者自我的形成（成年）八个阶段的发展才能达成。

奥尔波特的人格理论是面向心理健康的健康人的。他反对弗洛伊德主义所持的精神病患者和健康人之间只有量的区别，没有质的不同的观点，认为精神病患者与健康人之间根本没有机能上的类似性，患有严重心理疾病的人，甚至会丧失大部分正常的心理机能和社会功能。奥尔波特认为，精神病患者与健康人的区别在于，前者的动机面向过去而后者的动机面向未来。他强烈主张健康成人的人格原则，不能由实验动物、儿童或精神病患者的心理和行为研究引申而来。

奥尔波特提出了与人本主义自我实现的要求十分相似的健康人格的六个特点：①自我扩展的能力，认为健康成人参加活动的范围极为广泛；②密切的人际交往能力，认为健康成人与他人的关系是亲密的，富有同情心，无占有感和嫉妒心，能宽容自己与别人在价值观与偏好上的差异；③情绪上有安全感和强烈的自我认同，健康成人能忍受生活中不可避免的冲突和挫折，能经得起一切挫折和不幸遭遇，他们还具有一个积极的自我形象；④体现知觉的现实性，心理健康的人看待事物是根据事物的客观和真实情况，而不是根据自己希望的那样来看待事物，他们在评价一种形势和决定顺应这种形势时极为明白；⑤体现自我客观化，心理健康的人对自己的优点和缺点，对自己的长处和短处都十分清楚和明确，理解真实自我与理想自我之间的差异；⑥体现定向一致的人生观，心理健康的人在生活和社会行动中，表现出明显的定向一致性，而不是左顾右盼、心猿意马，他们为一定目的而生活，有一种主要的愿望，这种定向一般来说是具有宗教性或类宗教性的，但不一定就是宗教，也可能指向科学或任何对人类有终极关怀价值的东西。

弄清了弗洛伊德的力比多守恒原理和奥尔波特的人格特质理论，我们可以将二者结合起来，考察科学家的人格特质和类型。

在现代社会，科学家虽然司职了一种社会分工，但科学家的职业却明显区别于其他社会职业，科学从一开始并不是作为一种谋生手段出现的，而是作为科学家自身存在的价值标识出现的。同文化人一样，古代科学家或者是出自富裕之家，或者是由富人或朝廷供养的，这些富人或朝廷官员没有能力或精力探索未知领域，却对这些问题感兴趣。他们衣食无忧，且财富多多，于是供养或支持有科学志趣的人，也就是科学家专门从事科学研究，给他们讲述世界的奥秘。所以西方古代有宫廷科学家之称，古代中国没有宫廷科学家，却有礼部雇佣大量御用文人为朝廷提供治理服务。由于科学属于间接知识领域，并不能为人的生活和社会治理带来直接的效用，即使在西方，古代科学也主要是由科学家个人或其兴趣共同体来推动的。直到工业革命以来，科学才演变为一种社会事业，受到包括朝廷在内的全社会的重视，于是高等学校、科研院所、大企业成了科学家的摇篮，科学家的职能从单纯研究自然、社会事物或现象逐渐演变为为社会、为大众、为学生提供专门的知识、科学研究和教育服务。

人格在心理学中又被称为角色特征，虽然健康的成人有相对稳定、成熟和健全的人格，但处于相同职业或社会分工中的人或人群，往往有相同或相似的人格特质，正如特质论者奥尔波特所认为的那样。科学家或科学研究人员作为一种独特的社会分工，不仅从事着大体相同或相似的工作，而且处于大体相同或相似的工作和社会互动环境中，久而久之，他们便形成了大致相同的人格。人格既不单纯是先天造就的，也不单纯是后天生成的，而是某种先天因素倾向于使人更适于承担或从事科学探索事业，加上后天对科学研究环境的适应造成了科学家的人格。这里撇开究竟是工作和工作环境造就了人格，抑或是他们独特的人格造就了他们独特的职业和工作类型不说，专门考察一下科学家或科学工作者独特的人格类型。

为了便于读者理解和把握，我们把科学家总结为以下几种人，或者具有以下六种人格特质的人。

（一）富有敏锐的洞察力，善于独立思考的人

观察力作为一种感性能力是人人都有的，但从人们司空见惯的现象尤其是反常现象中捕捉到问题的能力，却不是人人都有的。每个人都按照时间节律、在一定的空间安排自己的生活，但时间、空间到底是什么，时间是客观的，抑或是主观的，空间究竟是相对的，抑或是绝对的，不仅是康德的问题，也是古往今来许多思想家、科学家思考的问题。雷雨形成时的打雷闪电现象，人人都可以观察到，但只有富兰克林不仅捕捉到了这一问题，而且最早通过风筝线传电现象对这一问题做出了说明——

1752 年 6 月的一天，阴云密布，电闪雷鸣，一场暴风雨就要来临。
富兰克林和他的儿子威廉一道，带着上面装有一个金属杆的风筝来到

一个空旷地带。富兰克林高举起风筝，他的儿子则拉着风筝线飞跑。由于风大，风筝很快就被放上高空。刹那间，雷电交加，大雨倾盆。富兰克林和他的儿子一道拉着风筝线，父子俩焦急地期待着，此时，刚好一道闪电从风筝上掠过，富兰克林用手靠近风筝上的铁丝，立即掠过一种恐怖的麻木感。他抑制不住内心的激动，大声呼喊："威廉，我被电击了！"随后，他又将风筝线上的电引入莱顿瓶中。回到家里以后，富兰克林用雷电进行了各种电学实验，证明了天上的雷电与人工摩擦产生的电具有完全相同的性质。富兰克林关于天上和人间的电是同一种东西的假说，在他自己的这次实验中得到了光辉的证实。

风筝实验的成功使富兰克林在全世界科学界名声大振。英国皇家学会给他送来了金质奖章，聘请他担任皇家学会的会员。他的科学著作也被译成了多种语言，他的电学研究取得了初步的胜利。然而，在荣誉和胜利面前，富兰克林没有停止对电学的进一步研究。1753年，俄国著名电学家利赫曼为了验证富兰克林的实验，不幸被雷电击中而死，这是做电实验的第一个牺牲者。血的代价，使许多人对雷电试验产生了戒心和恐惧。但富兰克林在死亡的威胁面前没有退缩，经过多次试验，他制成了一根实用的避雷针。他把几米长的铁杆，用绝缘材料固定在屋顶，杆上紧拴着一根粗导线，一直通到地里。当雷电袭击房子的时候，它就沿着金属杆通过导线直达大地，房屋建筑完好无损。1754年，避雷针开始应用，但有些人认为这是个不祥的东西，违反天意会带来旱灾，就在夜里偷偷地把避雷针折了。然而，科学终于战胜愚昧。一场挟有雷电的狂风过后，大教堂着火了；而装有避雷针的高层房屋却平安无事。①

科学史上牛顿对苹果落地的观察，哥白尼对太阳运动的观察，瓦特对水壶中蒸汽冲顶壶盖的观察，林奈对植物花朵和花序的观察，社会科学中亚当·斯密对人的经济行为的观察，马克斯·韦伯对人的行为类型的观察，霍曼斯和布劳依托亚当·斯密和齐美尔对人类交换行为的观察，动物行为学家对于蓝色妖姬蜘蛛捕食过程的观察……都比较充分地揭示出洞察力之于科学的重要性。相反，处于非科学研究状态的日常生活中人，则往往对这些现象熟视无睹，说明

---

① 富兰克林雷电中放风筝的实验故事［EB/OL］知乎专栏，2020-12-09.

不仅是观察力，更重要的是观察所伴随着的深度思考能力也就是洞察力，才是科学问题和科学发现之源。从这个意义上，俗人乃是世俗生活中人或者比较重视世俗生活的人，而科学家则在一定程度上是热衷于观察世界乃至深度思考由观察所发现问题的"圣徒"。

独立思考是科学研究的必要条件而非充分条件，对现象世界解释的途径有许多，有宗教神学的解释，有基于常识的解释，有顺其自然或自然天成的解释，也有基于应然的道德期待的解释，但科学家的解释则是基于观察的，有逻辑根据的因果解释。在社会科学乃至研究所有复杂事物的系统科学中还有功能解释——正如社会学家埃米尔·迪尔凯姆在其《社会学方法的准则》中所认为的那样。易于接受大众流俗的人，注定不可能成长为科学家，而科学家则对所有不能充分说服自己的解释抱持怀疑态度，并试图经由自己的努力，提供一个不仅能够说服自己，而且可以更好地说服他人的解释。所以，人云亦云不是科学家的人格要素，他们的人格要素是独立思考，不懈探索。这就是默顿在科学的精神气质中所重点强调的科学和科学家的理性的质疑精神。

（二）尊重权威，又不畏权威的人

爱真理胜于爱权威，爱事实胜于爱真理，是科学家给自己的人格和道德期许。科学是关于经验事实的逻辑解释或曰理性解释。在人类科学知识有了一定积累的时代且勿说现代，没有人可以知道一切，但是前人尤其是有一定学术造诣和知识积累的人，总会比后起的科学家尤其是青年科学家拥有相对较多的知识，从而也具有一定的权威。科学发展的机制和制度要求，需要建立各种各样的学术评价体系，而资深科学家或学术前辈往往构成这一评价体系的主体，他们对于后学学术成果的评价，往往会影响青年科学家的成长。但对具有良好的学术人格和发展前景的人来说，这些评价可以作为自己阶段性成果科学性和真理性的参照标准，但不会成为完全左右其发展的限制性条件。科学制度所要求的同行评议，是指对一项科学研究成果，必须有同行科学家做出评价和评判，而不是由其他跨行的科学家做出评价，因为他们不具有评价自己本不熟悉的其他学科的评议资格，这里排除了科学家个人之间的私人关系因素。

现象世界的纷繁复杂与科学家的兴趣和主观偏好，往往会构成一项科学研究任务或选题的独特性，这种独特性决定了任何其他学者尤其是跨学科学者都不具备充分的学术权威，尽管他们被公认为权威。这样科学评价中的尊重权威和非权威主义，就成了科学道德的重要基石。它对科学家的人格不仅构成一种责任，实际上也构成一种权利，那就是从制度上我可以尊重并服从于你，但在随后的研究中，我也可以有不受制于你评价的权利和自由。

元素周期律揭示了一个非常重要而有趣的规律：元素的性质随着原子量的增加呈周期性的变化，但又不是简单的重复。门捷列夫根据这个道理，不但纠正了一些有错误的原子量，还先后预言了 15 种以上的未知元素的存在。结果，有三个元素在门捷列夫还在世的时候就被发现了。1875 年，法国化学家布瓦博德兰，发现了第一个待填补的元素，并将其命名为镓。这个元素的一切性质都和门捷列夫预言的一样，只是比重不一致。门捷列夫为此写了一封信给巴黎科学院，指出镓的比重应该是 5.9 左右，而不是 4.7。当时镓还在布瓦博德兰手里，门捷列夫还没有见过。这件事使布瓦博德兰大为惊讶，于是他设法提纯，重新测量镓的比重，结果证实了门捷列夫的预言，比重确实是 5.94。这一结果大大提高了人们对元素周期律的认识，它也说明很多科学的理论被称为真理，不是在科学家创立这些理论的时候，而是在这一理论不断被实践所证实的时候。当年门捷列夫通过元素周期表预言新元素时，有的科学家说他狂妄地臆造了一些不存在的元素。而通过实践，门捷列夫的理论受到了越来越普遍的重视。

后来，人们根据周期律理论，把已经发现的 100 多种元素进行排列、分类，列出了今天的化学元素周期表，张贴于教室和实验室墙壁上，编排于字典和辞书后面。它更是我们每一位学生在学习化学时，都必须掌握的一课。①

(三) 看淡权力和世俗功利的人

一般社会科学倾向于承认人的社会生活的一般性，也就是人们日常生活的一般情况，据此马克斯·韦伯确认了世俗生活中人们所看重，其实也构成社会分层标准的三种东西，这就是权力、财富和声望。普通中国人对人的生活的一般认识也是"人为财死，鸟为食亡"。在人情社会中，人的尊严或曰面子也会构成人在社会中所追求和捍卫的部分原则和目标，即所谓"人活一张脸，树活一

① 中外化学家小传：德米特里·伊万诺维奇·门捷列夫 [EB/OL]. 原创和文档·知识共享存储平台，2018-09-10.

层皮"。所有这些，足以说明人的社会生活的复杂性，任何简单的功利或生活目标判断都难免会顾此失彼，或者挂一漏万。但在科学心理学的视界中，人们看重的却是科学家或者那些可能甚或已经成长为科学家的人，他们社会功利选择的心理动机原则，或者人格原则究竟是什么。

如果说，中国儒家圣人或道家哲人所共同信奉的"功名利禄乃身外之物，生不带来，死不带去"的理念，部分反映出马斯洛自我实现需要层次上人的某种道德境界和人格特征的话，那么，在科学家身上，马克斯·韦伯三位一体的社会功利和目标中，只有声望这个目标才是科学家所看重的，因为它表征出作为科学家的自我实现者存在的独特性，和人这种生命的根本价值，这就是创造性和对意义世界的揭示。对科学家心理和人格特征的这种说明，或许是研究者对科学研究工作崇高意义的某种附会或强加，而且也许科学家本人并不这么认为，或者并没有明确地认识到这一点，但不争的事实是科学家对科学问题的求解和对科学事业的偏爱，远远超过了对于权力的偏爱，尽管柏拉图、康德、约翰·杜威、马克斯·韦伯等曾高度赞扬过权力的重要性，或者自己试图成为政治家。约翰·杜威竞选过美国总统，而马克斯·韦伯则尝试成为政治家，而这种竞选和尝试都是他们在学术上成名以后，这两位学者都是哲学家和社会科学家。可以更好地作为这一判断坚实证据的，则是爱因斯坦坚拒出任立国后的第二任以色列总统。

　　1948年5月14日，以色列国诞生，但不久以色列与周围阿拉伯国家的战争便爆发了。已经定居在美国十多年的爱因斯坦立即向媒体宣称："现在，以色列人再不能后退了，我们应该战斗。犹太人只有依靠自己，才能在一个对他们存有敌对情绪的世界上生存下去。"

　　1952年11月9日，爱因斯坦的老朋友以色列首任总统魏茨曼逝世。在此前一天，就有以色列驻美国大使向爱因斯坦转达了以色列总理本·古里安的信，正式提请爱因斯坦为以色列共和国总统候选人。

　　当日晚，一位记者给爱因斯坦的住所打来电话，询问爱因斯坦："听说要请您出任以色列共和国总统，教授先生，您会接受吗？"

　　"不会。我当不了总统。"

　　"总统没有多少具体事务，他的位置是象征性的。教授先生，您是最伟大的犹太人。不，不，您是全世界最伟大的人。由您来担任以色列总统，象征犹太民族的伟大，再好不过了。"

"不，我干不了。"

爱因斯坦刚放下电话，电话铃又响了。这次是驻华盛顿的以色列大使打来的。大使说："教授先生，我是奉以色列共和国总理本·古里安的指示，想请问一下，如果提名您当总统候选人，您愿意接受吗？""大使先生，关于自然，我了解一点，关于人，我几乎一点也不了解。我这样的人，怎么能担任总统呢？请您向报界解释一下，给我解解围。"

大使进一步劝说："教授先生，已故总统魏茨曼也是教授呢。您能胜任的。""魏茨曼和我是不一样的。他能胜任，我不能。""教授先生，每一个以色列公民，全世界每一个犹太人，都在期待您呢！"

不久，爱因斯坦在报上发表声明，正式谢绝出任以色列总统。在爱因斯坦看来，"当总统可不是一件容易的事"。同时，他还再次引用他自己的话："方程对我更重要些，因为政治是为当前，而方程却是一种永恒的东西。"①

强调看淡、不屑乃至鄙视权力和世俗功利对于科学家人格的重要性，并不意味着著者鄙视权力和世俗功利，或者一般否认权力和世俗功利的重要性，而是而且重要的是要强调科学家的科学生活与权力和世俗生活的区别，在于前者需要科学家全身心地投入其中，为了这一点，需要科学家自己在他的价值显要序列（importance sequence of value）中把科学置于最重要的位置，包括权力在内的世俗功利，需要被置于相对次要的地位。而真正伟大的政治家同样需要看淡世俗大众对自己政治和权力行为的评价，在心中真正树起全心全意为人民或为公众服务的信条，而不是不择手段地攫取和捍卫权力。作为二战功勋领导人之一的英国前首相丘吉尔，面对选举失败后斯大林"赢了战争，输了选举"的讽刺和揶揄，无比坦然地言道，"我打仗就是保卫让人民有罢免我的权利。"

（四）不通世故，率真自然的人

社会化（socialization）对世俗社会中的人有明显的双重影响，一方面使人学习各种社会规范从而成为被他人和社会所接纳的人，另一方面则使人成为简

---

①　爱因斯坦拒绝出任以色列总统始末［EB/OL］. 新浪博客，2009-10-21.

单屈从他人和社会，从而部分乃至全部丧失了自我的人。从这个意义上说，社会化本身就具有异化（alienation）的可能，甚至从自然化（naturalization）的意义上说社会化本身就是异化。尽管成为科学家也意味着这些人朝着某个方向社会化或异化，但就保存个人个性和个人独特性来说，科学家相对于世俗生活中的其他人，则是社会化或异化程度较轻、较浅甚或不足的一类人。他们不若政治家、演说家那么油嘴滑舌、能言善辩，也不像商人那样世故和精于算计，更不像游走于社会各界的市侩般左右逢源，以博得他人尊重。科学家是一头钻进自己的科学世界里，不谙世事甚至也不会来事的一类人。但是科学家并不是智力障碍之人或愚笨之人，他们只是无暇他顾，不懂得曲意逢迎而已。中国道家所谓"大智若愚""大巧若拙"以及"天地之谓性，率性之谓道"所刻画的正是包括思想家、哲学家、科学家在内的这一类人的个性特征。他们参天地不识人情，求真知不懂变通，甚至常常置自己于尴尬境地而不自知。

需要指出的是，正如一些文化批评家对中国社会和中国文化的"酱缸"调侃一样，人类世俗社会相对于谋求自由和个性的个人来说，其实是一个失乐园，其中充斥着各种成文和不成文的规范与规则，社会化正是用这些社会规范和规则匡正每一个成长中的人的过程。大部分社会化过程顺利的人在这个过程中被异化得失去了个性，以至于成了芸芸众生，而极少数人则由于自己较强的抗同化能力（anti-assimilation ability）或自我保持能力（self-sustaining ability）而艰难地保留了自己的个性或者真性情，而恰恰是这些人成了推动人类文明进步的精英分子。政治家和社会革命家是性情中人，他们不仅是能够把握民众的社会心理和公共需求，从而因势利导地推动社会革命性变革的人，而且也是制造时势和时代的人；企业家是性情中人，他们是能够准确地或较为准确地预见市场，也就是民众消费需求及其变化趋势，并且利用这种趋势投资成功的人；科学家是洞悉了自然和社会世界中的现象或问题，从而建构了新的理论或解释框架的人……所有这些，都表现着在社会化过程中不曾被磨灭，或者不曾被完全磨灭的不谙世事的人身上难得的自由。

　　美国著名数学家、控制论的奠基者诺伯特·维纳（Norbert Wiener, 1894—1964）最有名的故事是有关他搬家的事。一次维纳乔迁，妻子熟悉维纳的方方面面，搬家前一天晚上再三提醒他。她还找了一张便条，上面写着新居的地址，并用新居的房门钥匙换下旧房的钥匙。第二天维纳带着纸条和钥匙上班去了。白天恰有一人问他一个数学问题，维纳把答案写在那张纸条的背面递给人家。晚上维纳习惯性地回到旧居。他很吃惊，家里没人。从窗子望进去，家具也不见了。掏出钥匙开门，发现根本对不上齿。于是使劲拍了几下门，随后在院子里踱步。

突然发现街上跑来一个小女孩。维纳对她讲："小姑娘，我真不走运。我找不到家了，我的钥匙插不进去，请帮我找个锁匠吧！"小女孩说道："爸爸，没错。妈妈让我来找你又找对了。"

有一次，维纳的一个学生看见维纳正在邮局寄东西，很想自我介绍一番。在麻省理工学院真正能与维纳直接说上几句话、握握手，还是十分难得的。但这位学生不知道怎样接近他为好。这时，只见维纳来来回回踱着步，陷于沉思之中。这位学生更担心了，生怕打断了先生的思维而损失了某个深刻的数学思想。但最终还是鼓足勇气，靠近这个伟人："早上好，维纳教授！"维纳猛地一抬头，拍了一下前额，说道："对，维纳！"原来维纳正欲往邮签上写寄件人姓名，但忘记了自己的名字……①

值得注意的是，既然是不谙世事、率真自然，就意味着他们多少有点怪，而且怪得脱离实际，甚至脱离社会，脱离世俗生活，有点笨拙和愚蠢。但正是这种怪，才成就了他们不同常人的思维品质，以及不同于常人的创造力。正如马斯洛对自我实现者的文化适应所作的总结："从赞同文化和融合于文化这个单纯的意义上说，自我实现者都属于适应不良。虽然他们在许多方面与文化和睦相处，但可以说他们全都在某种深刻的、意味深长的意义上抵制文化适应，并且在某种程度上内在地超脱于包围着他们的文化。"② 在一个文化宽容的民族和社会中，这种人也会有他们宽广的舞台和生活空间，而在价值观念齐一且集体意识较强的社会和民族，这些人的生活将举步维艰，且穷困潦倒。在中国社会，对这种或这类人往往用"淡泊以明志，宁静以致远"予以道德赞誉，由此也反映出一个民族和民族文化对于个性率真的人的态度，以及经由这些人的成长和才能发挥对社会的综合性影响。

---

① 数学家维纳轶事［EB/OL］. 新浪博客，2014-03-18.
② ［美］马斯洛. 动机与人格［M］. 许金声，等译. 北京：华夏出版社，1987：201.

（五）重内在激励甚于外在激励的人

行为主义通过大量的动物行为实验，确立了动物重复性行为与外在刺激或激励之间的关系，这一刺激—反应原理当然也适用于对包括科学家科学研究行为在内的广泛的人类重复性行为及其机理的观察与研究。科学研究活动是这样一种活动，它通过对世界奥秘的揭示，也就是真理的发现，对科学家持之以恒的科学研究行为发挥激励，当然也包括政府、民间和科学共同体对这些研究成果及其完成人所施予的奖励，及由此给科学家带来的社会声望。① 这些激励或奖励是科学家普遍看重的，但是科学家更看重的，则是由对世界奥秘或真理的揭示带给他们的内在激励。这样可以把社会激励划分为内在激励（intrinsic motivation）和外在激励（external incentive），其中内在激励也可以理解为科学家因其价值显要序列而内在生成的激励，也可以称之为内生动力（endogenous power），它是由理性的兴趣所推动的，可以追溯到科学家对自己人生价值的终极托付，而这种托付又建立在对自己创造力的人类或社会价值或贡献的自信基础之上，而无关乎外在激励究竟如何，有没有，多或少。正所谓"玉之在山，以见珍而终破；兰之生谷，虽无人而自芳。"

问题在于，就科学家群体而言，由于反权威主义的价值观和科学规范的要求，究竟谁才有确定一个科学选题和研究成果价值和适宜性的最终权利/权力，是科学共同体、其他科学家抑或科学家自己？科学的独特性和科学研究的独创性，并未明确授予学术权威和科学共同体绝对的权力和权威，却对科学家本人的自由和独立性宽容有加。如果说孤芳自赏多少表现出科学家的自我认同的话，那么，这种自我认同和欣赏的心理必须有"独自芬芳"作为前提，本无芬芳何自赏？而这种自赏恰恰就是一种内在激励，没有这种自信和自赏的品质，过分看重或依赖外在激励，很难使科学家在科学研究过程受阻或遭遇挫折的情况下，仍有坚定意志和坚强的毅力。

尽管优秀的科学家更看重基于自己学术眼光的内在激励，但并不意味着外在激励不重要。就科学家学术声望的社会来源来说，其主要不是源于科学家的内在激励，而恰恰源于包括奖励和学术评价、宣传等在内的外在激励，也源于科学家相对优渥的物质生活条件。就经济和社会发展对科学家及其创造性成果的需要和依赖而言，"又要马儿跑得好，又要马儿不吃草"是绝无可能达成目标

① ［美］R. K. 默顿. 科学社会学（下）［M］. 鲁旭东，林聚任，译. 北京：商务印书馆，2003：457-458.

的。心理学的社会支持理论①（social support theory）也认为，他人和社会的认同与支持是人的心理健康发展的必要条件，这一结论也可以用在科学家的成长和他们作用的充分发挥方面来。没有政府、企业、公益组织乃至全社会，甚至以诺贝尔委员会为标志的世界性评价机构，对科学家及其科学研究成果的支持和重视，就不可能建立一个科学发达、技术进步的社会，也不可能建立一个经济发展和社会繁荣进步的国家。

（六）具有强烈的进取心和个人效能感的人

所谓进取心，是指主体不满足于当前，谋求一种成长、进步和全新生活体验的心理状态，又谓上进心。而个人效能感（personal efficacy）则是主体立足于通过自己的努力，在一个有限的时间内，有所成就、有所创造、有所发明/发现、有所建树的心理状态。个人效能感也是进取精神（enterprising spirit）的西

---

① 社会支持理论是强调社会支持（social support）在人的成长和心理发展中作用的一种理论。社会支持是指借助一定社会网络，运用一定的物质和精神手段，对社会弱势群体和个人进行无偿帮助的行为，社会支持一般指来自个人之外的各种支持的总称。

社会支持理论是发展心理学（developmental psychology）或弱势群体成因研究中建立和发展起来的一种理论。依据社会支持理论的观点，一个人所拥有的社会支持网络越强大，就越能够较好地应对各种来自社会生活中的挑战。个人所拥有的资源又可以分为个人资源和社会资源，个人资源包括个人的能力和社会资源或资本，后者是指个人社会网络中的广度和网络中的人所能提供的社会支持的程度。

社会支持这个概念是在精神病学研究中首次提出来的，在 20 世纪 70—80 年代引起广泛关注，并逐渐被其他学科所引用。社会支持包括有形支持和无形支持，但无形支持是其主要方面。社会支持在心理学领域研究得比较全面和深入，甚至还有社会支持的定量分析和研究。总的来说，社会支持主要属于心理学理论体系。

萨拉逊（Sarason, 1991）等认为，社会支持是个体对想得到或可以得到的外界支持的感知。麦来吉（Malecki, 2002）等认为，社会支持是来自他人的一般性的或特定的支持行为，这种行为可以提高个体的社会适应性，使其免受不利环境的影响，尤其是伤害。

中国西南大学黄希庭教授把社会支持界定为：情绪支持，如共鸣、情爱、信赖；手段支持，如援助；信息支持，提供应对信息；评价支持，提供对主体积极评价的信息。威尔曼和沃特里（Wellman & Wortley, 1989）则认为社会支持包括：情感支持、小宗服务、大宗服务、经济支持和陪伴支持。卡特隆纳和罗素（Cutrona & Russell, 1990）将社会支持区分为情感性支持、社会整合或网络支持、满足自尊的支持、物质性支持和信息支持。

社会支持理论被广泛运用于社会工作中。以社会支持理论为取向的社会工作，强调通过干预个人的社会网络，改善其在个人生活中的作用。特别对那些社会资源不足或者利用社会网络的能力不足的个体，社会工作者致力于提供专业服务，帮助他们恢复、建立和扩大社会网络资源，提高利用社会资本或资源的能力。

方化称谓，是效率意识（efficiency awareness）在人的生命活动中的表现。它表明在中西方文化和社会中，共有一种为人们所看重的上进心或进取精神，只是不同文化中对这种东西的称谓不同。马斯洛把这种精神动力看作是内生的自我实现的需要，这种需要的满足以高度有利于他人、社会乃至全人类为前提，而且代表了人格中一种高度升华的力量。处于自我实现需要状态的人，是一个脱离了低级趣味和心理病态的人，一个纯粹的人，一个理想的人，一个心理超级健康的人。那么，科学家就是这一类人的职业化代表。

总体而言，科学家基本是现实的个人主义者，他们力图在自己创造性劳动成果也就是科学研究成果上，深深地打上自己的烙印，借以体现自己的存在和价值。关于文化及其功能，社会人类学家马林诺夫斯基（Bronislaw Kaspar Malinowski，1884—1942）说到，"文化是包括一套工具及一套风俗——身体的或心灵的习惯，它们都直接地或间接地满足人类的需要。"① 针对对文化的这种认识，马林诺夫斯基继续指出，"关于文化研究，我只做了一点贡献，这贡献就在于建立了一门现行的学说体系，提出了一种方法和兴趣，并贴上了功能主义的标签。"尽管现代科学研究需要必要的团队合作，但在科学家看来，如果合作是必要的，那就密切协作、紧密配合，绝不可以如同社会生活其他领域一样，有太多的人白搭车，至于抄袭、剽窃则为他们所嫌弃、所鄙视，自然也为他们所排斥。正因为这样，在科学发达的西方国家，有严格的知识产权保护制度，包括学术创造成果的署名权制度，对科学家的这种价值观加以确认和保护。因此，如果要对科学家现实的个人主义行为模式做一个类型学划分的话，它无疑属于马克斯·韦伯的目的合理性行为或工具理性行为，科学研究或学术合作毫无疑问是一种互惠互利，也就是相互借助、互相帮忙的行为，合作成果可以共享，他人成果必须注明并付费享用，而绝不可以免费使用，虽然默顿确认了科学知识的人类共享性和拒绝保密原则。

以上所说并非全面，但可以大体上涵盖科学家的人格特征和品质。这种说明尽管有涉道德，却无意强调其道德意义。在科学心理学的视界中，科学家的人格问题也应该按照科学的价值中立原则来观察。尽管社会学乃至社会科学有诸多学派和理论主张，但这里更倾向于用功能主义考察科学和科学家的职能，以及按此思路考察科学家身上所存在的个性和人格特质。科学家不必是道德上

---

① ［英］马林诺夫斯基. 文化论 ［M］. 费孝通，译. 北京：中国民间文艺出版社，1987：14.

的好人和善人，但必须是在探索世界未知领域道路上有自己独到眼光和独特思路的人，他们的探索事业也是对他们求知需要的满足，但这种满足是通过建构理论、揭示真理来实现的。这里所点出来的几个方面的心理品质，虽然不是判断一个人有没有可能成长为科学家的充分条件，却在很大程度上是必要条件，而且是由合取命题构成的必要条件，也就是说这些条件缺一不可，没有其中任何一个条件，即使有其他大部分条件，也不足以支撑一个科学家的个人成长和发展。还是让我们用中国著名科学家施一公先生的著名演讲作为本章结尾——

五、做诚实的学问，做正直的人①

　　大家刚刚开启自己的科学研究之路，一定对未来充满着美好的憧憬，也同时有一点点恐慌和不安，因为你们无法预测未来的科学研究是否会一帆风顺。

　　这里，我希望和大家分享我自己作为一个曾经的博士研究生、博士后，和已经培养了几十位博士生、博士后，相对资深的科研工作者对学术品味、学术道德、学术道路的看法。我的观点都来自我的切身经历和感悟，所以个人色彩会非常强烈；根据以往经验，可能会引起个别人不适，先提前道歉。但也请大家记住：我的观点和世界上任何其他人的观点一样，都是主观的，也都有局限性，因此未必全然正确，更未必适用于任何一个具有不同成长经历、来自不同培养环境的你们。所以我下面要讲的仅供大家参考，更多的是抛砖引玉，希望能够由此激发大家的独立思考。

　　（1）做一个优秀的研究生，时间的付出是必须的

　　所有成功的科学家有一个共同的特点，那就是他们必须付出大量的时间和心血。实际上，一个人无论从事哪一种职业，要想成为本行业中的佼佼者，都必须付出比常人多的时间和心力。有时，个别优秀科学家在回答学生或媒体的问题时，轻描淡写地说自己的成功凭借的是运气，不是苦干。这种客气的回答避重就轻，只是强调成功过程中的一个偶然因素，常常对年轻学生造成很大的误导；一些幼稚的学生

---

①　此文系施一公教授 2018 年 10 月 15 日，在北京人民大会堂举行的全国科学道德和学风建设宣讲教育报告会上所作的演讲报告，收入本书时根据需要作了某些文字修改。

甚至会因此开始投机取巧，不全力进取而是等待所谓的运气。说极端一点：如果真有这样主要凭运气而非时间付出取得成功的科学家，那么他的成功很可能是攫取别人的成果，而自己十有八九不具备真正在领域内领先的学术水平。

神经生物学家蒲慕明先生在多个神经科学领域做出了重要贡献。十几年前，身处加州大学伯克利分校的蒲先生曾经有一封电子邮件在网上广为流传，这封邮件是蒲先生写给自己实验室所有博士生和博士后的，其中的一段翻译过来是这样说的："我认为最重要的事情就是在实验室里的工作时间，当今一个成功的年轻科学家平均每周要有60小时左右的时间投入实验室的研究工作……我建议每个人每天至少有6小时的紧张实验操作和两小时以上的与科研直接有关的阅读。文献和书籍的阅读应该在这些工作时间之外进行。"这封邮件写得语重心长，用心良苦。其中的观点我完全赞同，无论是在普林斯顿大学还是在清华大学我都把这封邮件的内容转告实验室的所有学生，让他们体会。

我从小就特别贪玩，不喜欢学习。但来自学校和父母的教育与压力迫使自己尽量刻苦读书，后被保送进了清华大学。尝到了甜头以后，我在大学阶段机械地保持了刻苦的传统，综合成绩全班第一、提前一年毕业。当然，这种应试和灌输教育的结果就是我很少真正独立思考、对专业也提不起兴趣。

大学毕业后我去美国留学。博士一年级，因为对科研和专业没有兴趣，我内心浮躁而迷茫，无法继续刻苦，而是花了很多时间在中餐馆打工、选修计算机课程。第二年，我开始逐渐适应科研的"枯燥"，对科学研究有了一点儿兴趣，并开始有了一点儿自己的体会，有时领会了一些精妙之处后会得意地产生"原来不过如此"的想法，逐渐对自己的科研能力有了一点儿自信。这时，博士学位要求的课程已经全部修完，我每周五天从上午9点做实验到晚上7、8点，周末也会去半天。到了第三年，我已经开始领会到科研的逻辑和奥妙，有点儿跃跃欲试的感觉，在组会上常常提问，而这种"入门"的感觉又让我对研究增加了更多兴趣，晚上常常干到11点多。1993年我曾经在自己的实验记录本的日期旁标注"这是我连续第21天在实验室工作"，以激励自己。到第四年以后，我完全适应了实验室的科研环境，再也不会感到枯燥，时间安排则完全服从实验的需要。其实，这段时期的工作时间远多于刚刚进实验室的时候，但感觉上好多了。研究生阶段后期，我的刻苦在实验室是出了名的。

在纽约做博士后时期则是我这辈子最刻苦的两年，每天晚上做实验到半夜三点左右，回到住处躺下来睡觉时常常已是四点以后；但每天早晨八点都会被窗外街道上的汽车喧闹声吵醒，九点左右又回到实验室开始了新的一天。每天三餐都在实验室，分别在上午 9 点、下午 3 点和晚上 9 点。这样的生活节奏持续了 11 天，从周一到第二周的周五，周五晚上乘坐灰狗长途汽车回到巴尔的摩的家里，周末两天每天睡上近十个小时，弥补过去 11 天严重缺失的睡眠。周一早晨再开始下一个 11 天的奋斗。虽然很苦，但我心里很骄傲，我知道自己在用行动打造未来、在创业。有时我也会在日记里鼓励自己。我住在纽约市曼哈顿区 65 街与第一大道路口附近，离纽约著名的中心公园很近，那里也常常有文化娱乐活动，但在纽约工作整整两年，我从未迈进中心公园一步。

我常常把自己的这段经历告诉我实验室的学生，新生常常问我："老师，您觉得自己苦吗？"我回答，"只有自己没有兴趣的时候觉得很苦。有兴趣以后一点也不觉得苦。"是啊，一个精彩的实验带给我的享受比看一部美国大片强多了。现在回想起当时的刻苦，感觉仍很骄傲、很振奋！我在博士生和博士后阶段那七年半的努力进取，为我独立科研生涯的成功奠定了坚实基础。

（2）做一个优秀研究生，必须具备批判性思维

要想在科学研究上取得突破和成功，只有时间的付出和刻苦，是不够的。批判性分析（critical analysis）是必须具备的一种素质。

研究生与本科生最大的区别是：本科生以学习人类长期以来积累的知识为主、兼顾科学研究和技能训练；而博士研究生的本质是通过科学研究来发掘、创造新的知识，而探索新知识必须依靠批判性的思维逻辑。其实，整个大学和研究生教育的很重要一部分就是培养 critical analysis 的能力，养成能够进行创新科研的方法论。这里的例子非常多，覆盖的范围也非常广，在此举几个让我难忘的例子。

①正确分析负面结果（negative results）是成功的关键

作为一名博士生，如果每一个实验都很顺利、能得到预期的结果，除个别研究领域外，可能一般只需要6至24个月就可以获得博士学位所需要的所有结果了。然而，在美国，生命学科的一个博士研究生，平均需要6年左右的时间才能得到博士（PhD）学位。这一分析说明：绝大多数实验结果会与预料不符，或者是负面结果。很多低年级的博士生一看到负面结果就很沮丧，甚至不愿意仔细分析原因。

其实，对负面结果的分析是养成批判性思维的最直接途径之一；只要有合适的对照实验，判断无误的负面实验结果往往是通往成功的必经之路。一般来说，任何一个探索型研究课题的每一步进展都有几种甚至十几种可能的途径，取得进展的过程就是排除不正确、找到正确方向的过程，很多情况下也就是将这几种甚至十几种可能的途径一一予以尝试、排除，直到找到一条可行之路的过程。在这个过程中，一个可靠的负面结果往往可以让我们信心饱满地放弃目前这一途径；如果运用得当，这种排除法会确保我们最终走上正确的实验途径。

非常遗憾的是，大多数学生的负面实验结果并不可靠，经不起逻辑的推敲！而这一点往往是阻碍科研课题进展的最大阻碍。比如，对照实验没有预期结果，或者缺乏相应的对照实验，或者是在实验结果的分析和判断上产生了失误，从而做出"负面结果"或"不确定"的结论，这种结论对整个课题进展的伤害非常大，常常让学生在今后的实验中不知所措、苦恼不堪。因此，我告诫并鼓励我所有的学生：只要你不断取得可靠的负面结果，你的课题很快就会走上正路；而在不断分析负面结果的过程中所掌握的强大的批判性分析能力也会使你很快成熟，逐渐成长为一名优秀的科学家。

我对一帆风顺、很少取得负面结果的学生总是很担心，因为他们没有真正经历过科研上批判性思维的训练。在我的实验室，偶尔会有这样的学生只用很短的时间（两年以内，有时甚至一年）就完成了博士论文所需要的结果；对这些学生，我一定会让他们继续承担一个富有挑战性的新课题，让他们经受负面结果的磨炼。没有这些磨炼，他们不仅很难真正具备批判性思维的能力，将来也很难成为可以独立领导一个实验室的优秀科学家。

②耗费大量时间的完美主义阻碍创新进取

尼古拉·帕瓦拉蒂奇（Nikola Pavletich）是我的博士后导师，对我影响非常大，他做出了一系列里程碑式的研究工作，享誉世界结构生物学界，31 岁时即升任正教授。1996 年 4 月，我刚到 Nikola 实验室不久，要纯化一个表达量相当高的蛋白 Smad4（通用型调节因子）。两天下来，蛋白虽然纯化了，但结果很不理想：得到的产量可能只有预期的 20% 左右。见到 Nikola，我不好意思地说："产率很低，我计划继续优化蛋白的纯化方法，提高产率。"他反问我："你为什么想提高产率？已有的蛋白不够你做初步的结晶实验吗？"我回答道："我虽然已有足够的蛋白做结晶筛选，但我需要优化产率以得到更多的蛋白。"他毫不客气地打断我："不对。产率够高了，你的时间比产率重要。请尽快开始结晶。"实践证明了 Nikola 建议的价值。我用仅有的几毫克蛋白进行结晶实验，很快意识到这个蛋白的溶液生化性质并不理想，不适合结晶。我通过遗传工程除去其 N 端较柔性的几十个氨基酸之后，蛋白不仅表达量高，而且生化性质稳定，很快得到了有衍射能力的晶体。

在大刀阔斧进行创新实验的初期阶段，对每一步实验的设计当然要尽量仔细，但一旦按计划开始后对其中间步骤的实验结果不必追求完美，而是应该义无反顾地把实验一步步推到终点，看看可否得到大致与假设相符的总体结果。如果大体上相符，你才应该回过头去仔细改进每一步的实验设计。如果大体不符，而总体实验设计和操作都没有错误，那你的假设很可能是有大问题的。这样一个来自批判性思维的方法论在每一天的实验中都会用到。

过去二十年，我一直告诉实验室所有学生：切忌一味追求完美主义。我把这个方法论推到极限：只要一个实验还能往前走，一定要做到终点，尽量看到每一步的结果，之后需要时再回头看，逐一解决中间遇到的问题。

③科研文献（literature）与学术讲座（seminar）的取与舍

在我的博士研究生阶段，我的导师杰瑞里·博格（Jeremy Berg）非常重视相关科研文献的阅读，有每周一次的实验室文献讨论，讨论重要的相关科研进展及研究方法，作为学生我受益匪浅。作为学生，我认为所有的科学家在任何时期都需要博学多读。

刚到 Nikola 实验室，我试图表现一下自己读文献的功底，也想与

Nikola 讨论以得到他的真传。1996 年春季的一天，我精读了一篇《自然》周刊上发表的文章，午饭前遇到 Nikola，向他描述这篇文章的精妙，同时期待着他的评述。Nikola 面色尴尬地对我说："对不起，我还没看过这篇文章。"我想：也许这篇文章太新，他还没有来得及读。过了几天，我精读了一篇几个月前发表于《科学》周刊的文章，又去找 Nikola 讨论，没想到他又说没看过。几次碰壁之后，我不解地问他："你知识如此渊博，一定是广泛阅读了大量文献。你为什么没有读我提到的这几篇论文呢？"Nikola 看着我说："我阅读不广泛。"我反问："如果你不广泛阅读，你的科研怎么会这么好？你怎么能在自己的论文里引用这么多文献？"他的回答让我彻底意外，大意是"我只读与我的研究兴趣有直接关系的论文，并且只有在写论文时我才会大量阅读。"

我做博士后的单位纪念斯隆—凯特琳癌症中心（Memorial Sloan-Kettering Cancer Center）有一个优秀的系列学术讲座，常常会邀请各个生命科学领域的著名科学家来演讲。有一次，一个诺贝尔奖得主来讲，并且点名要与 Nikola 交谈。在绝大多数人看来，这可是一个不可多得的好机会去接近大人物、取得好印象。Nikola 告诉他的秘书：请你替我转达我的歉意，讲座那天我已有安排。我们也为 Nikola 遗憾。让我万万想不到的是，诺贝尔奖得主讲座的那天，Nikola 把自己关在办公室里，早晨来了以后直到傍晚一直没有出门，当然也没有去听讲座。以我们对他的了解，十有八九他是在写论文（paper）或者解结构。后来，我意识到，Nikola 常常如此。

在我离开 Nikola 实验室前，我带着始终没有完全解开的谜，问他：如果你不怎么读文献，又不怎么去听讲座，你怎么还能做一个如此出色的科学家？他回答说：（大意）我的时间有限，每天只有 10 小时左右在实验室，权衡利弊之后，我只能把我的有限时间用在我认为最重要的事情上，如解析结构、分析结构、与学生讨论课题、写文章。如果没有足够的时间，我只能少读文章、少听讲座了。

Nikola 教授的回答表述了一个简单的道理：一个人必须对他做的事情做些取舍，不可能面面俱到。无论是科研文献的阅读还是学术讲座的听取，都是为了借鉴相关经验、更好地服务于自己的科研课题。

在博士生阶段，尤其是前两年，我认为必须花足够的时间去听各相关领域的学术讲座，并进行科研文献的广泛阅读，打好批判性思维的基础，但随着科研课题的深入，对于文献阅读和学术讲座就需要有一定的针对性，也要开始权衡时间的分配了。

④挑战传统思维

从我懂事开始，就受到教育：但凡失败都有其隐藏的道理，应该找到失败的原因后再重新开始尝试。直到1996年，我在实验上也遵循这一原则。但在Nikola的实验室，这一基本原则也受到有理有据的挑战。

有一次，一个比较复杂的实验失败了。我很沮丧，准备花几天时间多做一些对照实验找到问题所在。没想到，Nikola阻止了我，他皱着眉头问我，"告诉我你为什么要搞明白实验为何失败？"我觉得这个问题太没道理，理直气壮地回答："我得分析明白哪里错了才能保证下一次可以成功。"Nikola马上评论道：（大意）"不需要。你真正要做的是把实验重复一遍，但愿下次可以做成。与其花大把时间搞清楚一个实验为何失败，不如先重复一遍。面对一个失败了的复杂的一次性实验，最好的办法就是认认真真重新做一次。"后来，Nikola又把他的观点升华：（大意）"是否需要找到实验失败的原因是一个哲学决定。找到每一个不完美实验结果原因的传统做法未必是最佳做法。"仔细想想，这些话很有道理。并不是所有失败的实验都一定要找到其原因，尤其是生命科学的实验，过程烦琐复杂；大部分失败的实验是由简单的操作错误引起的，比如聚合酶链式反应（PCR）忘记加某种成分了，可以仔细重新做一遍，这样往往可以解决问题。只有那些关键的、不找到失败原因就无法前行的实验才需要刨根究底。

我选择的这些例子多少有点"极端"，但只有这样才能更好地起到震荡大家思维的作用。其实，在我自己的实验室里，这几个例子早已经给所有学生反复讲过多次了，而且每次讲完之后，我都会告诉大家打破迷信、怀疑成规，而关键的关键是：Follow the logic跟着逻辑走！这句话，我每天在实验室里注定会对不同的学生重复讲上几遍。严密的逻辑是批判性思维的根本。

（3）科学家往往需要独立人格和一点点脾气

对社会人而言，科学研究是个苦差事；对真正的科学家而言，科学研究实在是牵肠挂肚、茶饭不思、情有独钟、妙不可言。靠别人的劝说和宣讲来从事科学研究不太可行，真正自己从心里感兴趣直至着迷、一心一意持之以恒地探奇解惑，才有可能成为一流的科学家，正所谓"不疯魔、不成佛"。在这个过程中，独立人格和脾气显得格外重要。所谓独立人格，就是对世界上的事物有自己独立的看法。恰恰是一些有脾气的人不会轻易随波逐流，可以保持自己的独立人格。因为时间关系，这里就不举例了。

（4）不可触碰的学术道德底线

做学问的诚实反映在两方面。首先是有一说一，实事求是，尊重原始实验数据的真实性。在诚实做研究的前提下，对具体实验结果的分析、理解有偏差甚至错误是很常见的，这是科学发展的正常过程。可以说，绝大多数学术论文的分析、结论和讨论都存在不同程度的瑕疵或偏差，这种学术问题的争论往往是科学发展的重要动力之一。越是前沿的科学研究，越容易出现错误理解和错误结论。

比较有名的例子是著名物理学家费米 1938 年获得诺贝尔奖，获奖的重要原因之一是他发现了第 93 号元素。实际上，尽管费米在 1934 年曾报道用中子轰击第 92 号元素铀可以产生第 93 号元素，德国的化学家哈恩在 1939 年 1 月发表论文，证明产生的元素根本不是 93 号元素，而是 56 号元素钡！但这个错误并没有改变费米是杰出的物理学家的事实，也没有影响他继续在学术上的进取。费米很快提出后来用于制造原子弹的链式反应理论并于 1941 年在芝加哥大学主持建成世界上第一座原子反应堆。

再举一个生命科学领域的例子，埃德蒙·费希尔（Edmond Fischer）和埃德温·克雷布斯（Edwin Krebs）因为发现蛋白质的磷酸化于 1992 年获得了诺贝尔生理学或医学奖，但如果仔细阅读他们发表于 20 世纪 50 年代的几篇关键学术论文，你会发现他们当时对不少具体实验现象的理解和分析与我们现在的理解有一定差距，用今天的标准可以说不完全正确；但瑕不掩瑜，这些文章代表了当时最优秀最有创意的突破。

举这两个例子是希望大家区分错误（error）与不当（misconduct）的区别。比如一个实验由于条件有限，做出了一个结论，后来别人用更高级的实验手段、更丰富的实验数据推翻这个结论，那么第一篇只要详实地报道了当时的实验条件，更重要的是基于这些描述，其他实验室都可以重复出其报道的实验结果，就情有可原，无须撤稿。但如果明知实验证据不足，为了支持某个结论而编造实验条件或实验数据，这就是造假了，视为学术不端。

但诚实的学问还有另外一层重要含义：只有自己对具体实验课题做出了相应的贡献（intellectual contribution）后，才应该在相关学术论文中署名。这一点，很多人做不到。大老板强势署名的事情屡见不鲜；更有甚者，利用其学术地位和影响力，使一些年轻学者不得不在文章里挂上自己的名字，有时还以许诺未来的科研基金来换取论文署名。这种做法不仅有失学术道德，更是会严重阻碍创新，对整个学术界风气的长远恶劣影响更甚于一般的造假。

（5）你不习惯的常识

①我们有限的认知不足以支撑一成不变的真理

你们在课堂里学到的所有定律、公理等，都是前人对自然现象的归纳总结，是现状下最好的归纳总结，可以有效解释这些现象，甚至预测一些还未发现的现象。也许这些定律和公理可以非常接近真理，但是，这些定律和公理仅仅是对现实的近似描述，都不是永恒的真理。随着人类对周围环境和宇宙认识的加深，这些定律和公理都会有失效的时候。这里最有代表性的例子应当是强大的牛顿万有引力定律，它可以解释太阳系行星围绕太阳的公转，但它无法完美解释水星近日点进动的问题，而需要引入爱因斯坦的广义相对论。所以，请大家牢记：科学研究中没有绝对的真理，只有不断改进的人类对自然的认识！

②科学和民主是两个概念

科学研究是探寻未知，其结果是科学发现和规律、定理；而民主通常是指在决策过程中每个人都有发言权的现象和过程。很遗憾，但也许是很幸运，在科学研究的过程中，从来没有"少数服从多数"这一原则。实际上，在前沿和尖端的科学研究领域，常常是极少数人孤独地探索，得到一些有违常规的意外发现，这些发现也常常被大多数人排斥甚至攻击。但最终，极少数的这些科学探索者的发现还是会被学界和社会所接受。从苏格拉底到布鲁诺、哥白尼，这里的例子不胜枚举。虽然"科学真理最初往往被极少数人发现"的道理人人知晓，但到了日常科学研究中，在各种噪音中，真正能够全力探索、冷静辨别真伪的又有多少人能做到呢？

其实，真正优秀的科学评价也不是简单的一人一票。我从霍普金斯大学读博士到普林斯顿大学做教授的这 18 年间，常常看到一个有趣的现象，那就是在一场激烈的学术讨论过程中，初始阶段大多数人坚持的观点逐渐被少数几个人的观点说服，成了实实在在的多数服从少数。这些少数人制胜的法宝就是精准的学术判断力和严密的逻辑。这种现象，在基金评审、科学奖项评审、重大科研课题讨论及评审等等过程中也常常出现。

③科学是高尚的，但科学家未必高尚

走上科学研究之路，每个人的动力都不同。有人可能是基于兴趣，有人可能是因为成就感，也有人就是把科研当成了追求名利，甚至仅仅是谋生的手段。所以，大家没有必要盲目崇拜所谓学术权威、盲目崇拜教授专家。

然而，在科学评价中，却是"论迹不论心"。也许以名利为手段的会最终心想事成，做出重大科学成果名利双收；也有清高淡泊、醉心学术却因为种种原因一事无成的。这都是实实在在会发生的。

但不论每一个个体是以什么目的、什么动力在做科研，科学的本质就是求真，科研的目标是不断拓展人类知识的边界、推动技术进步。而哪怕你的初衷只是把科研当成一份普通的工作、当成谋生的手段，如果你坚持走下去了，我也祝福你能够慢慢从日复一日的重复、无路可走的焦灼，到柳暗花明、灵光乍现的起伏中逐渐体会到从事科学事业的幸福感、满足感和成就感。真正的科研动力来自内心的认同！真正的学术道德在完善科研管理体制之外，也有赖于每一个个体对于科研之道的认同而实现的自律。

第八章

间接知识及其建构特征^①

直接知识是指能够直接满足人们日常生活需要，或者对人类物质生活的改善和提高带来直接效用的知识；不能带来日常功利生活的直接改善，但能通过发现和解决问题、改进工艺和技术，间接改善物质生活和其他社会生活条件的知识，都属于间接知识。间接知识的形成，受制于人们纯粹的求知需要，受制于对事物的类型化研究，受制于理论建构和对理论的实验（实证）验证和逻辑演绎，同样受制于对人的自由思想的制度保护。作为间接知识代表的科学知识和由以推进的技术进步，是人类现代文明的核心和基础。

论及一个民族的思维方式，自然不可脱离该民族或社会中人们主要的生活方式。由于人类文化或文明的世代传承而造成的相对稳定性，生活方式如果作为一种文化模式固着下来，任何背离这种模式的意图和行动，都会成为一种信仰或世俗世界中的离经叛道而被克服。现有的文化社会学或文化人类学，多立足于对不同民族的文化形式，在价值中立的前提下提供某种因果论和功能论的解读，却较少透过知识的类型说明造成各民族生活方式和文明发展水平的差异。为了弥补文化研究中的这种缺憾，有必要结合人类行为选择中工具性程度的高低，构造直接知识（direct knowledge）和间接知识（indirect knowledge）两个概念，说明表现在文化模式中的各民族思维方式和行为模式的差异，以及不同的知识类型对社会文明的影响。

一、知识及其类型

关于科学知识的社会学研究大体存在着两条思维进路，即科学社会学和科

---

① 本章内容曾以"间接知识及其对人类文明的影响"为题，发表于《自然辩证法研究》杂志 2011 年第 9 期，收入本书时略作了修改。

学知识社会学，前者主要考察作为一个社会子系统的科学和科学家及其共同体在社会系统中的地位与作用，考察影响科学发展的诸社会要素或条件，默顿的科学社会学名著《十七世纪英格兰的科学、技术和社会》代表了这种研究范式或思路。另一条进路是把导致西方社会工业化和现代化的科学知识作为一种重要的知识类型，考察它的产生和形成，以及影响科学知识产生的因素，这一思维进路实际上是一种知识社会学思路。德国哲学家、社会学家马克斯·舍勒（Max Scheler, 1874—1928）的《知识社会学问题》（1924）、《知识形式与社会》（1926）被视为该范式的奠基性著作。① 这里我们搁置对于科学的社会学思考，结合不同的知识分类思路，考察一下造成不同民族知识形态差异，并造成文明发展进程差距的知识类型学原因。

早在古希腊时期，亚里士多德就通过思维作用于外部世界的方式，把知识分为静观的知识、实践的知识和制作的知识三种类型。静观的知识可以理解为人们尤其是智者们通过直觉、顿悟和冥想式思维获得的关于世界的本质和来源的知识体系，主要表现为宗教神学、形而上学以及最具形式特征的数学和逻辑学知识，如古希腊的自然哲学、各民族的神话传说和宗教思想以及中国春秋时期的道家思想。实践的知识主要指与人的社会行为及其调节有关的风俗习惯、伦理规范和法律制度等知识，这类知识体现在人的日常行为中，而且对他人和社会能够产生直接的影响。关于制作的知识，亚里士多德并没有提供太多说明，只提到了诗学和修辞学，但从作用于世界的方式来看，应该还包括对人的社会生活尤其是工具性操作发挥重要影响的知识，如各种形态的技艺、技术和工具等。

康德借助其"哥白尼式的革命"实现了对知识适合论的颠倒，"人为自然立法"成了他的知识论和真理观的基础，并建立了理论理性、实践理性和判断力三种立法领域，也就是三种知识形态。这三种形态与前述亚里士多德的知识类型学有相当惊人的一致。作为实证社会学的创立者，孔德按照人类认识的形式，把知识划分为神秘的宗教神学形态、抽象的形而上学形态和实证的科学形态，并根据这些形态，把社会相应地划分为蒙昧的军事时代、革命的过渡时代和和平的工业时代。迪尔凯姆透过集体意识的形式考察了知识与社会之间的关系，提出了一种属于社会决定论的知识论思想，认为作为集体象征的知识及其类型，实际上表现着社会的类型。"……如果事物的全体被构想为一个单一的体系，那

---

① 张耀南."知识社会学"在中国［N］. 光明日报，2003-08-12.

么这是因为社会本身看上去就是这个样子……逻辑的层次只不过是社会等级的另一个侧面，而知识的统一体不外乎就是扩展到整个宇宙的集体的统一体而已。"①

为了探索世界的价值秩序，马克斯·舍勒借助内驱力和抵制之间的平衡，把人类知识大体划分为这样三种类型：具有最高价值的宗教知识，这种知识旨在"维护和保全群体的存在、命运和拯救过程，并且使它形成与某种具有压倒性优势的和神圣的、被人们当作最高的善和所有事物的实存基础来评价的实在的认识关系。这首先是整个群体所具有的、持续存在的、生命方面的迫切需要，只不过其次才是作为个体的个人所具有的、生命方面的迫切需要。这就是与各种宗教知识相关的求知欲之永远存在的情绪性根源"。具有次一等价值的形而上学知识，"作为一种新知识类型的基础发挥作用的，主要是精神方面的惊异感。"最后是通常被称为实证科学的知识，这种知识处于最低一个等级。实证知识产生的根源在于人们为"争取对自然的进程，对各种社会进程、对各种心理过程和集体过程的控制和支配的过程"，其心理特点表现为人的"实践性—技术性智力"。② 稍加留意便不难看出，后来哈贝马斯把人类的知识分为源于三种不同兴趣的三大类型，即源于技术的自然科学、源于实践的精神科学以及源于解放的批判科学，显然受到了舍勒这一知识分类理论的启发。③ 在"个人知识"理论基础上，迈克尔·波兰尼（Michael Polanyi，1891—1976）认为，凡具原创能力的专业人士，其知识都分成两部分——直接知识和间接知识。属于专业范围的知识称之为直接知识，与专业无关的知识称为间接知识。在创造过程中，间接知识是作为直接知识的援手而发挥作用的。如果一个人只有专业知识，即直接知识，他的创造能力很有限，唯有用专业知识之外的间接知识来碰撞专业知识，或者用间接知识作为专业知识的辅助，才有可能在专业领域取得较大的突破。④波兰尼这里所说的直接知识和间接知识，显然是针对知识创新或创造性劳动而言的，而不是就我们日常生活而言的。

---

① 刘文旋. 社会、集体表征和人类认知——涂尔干的知识社会学［J］. 哲学研究，2003（09）：74-80.

② ［德］马克斯·舍勒. 知识社会学问题［M］. 艾彦，译. 北京：华夏出版社，2000：73-75.

③ ［德］哈贝马斯. 认识与兴趣［M］. 郭官义，李黎，译. 上海：学林出版社，1999：201-202.

④ 武群堂. 获取"间接知识"［N］. 杭州电子科技大学报（第二版），2009-05-19.

二、直接知识的经验性

在西方认识史上，经验从来没有成为知识的唯一来源。从苏格拉底的助产术、柏拉图的理念论到亚里士多德的形式逻辑，构成了西方知识论的另一传统，这就是理性主义传统。苏格拉底声言"未经理性审视的生活是不值得过的"，柏拉图把智慧视为最高的善，以及亚里士多德"吾爱吾师，吾更爱真理"的宣示，表达了西方早期思想家对知识可靠性的追求。这种追求除了借助不断的辩论、反诘外，从亚里士多德开始的知识分类研究和对确保知识可靠性的形式逻辑的建立，已经表现出西方思想家对外在世界和作为其认识成果的知识之真理性，而不仅仅是效用的探索。亚里士多德之所以被誉为西方百科全书式的思想家，就在于他不仅初步建立了严密的形式逻辑体系，还在于经由对知识的类型学划分，为诸多学科知识的形成奠定了基础。

有鉴于此，这里对于知识的理解，拟采用经验和理性并重的态度，把知识看作人们应付生活事件，或者解决生存与发展问题的重要技巧，或者如同文化生态学派所说的生态适应模式。人类学家往往倾向于把知识理解到广义文化方面去，吉尔兹在《地方性知识——阐释人类学论文集》中，不无讽刺地把一元化知识时代的社会科学称作"社会物理学"，以警示人们，社会生活和文化现象本来就不能像物理现象那样用机械的因果模式去处理。① 与吉尔兹的地方性知识（local knowledge）相对应，可以把为各民族普遍适用的科学知识称为普适性知识（universal knowledge）。当然，这里的普适性知识并不单单限于自然科学知识，甚至也包括自由、民主、人权和市场经济制度等具有明显意识形态色彩的社会科学知识。需要说明的是，地方性知识和普适性知识只是就知识的适用范围和民族传统划分出来的，其中包含着明显的文化相对论主张。这种主张并不能满足本研究对知识的另一种视域或维度的划分，即直接知识和间接知识。这种划分意在对比说明技术文明和促成了技术进步的科学知识，在不同民族和社会中成长与分布的差异。这种差异究其原因是综合性的、社会性的，但归根结底则是致思路径和思维方式上的。

直接知识可以看成是能够直接满足人的基本物质生活需要，或者说对人类物质生活的改善和提高带来直接效用的知识。采摘、捕猎技巧就是一种最早形

---

① ［美］克利福德·吉尔兹. 地方性知识——阐释人类学论文集［M］. 王海龙，张家瑄，译. 北京：中央编译出版社，2000：200-201.

态的直接知识，其次则是农业耕作技艺和农作物的种植、生长发育、田间管理与收割有关的知识。相应地，并不能带来基本物质生活的直接改善，但能通过发现和解决问题、改进工艺和技术，间接改善人们经济和社会生活的知识，都属于间接知识。显然，造就了西方工业文明的科学知识，大都属于间接知识。与这两种知识类型相对应，存在着直接思维和间接思维的差异。

直接知识不仅是直接满足人们物质生活和功利之需的知识，而且是直接源于生活经验的知识。人们获得这种知识的途径几乎完全符合为行为主义所揭示的经典性条件作用和操作性条件作用原理。非技巧性的简单生活经验是从以往生活中经由重复性作业及其效用的刺激强化中获得的，而技巧性知识则是通过探索解决问题的思路和方法逐渐凝结下来的。前面的讨论已经确立了科学知识经验和理性的双重属性，说明科学知识是经验的，但经验知识未必是科学的。如果说科学知识必须以重复的受控实验验证为前提，那么得自社会经验的直接知识，则严重缺乏必要的实证乃至实践检验。这正如民间智慧所指出的，"经验是永远总结不完的"，完全依于生活经验，我们永远不能通达真理，也不能获得对生活、对社会乃至对世界的真确认识，至多只能获得一些生活感悟，而真正可靠的知识则需要对得自生活经验的直接知识，在做出必要的一般性抽象基础上的逻辑推演，也就是理性论证。

简单而直接的生活经验，会使人们形成某种行之有效的生活方式和行为模式，这些东西往往构成我们包括道德、习俗在内的传统文化，而技巧性知识演化出了包括器具和生产工具在内的技术文明成果。在知识经由实验论证，技术经由生产过程及效果论证并演化出工业文明形式以前，这些立足于经验的直接知识，多表现为生活智慧和手工技术。农业社会中士、农、工、商的社会阶层秩序多少表现了这种知识及其拥有者的社会处境，其中的工并非工业社会中的工程师和产业工人，而是农业社会中的手工工具及其制作者，或者是较多掌握了技巧性的直接知识，并把这种知识转化为技术的人士，木匠、铁匠、皮匠、石匠、瓦匠、伞匠……构成这些知识拥有者的代表。

强烈的求知欲不会使我们满足于基本的物理性存在，也就是简单的生存，人类大脑的生理构造和进化程度，以及社会生活的复杂性，决定了我们必须而且也有能力对自然世界和人类社会的秩序，以及世界和社会的起源问题提供说明，也需要并且能够对自己无从把握的外在世界的运行机制和法则提供说明，以谋求精神或者灵魂的安宁。人类早期的占卜和巫术、西方社会成型的制度化宗教，以及在许多传统社会仍然盛行的泛神崇拜，都表明人类孜孜于穷根究底。但在如何看待外在力量，如何看待社会生活中的秩序与差别，以及人与社会的关系方面，不同民族则沿着不同的路向前行。这种路向也在很大程度上决定了一种文明的发展方向和进程。

三、间接知识及其方法论前提

当我们把直接知识界定为与人基本的生存需要或世俗生活中的效用直接相关的知识时，关于间接知识的内涵和特征就相对清晰了。其实，这里所谓的间接性实际上仅仅是一种表面的间接性，或者直观的间接性，其根源在于对知识之于人们生活尤其是日常功利生活关系简单而直接的认识。实用主义的效用真理观在很大程度上就是对这种日常知识的经验总结，但真正的实用主义还继承了西方传统中的理性精神，即对知识进行分门别类的传统和对演绎理性的重视。就杜威把工具划分为"物的工具"和"智的工具"，而且最重要的工具乃是不断造就出包括科学和技术在内的"物的工具"的思维方式，也就是"智的工具"① 来看，这一传统实际上来自奥卡姆剃刀②和前述马赫的思维经济原理。正如卡尔·波普尔通过对理性的经验批判所指出的，对于感性世界运行机制和法则的猜测，构成人类知识的重要来源，而科学研究所做的，不过是对这些猜测或猜想的证明或否证。

围绕经验和理性在知识甚至是科学知识形成和发展中的地位与作用的争论，或许是一个永远也无法结束的话题，但当我们把知识归结于直接知识和间接知识时，这一问题的重要性便无可避免地下降了。知识即效用，从而也必然是工具。这一得自培根经验归纳法的结论固然可以使我们认识到知识的重要性，但因工具的间接性或中介性，并不能使每一个人，尤其是世俗生活中的人意识到间接知识的重要性，于是，学习和求知的直接效用，便为每一个求知者所重视，至于知识的可靠性却可能被忽视。求知本来是人的特质，但对理念、理性、本质等的追求只是思想家的智慧"特权"。

按照效用特征对知识所作的直接性和间接性的划分，明显是相对于人的日

---

① ［美］杜威. 哲学的改造［M］. 许崇清，译. 北京：商务印书馆，1997：50-51.

② 奥卡姆剃刀（occam's razor, ockham's razor）又称"奥康剃刀"，由 14 世纪逻辑学家、圣方济各会修士奥卡姆的威廉（William of Occam，约 1285—1349 年）提出。这个原理被称为"如无必要，勿增实体"，即科学研究中概念使用的"思维经济原理"或"简单有效原理"。

常生活的，但说哪一类知识没有效用，是一个无法服众的判断。所有知识都是有用的，但并非直接有用的，更不是在日常生活中直接有用的。满足日常需要的日常知识，并不需要在因果性问题上太深入。"水往低处流"是人人都可观察到的现象，至于水究竟为什么往低处流，则是对生活没有直接用场的追问。对这一追问连同苹果落地原因提供了答案的，则是牛顿力学和社会学中的社会分层理论。借用撬杠搬移重物显然比人工徒手作业省力许多，中国人甚至所有民族的人们，都会很早意识到这种诀窍，以至于在没有大型起重机械的古代社会，就可建造出名扬世界的万里长城和金字塔等超大型工程，更勿说早在先秦时期就已经广为使用的衡器——秤了。为这一现象提供了原理解读的，是阿基米德的杠杆原理。

正因为如此，当我们考察间接知识所以生成的社会条件或原因时，以下这些要素无疑是极为重要的：

首先，间接知识并不是直接应付生活事件的知识，而是有关外在世界的存在和运行状态及其原因的知识。"人是万物的尺度"是古希腊智者派思想家普罗泰戈拉的名言，但这句名言主要涉及外在事物的效用和价值评判问题，不涉及世界的本质和法则。真假问题所以成为真理论和知识论的前提，乃在于正确虽然是一种价值判断，但这个判断必须以事实为基础，离开了真实性，也就无所谓知识的真理性。所以，直接知识主要局限于人们应付生活实践的效用问题，而间接知识则往往因纯粹的求知需要而生产出来。正如波兰尼所指出的，求知是一种要求技能的行为，是一种艺术……知识具有内在美（即他所称的"求知美"，intellectual beauty），人们对知识的追求正是对这种美的追求……即使在诸精密科学中，甚至在个人成分最少的经典力学这一所谓"最接近于完全超脱的自然科学"的领域，知识的获得也要求科学家的热情参与，要依赖科学家的技能和个人判断，更不要说在生物学、医学、生理学、心理学这样的"主观性"显然强得多的科学领域了。波兰尼相信，没有科学家简单而纯粹的科学兴趣，没有科学家充满热情的参与，没有科学家把其一生的精力一点一滴地像赌注一样的投入，任何具有重大意义的科学发现都是不可能的。[1]

其次，间接知识表现为对事物分门别类的思考和研究。如果说自然表达了在人心和人力控制之外的客观世界的特征，那么，不对这些杂乱无章的事物作分门别类的考察，我们就无法充分认识和把握任何对象。柏拉图的理念及其分

---

[1]　张一兵. 波兰尼和他的"个人知识"[J]. 哲学动态, 1990 (04)：25-28.

有的思想，首次从形而上学的高度确立了理念或道与具体存在的事物及其形式、状态之间的关系，使形态、性质、质料、过程、属性等表现事物或存在样态的东西，逐渐分离开来，为后来西方学者对事物的类型学研究奠定了基础。物理现象、生理现象和精神现象就此区别开来，固体、气体、液体及其与冷热性质也就是温度的关系逐渐明晰起来；正是沿着这样的思路，才会有林奈的生物分类学、门捷列夫的元素周期律以及数理科学中代数学、几何学、微积分、概率论与数理统计等一系列作为科学方法论或工具基础的学科及知识的形成。从这个意义上说，科学不是别的，乃是分门别类地考察和研究事物或对象所形成的知识体系，无论这种知识是不是经历了经验或实验的验证。在亚里士多德时代，虽然并没有相对成熟的实验方法，但这并没有影响亚里士多德提出许多成为后来科学发展基础的类型化知识。

最后，作为思维形式工具的逻辑学的建立和形成。自从科学作为人类重要的知识体系建立以后，作为科学理论验证手段的实验所具有的重要性充分显现出来，凡是未经实验验证或者无法经受实验检验的知识，都被拒斥在科学大门之外，其中包括曾经的心理学和如今的社会科学。实验主义以及社会科学中的实证主义，一度作为判断知识科学性的首要标准被强调，却忘记了知识形成过程中人类对外在事物或现象及其因果性的主观猜测的重要性，忘记了演绎逻辑对于作为因果性的观念反映的概念间关系建立的重要性。日常生活中的直接知识对于世界的反映是简单的，饥饿和乏力是对机体缺乏食物和能量的反应，只要补充食物和水分，这种感觉就会缓解或消失，获得食物的途径无外乎采食或者产食。但构成人类食物的植物和动物，各有什么种类和特征，生长发育节律究竟如何，与自然气候条件和环境之间的关系究竟如何，却属于间接知识的领域，而且只有借助于概念和逻辑建构，才能使这些关系逐渐清晰起来。

四、间接知识的建构属性

涉及人类生存的直接知识中的因果性是相对简单的，但在间接知识领域，这些因果性则复杂得多。无论自然现象，还是社会现象，多呈现复杂的系统性和因果多元性特征，需要借助猜测、联想，在诸多可能的因果性之间进行筛选和排除。表现或反映热量的温度特别是季节与动植物生存、生活和繁衍之间的关系逐渐被揭示，但温度对动植物生长发育作用的机理要经由生理学的建立来完成。社会生活中人的行动与其需要和动机之间的关系，行为方式与其所采取的手段之间的关系，以及这些行动对作为共同体的社会的影响如何，同样属于与日常行为无关的间接知识的领域。行为动机、手段与效果，效果与社会的关系都属于相对复杂、迂回、曲折的因果关系。这些关系自然可以通过有限的经验加以揭示，但要使人们对这些问题获得正确的知识，则需要借助逻辑推论和实证检验。自然科学知识的真理性需要实验，而社会科学知识的真理性则需要实证，但实验和实证都不排斥理论建构中的逻辑演绎和推证。

没有经验知识，基本上不可以造就科学理论，但只有经验知识而不经由理性的逻辑演绎和推证，肯定也造就不了科学。即使是自然科学研究中的科学实验，也需要有基于假设的因果性的实验设计；社会科学中的实证研究，则需要基于理性推证的理论假设。对于社会现象的研究，还要尽可能排除基于价值观的实践企图，以贯彻科学所要求的客观性和价值中立标准，由此使模态逻辑的重要性凸显出来。

如果说，简单经验、功利和直接效用、直观思维和非逻辑性表现出直接知识的特征，那么，分门别类和条理性、真理和间接效用、中介性思维和逻辑性则表现出间接知识和间接性思维的特征。表现在直接知识和间接知识中的思维方式，似乎还连带着目的性（功利性）思维和工具性思维的问题，但这一问题更多涉及知识的形态和造就这些形态的知识观与方法论问题，而这一问题只能留待专门的知识社会学和知识类型学加以解决，这里专门以科学知识和日常知识作为间接知识与直接知识的简单代表，来讨论间接知识的来源。

毫无疑问，科学知识是间接知识，它所应对的并不是日常生活，而是世界的知识及其真理性问题，具有高度的理论化和形式化特征。生活真理以事境为旨归，科学真理则以体系为旨归。知识的间接性虽然不减少其真理性，它的可理解性却随着间接性的增加而递减。我们为了理解而营造论证，然而，过度的间接性使我们失去了理解。① 关于造就间接知识的理性，黑格尔指出，"理性是有机巧的，同时也是有威力的。理性的机巧，一般来讲，表现在一种利用工具的活动里。这种理性的活动一方面让事物按照它们自己的本性，彼此互相影响，互相削弱，而它自己并不直接干预其过程，但同时却正好实现了它自己的目的。"②

把生活理解为满足人的各种需要的社会行动或社会历史过程，旨在强调人

① 陈嘉映. 科学、真理和知识分子［EB/OL］. 北大科学史与科学哲学网，2003-05-28.
② ［德］黑格尔. 小逻辑［M］. 贺麟，译. 北京：商务印书馆，1982：394.

与自然界其他生物生命活动的一致性。但在人达成自己目标、满足自己需要的过程中，分化出了许多与人的生存并不直接相关，却对改善人的生存状态极为重要的社会生活领域，这就是知识和技术领域。人类文明的核心就是在满足自己基本需要的过程中，间接地建构和发展出了在自然世界中原本不存在的东西，使我们表现出特异于其他动物的属性，这就是风俗习惯、道德规范、科学、技术、宗教、制度等一系列既给我们带来方便，也带来约束的成果。这些成果就被我们称之为人类文明，在一定意义上也被称为人类对于自然的远离，对自我的异化。在这个过程中，作为现代性核心因素之一的理性一直扮演着十分重要的角色。

科学是人类借助经验和理性建构与发展起来的间接知识，知识分子是代表这类间接知识的群体。当然，知识不是游离在生活之外的东西，间接知识也同样交织在现实生活之中。近代以来，不只是我们的知识形态越来越向间接化方向发展，我们的整体生活都在间接化。在相当长的历史时期，人类生活在比较狭窄的地理空间里，人们"可能仅依据其自身的地方性知识，或者其直系亲属群体的知识，来引导自身的生活"。工业化以前，一个生产者往往掌握着整个生产过程，看得见自己的终端产品，这些产品多数是自己享用，或者他了解产品的购买者、享用者。现在，由于知识的专门化和生产过程被分解为大量环节，没有谁能够掌握一种产品的全部生产过程，每个人的产品都以商品的形式开始并以商品的形式出售，人人都只为市场生产；生产者本人也进入了市场。吉登斯①把现

---

① 安东尼·吉登斯（Anthony Giddens, 1938—），英国社会学家。他以结构化理论（structured theory）与对当代社会的本体论思考（ontological thinking）而闻名。他被认为是当代社会学领域中有卓越贡献的学者之一，他写了至少34部著作，被以至少29种语言出版发行，并且以平均一年一本以上的著作速度为学术贡献。他被描述成自从约翰·梅纳德·凯恩斯以来最有名的社会科学学者。安东尼·吉登斯与布莱尔提倡的"第三条路"（Third Way）政策影响了英国甚至其他国家的政策选择。安东尼·吉登斯无疑是当今世界重要的思想家之一。在过去40年里，他所提出的一系列理论对世界产生了重要影响。2009年，吉登斯再出新著——《气候变化的政治》，并迅速在全球学术和政治界引起广泛关注。

吉登斯曾任伦敦经济学院院长，其学术成就主要体现在以下几个方面：对以马克思、迪尔凯姆、马克斯·韦伯等为代表的经典社会学家思想的反思；对以结构主义、功能主义和解释社会学等为代表的现代社会学研究方法的反思；对社会学研究方法的重建，提出了著名的"结构化理论"；现代性理论范式的提出和现代性发展的反思。

代性称为"风险文化"，乌尔里希·贝克①则把由科学技术和资本主义精神造就的现代社会称为风险社会。风险和危险不同，危险与肉身同在，而风险像风一样漂浮在茫茫人海之中。现代人并不面对更多的危险，事实上现代人面对的危险要少得多、轻得多，现代社会却被称作风险社会，就在于间接知识所带来的技术进步，使我们迎来了一个高度精细化的时代，但社会管理和服务无法跟上这个时代的步伐。

五、间接知识与中介性思维

间接知识是人们关于如何最为有效地通达某种生活目的，满足某种看似简单、纯粹甚至天真的需要，把认识和行动转向对间接的手段、途径和方法的探寻而形成的知识。这种知识并不能为人们带来某种实际而即时的功利，尤其是基本物质生活的满足，却可以为这种满足提供有效便利的技术手段和工具（包括制度工具）。如果要对间接知识与形式化、类型化的思维方式，也就是理性思维方式之间的关系作一个梳理，那么结论无疑是这样的：正是奠基于古希腊时期智者派思想中的理性、理念、本质、逻各斯等反映人们对世界终极原因，并且在实际世俗生活中似乎没有多少直接价值的知识——这类知识所对应的并不是世俗功利，而是作为灵长类动物独特属性的无限的求知欲——以及获取这些知识的方法之探索，加上文艺复兴以来对这些问题及其求解的方式的挖掘，促成了西方科学知识的兴起，而这种知识对于技术发明和创新，也就是技术进步的贡献，则催生了工业文明。

直接知识是任何民族的人们都具有的，而且也是相对容易获得的，但间接知识的形成需要借助一系列外部条件，首要的条件便是思想自由的社会背景和制度条件。之所以如此，只在于理性形成于人们对直接知识的试错性解答，也形成于对与世俗生活关系不怎么紧密的本体论或形而上学的解答。

---

① 乌尔里希·贝克（Ulrich Beck，1944—2015），德国著名社会学家，慕尼黑大学和伦敦政治经济学院社会学教授。贝克被认为是当代西方社会学界具有影响力的思想家之一，从 20 世纪 80 年代以来先后提出了风险社会、第二次现代化、全球化社会学等理论，在世界范围内产生了广泛影响。他与英国社会学家安东尼·吉登斯和斯科特·拉什共同提出"第二次现代化"的观念，力图在现代与后现代之间开辟出"第三条道路"。由他首创和提出的诸多新的概念和论点均不无争议。主要著作有《风险社会》（1986）、《反毒物》（1991）、《生态启蒙》（1992）和《风险时代的生态政治》（1994）等。

2015 年 1 月 1 日，著名社会学家、"风险社会"概念提出者、德国慕尼黑大学和英国伦敦政治与经济学院社会学教授乌尔里希·贝克教授因心脏病逝世，享年 70 岁。

现代文明的知识基础是具有间接性特征的科学知识的基本特征，这就是理性的经验知识和经验的理性知识，其中的理性往往以间接性作用于人类知识的增长。理性思维方式就是间接、中介和工具性的思维方式，它以有效解决问题、通达目的为目标，以简捷、合理和高效为原则。间接知识并不单纯是一种知识类型，而是借助其间接性不断造就科学理论，把这些理论落实于技术和工具，从而与制度理性相结合并催生了工业化生产和现代化社会的知识类型。这里所做的，仅仅是把思维方式和知识形态与对个人和社会产生影响的制度结合起来，从而在传统与现代、东方与西方之间架起一座可以通达的桥梁和中介。这一中介就是被称为理性思维的间接性思维，这一中介对人类进步和社会发展的影响，就是通过造就大量间接知识体现出来的。

第九章

模态逻辑与社会科学

模态逻辑是关于外在事物模式、样态以及人们对这些事物认识状态的总称，模态逻辑是逻辑学的重要组成部分。模态逻辑虽然是高度形式化的，但其中的认识模态、道义模态和历史模态对人们认识社会、建构社会科学理论具有重要的影响。忽视社会生活和人的主观认识的模态性质与类型，会严重影响社会科学研究及其理论成果的真理性，甚至造成社会理想主义的大泛滥。

对自然世界和社会世界的理解与解释，多属于科学家和哲学家的使命，但对良好的社会秩序的设想和建构，为思想家、社会理论家和普罗大众尤其是现实生活中处境不佳的人们所共同期待。无论我们如何从理智中排斥和否认宗教世界的真实性，对世俗世界中的人来说，如果我们不能提供一种令人信服的社会理论，解释现实世界的种种问题，那么，缺乏知识的人们还得从他们的信仰中寻求寄托。单从哲学和理论科学来说，逻辑的重要性不言而喻，没有逻辑就无所谓理论，没有理论经由逻辑构成理论体系，也就无所谓科学，无论是自然科学，还是社会科学。如果我们把知识简单划分为日常知识和专门知识，那么，日常知识可以不需要精密的逻辑系统来构造，简单经验即可以满足日常需要。但就专门知识来说，没有精密的逻辑演绎和推理，构造或建构一种解释某个知识领域大部分问题的理论框架，还不能说我们已经掌握了相关的科学知识。

有鉴于此，这里就逻辑学中易被忽视，但对科学知识极端重要的模态逻辑对科学尤其是社会科学理论可靠性的影响，提供一些认识和讨论。

一、科学知识的客观性

众所周知，无论自然科学还是社会科学，都是人对自然世界和社会生活一般规律的认识。对自然的认识，哲学家多理解为源自对自然世界奥妙，也就是世界运行规律和法则的兴趣或求知欲，按照社会学家马克斯·舍勒的理解，是为了缓解自己的内驱力，但从功能或效果来看，这种认识则经由技术有助于人们对自然资源的开发和利用，以提高人类的环境适应性。对社会和社会生活的认识，按照马克思和哈贝马斯的理解，是为了获得人的解放，也就是求得自由的嗜欲力。就自然科学来说，由于人与自然关系的相对分离，科学家保持一种基于理智或理性的价值中立相对容易，但对社会科学来说，人与社会的高度融合，使得社会科学家要从自己所存身的社会中脱身出来，以一个纯粹旁观者的身份观察和研究社会，具有相较于自然多得多的困难。我们只知道人是社会的一部分，社会共同体中人的处境和相对地位，很大程度上决定了他对所在社会的看法和态度；但从另一方面来说，人们难以理解社会也是人的一部分，这个部分与人的自然的生物学部分，共同构成了一个既具自然性又具社会性的完整的个人。在一个人的内部还存在着心理的人，人的这个部分实际上是人的自然性与社会性、人的生理与外在社会之间互动的结果。弗洛伊德精神结构中的本我、自我和超我，在某种程度上揭示了人的这种三维存在。其中本我可以看成奉行唯乐原则的自然的生物人，超我则是社会化造成的理想主义的社会成果，自我则在很大程度上处于本我与超我的互动与拉扯之中。

从这种意义上说，自然科学家保持一种相对于自然的客观性，从而使人对自然的立法——康德意义上的科学——除认识方法和能力的限制与影响以外，具有毋庸置疑的真理性。但对社会来说，人与社会的复杂关系，以及研究者本人的生活处境，使社会科学研究中的客观性和价值中立具有极端的重要性。一种社会真理，如果仅仅表达了社会科学家及其所属阶层、阶级或其他社会群体的处境，那么这种知识在很大程度上，仅仅是亚里士多德所说的意见的知识，而不是理性的知识。但这里要考察的，并不是人的这种社会性对社会科学真理性的影响，而是社会的外在属性，人们对这些属性的认识状态以及其中所包含的价值观因素对社会科学真理性的影响。这些因素，就是逻辑学中的模态性质，或者说模态逻辑。

这里我们撇开归纳逻辑和演绎逻辑中的概念逻辑、词项逻辑、谓词逻辑等高度形式化的逻辑内容不论，重点考察与事物的状态和人的认识状态高度相关的模态命题逻辑对社会科学理论的影响，并提出改进社会科学研究和理论建设的若干意见。

二、模态逻辑与盖然性

科学史和科学哲学研究已经表明，作为经验的理性知识和理性的经验知识的科学，具有对经验和理性——其中最重要的是人的理智和作为形式科学的逻辑知识——的双重依赖。简单而分散的经验尤其是日常经验不足以造就科学，而单纯的形式逻辑仅仅是一些由语言陈述所表达的思维规律和法则，离开了经验知识所提供的素材，形式逻辑也不足以单独造就科学。"逻辑是一切科学共有的思想结构和思维工具，科学知识作为间接推理的知识必须使用逻辑方法。所以罗素才有把科学还原为逻辑的计划和构想。"①因此，形式逻辑也被认为是促成西方科学发展的重要条件之一，构造了形式逻辑体系的亚里士多德，也因此获得了百科全书式的思想家的美誉。②

在概念逻辑和谓词逻辑基础上，哲学家和逻辑学家把反映事物的存在状态、样式和趋势，以及反映人们对事物认识的确定性程度的状态称之为模态，这一称谓源于英文 model，内含样式、类型、模范、典型之意。如可能、或许、可以、一定、必然等都表达这类模态意义。需要注意的是，一般命题或者直言命题根据结构可以区分为原子命题和复合命题，当原子命题的真值确定以后，以一定的逻辑结构构成的复合命题的真假也就被唯一地确定了。非模态的直言命题的这种特征被定义为真值函项性，即直言复合命题的真假只依赖于原子命题，类似于数理科学中函数与其自变量之间的关系。但对模态命题来说，其真假不仅取决于构成它的支命题和原子命题的真假，还取决于模态本身，也就是由命题表达的事物本身的状态、样式、趋势，以及主体对这种事物模态认识的程度。按照卡尔·波普尔的说法，科学研究本身就是对事物或对象运动、变化的因果关系的猜测、猜想以及对这些猜想的验证和反驳。一种理论的建立和形成，就是从猜想的建立到反驳以及可以较为放心地接受的过程。"科学的任务是探求真

---

① 孙利天. 一切科学都是应用逻辑 [N]. 中国社会科学报，2011-07-06.
② 郭建萍. 简论亚里士多德的逻辑真理观 [J]. 理论探索，2006（06）：33-34，46.

理，即真的理论（即使如色诺芬①所指出的那样，我们绝不可能达到它，即使达到了也不知道它就是真的），但是我们也要强调，真理并不是科学的唯一目标……我们所寻求的是人们关心的真理——难以达到的真理。在自然科学（区别于数学）中，我们所寻求的是具有高度解释力的真理，这意味着寻求的是逻辑上非盖然的真理。"② 波普尔的意思是说，我们本意为谋求获得必然或确然的真理，但实际上我们在很大程度上只能获得盖然的真理。库恩在其科学哲学中提出的范式理论，很大程度上就是模态问题。他把范式理解为某一历史时期或阶段，为科学共同体所接受和承认的科学理论的内在结构，而体现这种结构的模型即为"范式"（paradigm）。"一方面，它代表着一个特定共同体成员所共有的信念、价值、技术等构成的整体，另一方面，它指代那个整体中的一种元素，即具体的谜题解答：把它们当作模型和范例，可以取代明确的规则作为常规科学中其他谜题解答的基础。"③ 卡尔·波普尔关于科学真理的盖然性和托马斯·库恩的科学范式思想，都不同程度地触及了模态问题。

三、模态逻辑及其类型

按照逻辑学家的划分，模态可以区分为事物模态与认识模态，或者客观模态与主观模态，分别用于刻画外在事物和人们对事物认识的样式、情状或趋势；就模态的形式化程度，模态可以分为逻辑模态（包括语义模态和数学模态）和物理模态（含历史模态），其中历史模态往往是社会科学研究中十分重要的模态领域；就模态所属的领域来分，又可以分为真势模态、认知模态、道义模态和时间模态。其中真势模态往往作为逻辑模态的基础，以两个重要的模态词必然（□）和可能（◇）分别表达物理模态和认知模态的性质。这两个符号也被称

---

① 色诺芬（Xenophon，约公元前430—前355/354），古希腊思想家。出生于雅典的富人家庭，是古希腊哲学家苏格拉底（约公元前470—前399）的门生。他拥护斯巴达的贵族政体，反对雅典民主政治。曾以雇佣兵身份参加过小居鲁士（前423—前401）对阿尔塔薛西斯二世的战争，后来，在小亚细亚加入斯巴达军队。公元前386年安塔尔基达斯和约签订后，色诺芬迁移到奥林匹亚附近伯罗奔尼撒地区他的领地居住，亲自经营庄园，并从事创作。后迁居科林斯，最后逝世于雅典。他的著作很多，经济方面有《经济论》《雅典的收入》。前者是色诺芬根据自己管理领地经济的经验而写成的，是古希腊流传下来的第一部论述经济的著作；后者是对雅典国家财政问题的讨论。

② ［英］卡尔·波普尔. 猜想与反驳——科学知识的增长［M］. 傅季重，纪树立，等译. 上海：上海译文出版社，1986：328-329.

③ ［美］托马斯·S.库恩. 科学革命的结构［M］. 金吾伦，胡新和，译. 北京：北京大学出版社，2003：157-158.

为模态算子，表明二者拥有定义和运算的意义。

这里对模态逻辑及其领域的简单介绍，已经使我们明白，在作为认识对象的自然世界和社会生活领域，事物存在着并不依赖于人的认识的客观的样式、模型和演变趋势，对这些东西的理解和把握，正是人类认识的主要任务和目标。但就认识主体来说，由于知识基础和认识方法的限制，认识本身并不具有充分的可靠性。培根所坚称的作为科学最重要方法的归纳法的局限性正在于此。逻辑经验主义充分认识到经验的有限性，从而确认即使再充分的经验证据也并不能保证知识的可靠性，再多的有效证据并不能充分支持一个理论和假说的真理性，只要有一个证据就可以推翻这一理论和假说。科学研究还必须强调对逻辑规则的应用。这样，科学家接受了归谬法和反驳，也就是否定证据之于真理可靠性的价值，虽然卡尔·波普尔很独特地提出了可证伪性作为科学真理性的标准，使之区别于既不能被证实也不能被证伪的宗教和形而上学。

为了充分完成对模态逻辑体系的建构，使人们通过对模态问题的分析可以鉴别真理，前述德国著名科学家、哲学家和数学家，微积分的发明人之一莱布尼茨（Gottfried Wilhelm Leibniz，1646—1716）在其哲学的核心理论单子论中，借助论证现存世界的实在论或形而上学基础，构造了一个对模态逻辑来说非常重要的概念，这就是他的"可能世界"（possible world），并建构了各种可能世界之间联系或通达的三元组模型。显而易见，莱布尼茨构造这一模型的初衷，正是对应于社会世界的合理性及其来源的论证的需要，也是古往今来对人类未来充满责任感的思想家所特别关注的。但我们这里要撇开逻辑学和科学哲学所关注的自然科学及其真理性问题，专门考察具有诸多模态内容的社会历史领域以及人们对这些领域的认识的可靠性问题。

真势模态中的必然和可能，不仅表示外在客观世界的某种趋势或可能性，也表示人们对这种趋势的认识和把握。我们说某事是必然的，意味着有一种充分的因果关系也就是由假言命题所刻画的条件作用决定了它一定会出现，如同假言命题推理中的充分条件命题推理那样；我们说一种情况是可能的，意味着存在造成这种情况出现的因素，但这种因素并不构成充分条件。以上两种情况，也只是就客观的真势模态来说的。事实上，人们对外在世界样态的把握，很大程度上同时是一种主观模态，这种模态取决于我们对造成事物模态的因素把握的可靠性，这种可靠性既受制于知识水平，也受制于认识方法。①

演绎逻辑，作为思维形式可靠性的根据，共同追求一个目标，那就是由真值形式所代表的推理——无论是直言推理还是模态推理——在严格排除歧义的条件下必须是有效推理，即不存在真前提推出假结论。直言三段论的规则和以此为基础的模态三段论的模态规则，就是判断推理有效性的重要标准。从构成模态三段论的命题形式来看，必然命题、直言命题和可能命题之间存在着真势逐步递减的趋势，那么，由两个模态命题作前提形成的三段论推理，其结论命题的真势不得强于前提中较弱的前提，就成为结论可靠性的一般判断标准。

同时，就两个真势模态词之间的逻辑关系来说，由必然性可以推出可能性，由可能性却推不出必然性。相应地，否定了一种情况的可能性，便可以否定其必然性；否定了必然性，却不能相应地否定其可能性。

逻辑学是高度形式化的，但无论如何，它依然是人类思维重要的方法论工具，而且是形式化工具。把这一工具尤其是其中的模态规律应用到社会科学研究和社会政治实践中，可以避免很多貌似合理，却严重缺乏现实性基础的社会理想，可以避免因迷信这种理想或社会理论而造成的政治、历史和社会悲剧。

四、模态逻辑的社会表现

社会学家尤其是现象学社会学家基于对外在世界非意向性特征的把握，把自然世界（natural world）称为有限意义域（limited domain of meaning），其中还存在着大量并不十分明确的模态领域；与该领域相对的人的意向世界——现象学家所谓的现象界，也就是社会世界（social world），则是一个由大量主观性或意向性构成的无限意义域（infinite domain of meaning），其根据在于人的欲望和要求的无限性。② 道家哲人很早就领悟到意义世界的这种特征，那就是价值和意义的相对性，从而对外在世界采取一种积极遁世的态度。由于社会本身的复杂性以及人与社会高度紧密和交织的关系，就社会科学研究及其成果来说，究竟有多少出自科学家对于这个人类共同体的客观理解和关照——这种理解和关照需要排除学者自身的处境——又有多少仅仅是对他们自身愿望和要求的反映，大概需要有一种足够客观的标准加以研判。这里要指出的是亚里士多德的理性

① 周北海. 模态逻辑与哲学 [J]. 北京航空航天大学学报（社会科学版），2000（03）：32-36.

② 舒兹. 社会世界的现象学 [M]. 卢岚兰，译. 台北：桂冠图书有限公司，1991：69.

的知识，马克斯·韦伯的价值中立和客观性，默顿所说的科学的精神气质，卡尔·波普尔的批判理性（critical reason）等，所有这些著名的思想，共同指向从柏拉图的理想国、儒家的大同理想，以及托马斯·莫尔和傅立叶、圣西门和欧文的空想社会主义等社会乌托邦，以及被哈耶克指斥为"科学的反革命"的社会建构论（social construction theory）和社会科学中的理性建构主义（rational construction-ism）。

需要注意的是，人与社会的高度一体化，以及人的处境之于自己对社会感受和态度的影响，仅仅是影响社会科学理论可靠性的一个方面，更重要的原因在于社会的高度复杂性和系统性。达尔文对斯宾塞社会进化论的生物学应用，帮助他提出了生物进化理论，这种包含时间性的生物变迁机制，与其说是对尚不成熟的社会科学知识的引进，毋宁说是一种忽略了地球生物多样性及其生态功能的机械论照搬，生物进化的历程并不在物种之间，只可能存在于同一物种内部。马克斯·韦伯在其方法论中，高度强调社会的因果多元性，说明社会并不受制于任何单一因素，社会的因果多元性实际就是社会的系统性。其中任何因素的变化都会经由人和其他子系统影响到整个社会，但这个因素并不是造成某种社会状态的充分条件，而且由这种因素造成的变化也未必是必然的。社会的因果多元性和系统性特征共同造成社会这一人类共同体一因多果和多因一果的格局，造成任何一个因素的变化都会引起社会整体联动的特征。所以，迪尔凯姆认为，解释社会事实，必须同时作因果分析和功能分析，而且必须摈弃目的论倾向，用一种社会事实来解释另一种社会事实。因为人是有目的的，由人结成的社会组织包括国家是有目的的，作为人类共同体抽象的社会却没有目的。综合迪尔凯姆和韦伯的要求，社会学理论必须摈弃任何形式的决定论或者单称因果性。正如卡尔·波普尔针对历史主义社会理论所指出的，"理论社会科学的主要任务是探索人类有目的活动的出乎意料的社会反应（结果）……如果一个人迫切希望在某个地方购买一幢房子，我们可以有把握地假定，他并不希望抬高那个地方房屋的市场价格。但是，他作为买主出现在市场上这个事实，却有助于抬高市场价格。对于卖主也有类似的情况。"[①]

由于社会的系统性和人与社会关系的复杂性，人们对社会的认识，尽管是对与自己生活密切相关的对象的认识，但这种认识相对于自然来说，盖然性程

---

① ［英］卡尔·波普尔. 猜想与反驳——科学知识的增长［M］. 傅季重，纪树立，等译. 上海：上海译文出版社，1988：487-488.

度更高。对于自然现象，除了高度形式化的关系可以用相对纯粹的数理和形式逻辑加以刻画与描述外，还有大量的因果关系要靠具有明显盖然性的统计方法加以处理，那么社会生活中的盖然性，显然要比自然世界更多，也更高。无论对自然世界，抑或是社会世界，认知模态共同取决于世界的外在性和人类认知的不确定性。在正常状态下，由于人们对财富、权力、社会声望的高度重视，以及对与这三者相关的责任在不同制度条件下的态度和表现，一种缺乏充分论证的制度和政策选择，将会引起怎样的社会反应和结果或后果，总体上也是可以预期的。社会生活中的这种盖然性，虽然也是一种物理模态，但它对人并经由人对社会的影响是短暂而有限的，对试图解释社会和人类未来的社会理论来说，认知模态及其结论所产生的影响，则会严重和持久得多，社会学理论家和政治实践家对这种影响需要给予充分重视。

五、模态逻辑与社会理论

以上对逻辑模态及其类型，这些模态在社会生活和人的认识中的表现提供了相对笼统的说明。与社会生活密切相关的模态，除了作为模态基础的真势模态外，主要有道义模态和历史模态，以及共存于这三种模态中的认知模态。将这些模态类型分别与社会生活相结合，就会形成以下几个方面的问题：

（1）逻辑模态与物理模态之间的关系。二者之间存在着这样的推理关系：凡是逻辑上不可能的，一定是物理上不可能的，但物理上不可能的，不一定是逻辑上不可能的；凡是逻辑上必然的，不一定是物理上必然的，但物理上必然的，一定是逻辑上必然的。可以推出基本结论，在可能性上，逻辑模态高于物理模态，但在必然性上，物理模态高于逻辑模态。作为乌托邦的社会理想，在现实世界是不可能的，即使是可能，却未必是合理的，然而在逻辑中却是可能的，甚至在道德理想主义者和弱势群体的人们看来也是合理的。

（2）真势模态中可能与必然的关系。科学追求必然性真理，也就是物理上的必然性，但在认识活动中，人们往往从经验的可能性中寻找真理，而且最多只能凝练、总结并建立一种逻辑上的必然性，甚至也许仅仅是一种可能性。那么，由逻辑上的必然性和可能性推知物理的必然性，肯定是不可靠的，这就需要有自然科学的受控或对照实验加以补充。

（3）道义模态中道德责任和法定责任的关系。道义模态是反映社会关系中人的权利、义务和责任关系的模态类型。道义模态有两个判然有别的领域，那就是法律制度领域和道德领域。道德领域是公民个人的自主领域，道德义务是应当尽的，但并没有强制惩罚机制，所有的只是舆论谴责和良心的自我责罚；但法定义务则是必须尽的，否则会受到法律追究。对于国家机关及其工作人员来说，与受制约的权力相伴生的责任是法定职责，拒绝履行这种职责，要承担渎职的法律责任，并且宪法和法律需要以相应的罚则明确这种责任。①

（4）历史模态中的必然性和可能性。历史模态是就人类历史的过去和未来作出判断的模态类型。现象学透过对变形自我的类型划分，对历史模态作出了回应，那就是，历史是已经完成的现实，这种现实对于个人和社会，都以经验的形式存在着，对历史的科学解释是可能的。模态逻辑用过去和过去一直对比表示与真势模态中的可能和必然相应的情况。对于人类社会的未来，则用将要和将要永远来表示。但由于未来的不确定性，面向未来的社会科学基本是不可能的。② 这也就是历史上乌托邦所在多有，但没有一个经得住历史检验的缘故。关于社会发展的规律，往往是基于对历史和现实的认知的，对历史的模态认知虽然涉及对于事实的再现和确认，但这是已经过往的事实，它只构成社会现实的部分基础，但对历史确信的程度，会在很大程度上以未来态度左右人的现实生活。也就是说，人们基于对历史和现实的认识，对未来社会发展目标的刻画或者计划，仅仅是一种可能性，不能直接确信为规律性，用这种仅仅是可能性的东西不足以指导未来。在模态逻辑的视界中，人类文明的未来前景究竟是光明的，抑或是黑暗的，则是不确定的。即使前途是光明的，道路却极可能是曲折的。

从前面已经提到的社会的因果多元性可以看出，任何一个社会因素，都会导致某种社会后果，但这些因素和后果，也就是原因与结果之间并不是可以用充分条件假言命题刻画的直接的因果关系，社会系统的复杂性正在于它的间接性。政治、经济、文化三种因素之间以及各自与社会结构的嵌入性，决定了任何一个因素都是通过其他因素作用于社会的。这样，对社会和社会生活持任何一种决定论或单称因果性（single causality）的态度都是靠不住的。按照历史模态和社会系统的特征，由人的需要及其满足所凝成的政治、经济、文化、知识、

---

① 张传新. 法律论题学的逻辑基础［J］. 山东大学学报（哲学社会科学版），2010（06）：58-63.

② ［美］阿尔弗雷德·许茨. 社会实在问题［M］. 霍桂桓，索昕，译. 北京：华夏出版社，2001：330-331.

技术等社会要素，都是造成某种社会结果的必要而非充分的条件，任何一个因素的变化，都是造成社会变化或变迁的部分原因，但不是全部原因，更不是决定性因素。那么，由这些关系十分复杂的因素中的任何一个带有明确方向的变化，都不足以确定一个社会变迁或演化的方向。社会演化或变迁相较于社会要素的这种模态关系，使社会规律呈现可能性或者较大的盖然性，而很少有确定的必然性。卡尔·波普尔借助对历史决定论的批判，表达了他对社会理论中所有决定论的质疑，强化这种质疑的也不仅仅是对社会因果多元性的发现，更重要的是对人类历史和人们对这一历史认知的模态特征的发现。

　　模态逻辑之于科学理论尤其是社会科学理论可靠性影响的讨论，有助于我们把这一认识扩展到所有科学知识的真理性对形式逻辑的依赖方面来。社会科学研究，尤其是面向未来的社会发展理论的建构，不能不重视模态问题对人类认识可靠性的影响，不能不重视对每一种社会理论的检视。

第十章

科学建构的程序

前面对间接知识及其建构特征，以及对模态逻辑对社会科学理论可靠性影响的说明，有助于我们把笔触集中到科学建构过程及任务，也就是科学建构程序的说明上来，但这种说明是专门就理论科学的建构，或者说就科学的理论创立或创新过程而言的，而不是对一般的科学研究过程的说明，尽管所有科学研究过程，总要遵循拉卡托斯所谓的一般的研究纲领。

现象世界的最主要特征是它的客观性或自在性，不管这个世界属于物理世界、生理世界、心理世界，抑或属于社会世界，或者还有社会世界中的生活世界。当我们把科学看作是对现象世界及其中的现象，也就是有限意义阈提供解释，而且是建构性解释的时候，我们关于科学算是形成了相对明确而且是真确的认识。在抽象的认识论意义上，人们所追求的真理，不过是能够对我们所要解释的现象和问题，提供较为充分和恰当的解释的理论而已，而这个或这些理论则是发现了这些真理的科学家或理论家建构起来的。所以当我们说一种真理是客观真理的时候，是指由这种真理或理论所揭示的事物或世界变化的机理或因果法则是客观的，而不是虚构出来的，却不意味着揭示这一真理的理论在被建构起来以前是客观存在的。

科学研究的一般过程是从问题或发现问题开始，直到形成解决方案为止。但对科学建构来说，主要的目标和任务不是形成解决问题的方案，而是建构一个能够提供合理解释的理论或概念体系。在这里，问题是预先给定的或先在的，我们需要做的是对这个需要解释的问题提供系统的解释，无论是因果解释，抑或是功能解释，重要的是理论解释。所以，下面的研究和著述就照此思路展开。

一、概念化或概念建构

概念不仅是思维尤其是理论思维的基本形式，而且是思维尤其是进一步思维的基本工具，所以概念又被称为概念工具。逻辑学把人类语言划分为自然语言和专门语言，其中自然语言是人们在日常沟通和交往中形成和使用的语言，其特征是地方性、通俗性和非规范性，而专门语言则是指专门行业或领域描述和指称专门问题，只有具备一定的专业知识的人才可以理解或领会其意义的语言，音乐语言、建筑语言、科学语言等都属于专门语言。专门语言的特征主要有普适性、专业性和规范性，其中的规范性主要是由专业性和逻辑性保证的，而且这种规范性还表现在它严格的概念界定也就是定义方面。

就人类文明发展的程度来看，科学语言是专业语言中专业化程度或比重最高的部分，除音乐、绘画等艺术审美语言外，其他几乎所有专业语言都是以科学语言为基础的。我们曾经的文盲标准是识字水平，如今的文盲标准很大程度上已经转变为科学知识掌握的水平和程度，以及是否基本具备计算机和信息技术的使用能力。而构成科学语言的最基础部分则是概念的理解和使用能力，且不说概念的建构能力。

概念是反映对象本质属性的思维形式，这里的本质属性是决定由概念反映的对象是它自己而不是其他对象的最独特的东西，如同姓名作为一个人的概念所反映的他/她的特征一样，如果其名字取得足够独特和个性化。就逻辑学提供给我们的关于概念的知识来说，概念可以划分为单独概念和普遍概念、正概念和负概念、关系概念和属性或性质概念……反映出由概念所指称的对象世界或现象世界的复杂性，以及借助概念研究和揭示现象世界的科学研究过程的复杂性。

科学研究活动是由科学家或科学研究人员承担的创造性活动，这里的创造性要求科学家或科研人员的科研选题必须是全新的，或者是前人研究不到位、不深入、不全面甚至不合理的。所以在研究生和科研人员培养中，不仅要求学生提高发现问题的能力，而且要在论文开题中有充分的文献阅读，以掌握与该选题相关的前人研究的成果和进展，同时要列明可能的创新点。前人已有而且成果水平较高，也就是较为全面、深入、合理的选题将被否决，因为是重复性选题；已有成果很多，自己没有找到新的研究突破，也就是没有创新和提高的研究选题也将被否决，因为没有创新和突破。只有前人研究较少，以及即使研究较多，但成果水平较低，作者可以提供新视角、新方法并能做出新的理论突破的选题才会被接受或通过。就现象世界的基本情况来说，人类对世界的认识没有穷期，这种判断与认识论乐观主义并不矛盾。正如庄子所云："吾生也有

涯，而知也无涯。以有涯随无涯，殆已；已而为知者，殆而已矣。"（《庄子·养生主》）

尽管人们对物理世界的研究已经比较深入，却未必意味着这一现象领域所有问题已经全部被揭示，且勿论充分揭示，无论是在微观、宏观，抑或是宇观尺度上。曾经困扰著者良久的少数金属原子如铁、钴、镍磁性的根源①，在后来的原子（结构）化学和物理学中获得了解答，但宇宙的起源问题、持续燃烧中的星球——太阳能的能源问题，甚至宇宙的结构问题……仍有待科学家去探索。且勿说生物世界生物多样性和层次性的根源，就生命的起源和有性生物的性别分化及其根源，就够生物学家绞尽脑汁了。至于高等动物乃至人类精神或心理世界，还存在着大量被系统论思想家称为灰箱甚至黑箱的领域，尤其是心理病理学领域，如同性恋、变性要求和动物世界跨物种的合作行为等。

人类建立甚至建构起了生物世界最复杂的系统，这就是我们的社会系统。就世界范围来说，在不同民族和国家，这一系统并不相同，甚至按照发展人类学的语言来说，不同民族和国家处于不同的发展水平上。对这种发展差距及其根源的探寻，往往会成为发展社会学家的主题，这些主题多种多样，也会有不同甚至完全相反的归因：经济的、文化的、政治的、技术的、制度的……不同

---

① 铁原子有 4 个 3d 轨道上的电子是自旋平行的（钴有 3 个，镍有 2 个这样的电子），它们是铁原子磁性的主要来源，铁原子的其他电子的轨道角动量和自旋角动量所对应的磁性几乎全部相互抵消。总之单个铁原子的磁性是很强的，若干个铁原子可以自发地使它们的磁极方向取得一致而形成所谓的磁畴（magnetic domain），平常各磁畴的磁极取向混乱，磁性相互抵消，整体上铁无磁性。但在外磁场中，铁中各磁畴的边界发生变化使得原来与外磁场相反磁性的磁畴的范围缩小，而相同磁性的磁畴范围扩大，同时，原本方向与外磁场方向相差不大的磁畴的磁性方向更靠近外场方向。这样，各磁畴的磁场尽管仍相互抵消了一部分，但另一部分与外磁场同向（这也增大了总的磁场强度），于是铁就被磁化了。

铝原子的内层同样是这样，各电子的轨道角动量和自旋角动量所对应的磁性几乎都相互抵消（注意，原子核的磁性比电子的弱千倍以上，故略而不说）。铝原子的外层，3s 轨道上有两个电子，它俩的轨道角动量都为零，而它俩的自旋方向彼此相反，这样就只有 3p 轨道上的一个电子的轨道角动量与自旋角动量对整个铝原子的磁性有贡献，显然，单个铝原子的磁性要比铁原子小很多。更要命的是，弱磁性的铝原子的热运动破坏了相应磁畴的形成（另一个原因是 3p 电子不如 3d 电子更远离核，从而与相邻原子的磁耦合就不如后者强），没有磁畴，它就不能有强的磁性。在外磁场中，铝原子的磁极也会多少偏向外磁场方向——它是会被磁化的，只是它磁化所形成的磁场很弱而已。这被称为顺磁性物质，以区别于磁化时能形成强磁场的铁磁性物质。还有一种逆磁性物质，磁化时形成的磁场反而是逆着外磁场方向的，但其磁场更弱，这种物质的原子本身是没有磁性的——其中所有电子的磁性几乎完全相互抵消掉了。

的科学家往往从自己相对专注和熟悉的角度切入问题，构成了社会科学研究的特色和风貌。

无论如何，任何科学研究都是从问题或寻找问题的答案也就是解释开始的，这里首先存在着对作为问题的现象或过程及其构成因素的指称、命名，也就是建构概念的任务，这就是本节的主题，即概念化（conceptualization）。确立科研主题或者选题的过程，就是将问题概念化，并用规范的专业语言加以表述或表达的过程，其中包含或表现出研究者的专业知识基础、书面语言表达能力和基本的学术素养。牛顿力学的基本问题是运动，也就是我们所能观察到的包括苹果落地、刮风下雨、昼夜交替、水体流动、碰撞攻击、山石滚落等不特定物体或物质从一个地方、位置或状态到另一个地方、位置或状态。运动有不同的形态，但也许有相同的原理或机理，比如说受力或受到其他物体的作用或影响，我们可以把这种作用或影响命名为力，那么力又是什么呢……如果再加上前面已经提及的受控实验思路，假设物体在光滑的平直表面运动，那么运动的快慢也就是现在我们十分熟悉的速度究竟跟什么因素有关，以及如果对它的推力/拉力保持稳定，那么它的运动速度又将怎样……诸如此类就构成了牛顿力学的基本问题群，对这些问题的逐个解答或解释，自然也就转化为对相应概念意义的界定，并形成了三个著名的牛顿运动定律。

需要注意的是，如今已经成型的任何一门科学，其学科名称中都包含着对其核心概念的揭示，不过这种揭示在作为初学者的学生，尤其是中学生那里是一般不会提供解释并要求学生学习的。物理学所主要研究的物理现象究竟是什么？作为物理学有机构成的化学所研究的化学现象或化学变化，相对于一般物理现象究竟有什么特异性？一般意义上说，物理现象或物理变化不涉及物体或物质内部构成和性质，而化学现象或化学变化则专门指物质的内部构成成分和性质变化及其机理问题，所以物理学主要考察物质尤其是物体——不管在何种尺度上——的运动问题，而化学多考察变化问题尤其是性质变化问题，如单质、化合物，纯净物、混合物，化合、分解，无机化合物、有机化合物，还有相应的无机化学、有机化学等。那么，性质、性能究竟是什么的问题也就相应出现了，对这些问题的概念化和逐步解释与解答，推动了化学学科的不断进步，而这些进步也是通过对相应的物理学和化学现象的概念化而实现的。如果我们中学乃至大学本科时期并不能对无机化合物和有机化合物提供准确的解释，那么，现在可以说，所谓有机化合物（organic compounds）便是作为生物体基本构成单元的蛋白质和氨基酸主要构成要素的化合物，它主要由碳（C）、氢（H）、氧（O）、氮（N）四种元素构成，相应地，无机化合物（inorganic compounds）便是作为非生物体主要物质构成的化合物。有机、无机主要是就有生命和无生命而言的。

随着化学学科进展到有机化学，人类的科学知识逐渐靠近了对生物及其生命活动机理的探索，生物学也就应时而生了。那么，什么是生物，生物与非生物的区别在哪里，以及物理世界叫运动，生物世界为什么不叫运动而叫活动和行为，活动和行为与运动之间的差别究竟是什么，以及为什么……所有这些问题均构成生物学的问题或主题，对这些问题或主题的概念化及深入解答，自然成为生物学的主要内容。至于生物学内部的学科分化和分工及相应问题与问题域，目前已经分化到很深的程度了，以至于在植物学、动物学、微生物学以及生理学、生物遗传学和生物分类学之后，已经进展到生物化学、细胞生物学和分子生物学、分子遗传学、基因遗传学了，相应的问题也必须被置于对应的学科之中或之下并加以概念化，才能被准确地解释。

在社会科学领域，由于人的复杂性和由人结成的社会的更大的复杂性，对社会事物、社会存在也就是社会现象的概念化，无疑要比对包括生物世界在内的自然世界的概念化更加复杂也更加困难。自然世界毕竟是有形可感的，社会世界中的人是有形可感的，社会共同体也是有形可感的，但人的精神或心理，社会文化中的价值观倾向、思维方式、行为模式，以及社会有机体的运行机制和其中人的心理活动，还有各种社会组织内部用于调节和规范组织成员行为的规范与规则系统也就是制度，却往往具有无形而自在的特征，对这些特征的准确而客观化的描述和把握，是十分困难的。尽管这样，以往的社会学和社会科学理论家，也对这些无形无相的社会存在提供了很多概念化抽象和界定，才形成了如今向学生不断传授的社会科学的理论知识。如经济学家抽象并建构出来的经济理性、边际效用、路径依赖，社会学家孔德借助生物有机体建立的社会有机体以及对应于动物身体器官、组织和细胞的社区、社会组织与家庭的概念，迪尔凯姆的集体意识和社会团结类型，马克斯·韦伯的资本主义精神、现代性以及科层制管理，齐美尔的社会互动，帕森斯的社会行动系统及其功能，霍曼斯和布劳的社会交换，现象学社会学的生活世界和主体间性……都表现出理论家对作为自己研究主题的社会共同体不同方面和侧面的概念化，没有这种概念化和对一系列概念准确而严格的定义，任何社会科学理论，都不可能充分建立和发展起来。

一如前述，对科学研究方法的体察和感悟，往往是在开展了较多的科学研究之后。著者以往的工作，也包含着对诸多社会现象和问题的概念化，以及对这些概念的严格定义。为了考察因重大生活和社会事件造成的个体与社会心理的畸变，需要提出和建构临界心理（climacteric mind）这一概念，对这一概念及其所反映问题的界定和说明，促成了相应的心理学，也就是临界心理学（critical psychology）学科的建立，并在普通心理学（general psychology）和变态心理学（abnormal psychology）甚至精神病学（psychopathology）、咨询心理学（consulting psychology）和治疗心理学（therapeutic psychology）之间搭建起了沟通中介的桥梁和纽带。①

出于研究和解释 21 世纪前十年在中国各地频繁发生的建设工程垮塌现象、食品质量问题和生产安全事故的需要，必须针对工业化转型中残存的传统农业和手工业社会的特征予以概括、总结和描述，也就是概念化，从而对应建构出一对在一个全新维度上衡量社会发展或现代化水平和程度的特征社会学概念，它不是传统社会（traditional society）和现代社会（modern society），不是机械团结社会（mechanic united society）和有机团结社会（organic united society），也不是人情社会（relational society）和理性社会（rational society），而是与这几个维度对应和相关的粗放社会（extensive society）和精细社会（meticulous society），并由此延伸到造成社会精细化发展的知识、技术和人的职业精神与责任意识等诸多方面。②

既然概念是反映对象本质属性的思维形式，那就需要对研究对象进行全面、深入、细致的考察，以把握其本质属性和特征。在自然科学特别是物理学和化学这里，造成运动的原因是力，力被界定为一个物体对另一个物体的作用，由于在作用发生时还有相反方向的作用，我们称之为反作用，那么反作用也是力，力就不能只指一个方向的作用，还必须包括相反方向的反作用，于是力被定义为物体之间的相互作用，至于这些作用的类型也就是力的分类，则是需要进一步厘清和考察的问题。运动是变化的一个方面，物理学自然也是研究变化的，但从物理学中分化出来的化学有什么特殊性，物理变化与化学变化的差异又在

---

① 司汉武. 心理与临界——临界心理学导论［M］. 杨陵：西北农林科技大学出版社，2004：299.

② 司汉武. 知识、技术与精细社会［M］. 北京：中国社会科学出版社，2014：47-50.

哪里，自然要在化学学科中加以说明。正如前面已经指出的，直观的物理变化与化学变化的差异在于是否涉及物质的组成结构、空间结构和性质，涉及这三方面的变化为化学变化，不涉及的则为物理变化，至于造成或影响相应变化的因素是什么，如何发挥作用和影响则是进一步的问题。

由于自然事物或对象的外在性，自然科学中对象的概念化相对于社会科学要稍微简单，但在社会科学中，作为问题的研究对象往往具有与人或研究主体或紧密或疏离的关系，对这些问题的概念化，除了要把握其区别于其他对象的本质属性或特征外，还要尽量排除主体的主观投射和期待，正如迪尔凯姆所说，要把社会事实作为物，作类似于物理学或其他自然科学的社会学或社会科学研究，并做到被马克斯·韦伯所特别强调的客观性和价值中立。前面提到的人情社会和理性社会、粗放社会和精细社会、制度理性和制度非理性、直接知识和间接知识以及社会技术容量等都具有这种特征，但先进民族和落后民族、发达国家和发展中国家、人治社会和法治社会以及自由社会、极权社会和理想社会等则多少包含着价值判断的成分。

任何全新的，或者说满足创新要求的科学研究，无论是自然科学研究，还是社会科学研究，也无论是在论域广度上，还是在学科深度上，凡是存在或发现需要给予全新概念化的新问题的地方，便不仅存在概念创新的机会，同样也存在着理论创新从而构建新理论、创立新学科的机会。在论域广度上，这种创新扩展了原有学科的新边界或新领域，在学科深度上，这种创新建立了该学科的新部门，也就是建立了新的部门学科。

需要指出的是，针对发现的新问题所作的概念建构，一般都是指称该问题的核心概念或关键概念（key concept），对该概念的上溯和下延，以及对由该概念所反映问题的归因，会继续提出并建构一系列关联概念（associated concepts）或相关概念（related concepts）。按照逻辑学概念限制和概括的要求，这些概念之间构成种属关系、因果关系或功用关系。如力学物理中划分出来的重力、推力、阻力、拉力、摩擦力，浮力、弹力、压力、张力、冲击力，还有按照造就力的力源，可以继续划分出水力、电力、热力、风力、吸力、引力、斥力、惯性力、液面张力……社会科学领域对社会类型、经济类型、政治（统治）类型以及文化类型的划分，社会学中对社会互动类型即合作互动、交换互动和冲突互动的划分，以及前述对民间私怨及其关联概念公共怨恨和社会怨恨的划分与建构。对这些由核心概念扩展出来的关联概念和相关概念的建构，总是围绕着相应的核心概念展开的，而这一建构过程便逐渐形成一个个概念体系，而一个概念体系便是一个相对成型甚至成熟的理论，如果这个理论有明确的学科归属，那么，它就构成一门成型的理论学科。如从运动开始概念建构的牛顿力学就是运动力学（movement mechanics），它是物理学的重要组成部分或部门；前述对于制度（institution）和制度理性及其关联概念的建构，在社会学中就可以造成一门相对独立的部门社会学，这就是制度社会学（institutional sociology）①；间接知识的概念建构自然也可以在知识社会学（knowledge sociology）领域增加一个直接性/间接性视角②。受此启发，如果把人类文明的发展机制和历程归结为包括知识、技术及其工具化在内的生活的间接性领域不断扩大，那么，显然存在着一个探讨这种机制及其根源的理论问题，这就是间接性原理（principle of indirectness）的问题。由技术、工具的间接性推延到科学知识的间接性，由间接知识再推演到间接领域和间接性，反映出间接性原理这一具有形而上学特征问题的极端重要性，这一问题有待后人沿此思路继续开掘。

二、分类标准和分类体系建构

从科学哲学和科学社会学高度看，作为引领人类现代文明尤其是科学技术文明重要的知识类型，从字面意思讲，所谓科学，不过是分门别类地研究现象世界获得的知识或知识体系，这里的"科"便是门类的意思，相应的"科学"就是门类之学。之所以科学一开始主要指自然科学，乃是由于科学家最先开始对自然进行分门别类的考察，从而最早建立了包括物理学、化学、生物学等在内的自然科学学科。自然知识的科学化（make scientific）除了分门别类以外，还有而且更重要的是对数学工具的有效利用和自然科学理论的实验验证，也就是实验研究方法的采用，从而使自然科学各学科在理论科学（theoretical science）基础上，增加了实验科学（experimental science）一大门类。所以，对科学的分类中可以有理论科学和实验科学的划分，而在实验方法作为科学研究方法重要而且是必要的构成确立后，自然科学的任何学科，便不能仅仅停留在理论层面，而必须同时展开对理论的实验验证，也就是说科学尤其是自然科学不仅必须是理论的，也必须是实验的，而且还必须是可重复验证的。在实验验证之前，任何科学理论——就像著者正在进行的关于理论科学研究方法的建

---

① 司汉武. 制度理性与社会秩序［M］. 北京：知识产权出版社，2011.

② 司汉武. 间接知识及其对人类文明的影响［J］. 自然辩证法研究，2011（09）：104-109.

构——只能称之为假说，或者叫理论假设（theoretical assumption）。

既然科学是只分门别类的知识体系，不仅意味着任何一门科学都专门对应着现象世界一个领域或一类现象，这个领域或这类现象也是从整个现象世界中按照某个标准划分出来的。与著者在现象世界诸领域所作的划分一致，逻辑实证主义的集大成者卡尔纳普在其《世界的逻辑构造》中也对现象世界作了物理世界、心理世界和社会世界的划分，并把这种划分称作解决世界系统形式问题的方法。"对于对象认识关系的考虑并不意味着，在构造系统中也要像在实际认识过程中那样，把认识的综合或形式的具体特性都描述出来。在构造系统中，我们只是以理性化的或概括的方式，把认识的这些形式再现出来，直观的认识被推理的结论所取代。"① 前面已经提到的中国古代学者对自然物理世界所作的金、木、水、火、土的五行分类，尽管从现代科学的标准衡量显得太过粗糙，却大致囊括了物质世界的基本（质地）形态。原子物理学、原子化学中门捷列夫的元素周期表，是严格按照元素原子序数大小由小到大排列的，元素的周期则是把核外最外层电子数相同的元素归为一列，从而在原子序数表的基础上，按照最外层电子划分出了元素的族，这就是高中及以上学历学生熟知的除氢元素（H）以外的碱金属元素、卤族元素、氧族元素、惰性气体等。由于有相同的最外层电子数，受该电子数影响或决定，同一族元素往往具有相同或相似的化学性质。

需要注意的是，划分是通过调整内涵和外延明确概念的一种逻辑方法，是从属概念依照概念所反映对象的某种属性，通过增加内涵、缩小外延，划分出下一级概念也就是种概念的过程；与其相反的明确概念的过程则是概括，也就是从若干种概念中忽略其差异，保留其共同属性，也就是减少内涵、扩大外延，从而过渡到属概念的过程。作为研究思维和语言形式规则的逻辑学，是高度形式化的，但如同前面对科学理性的经验知识和经验的理性知识的判断一样，科学知识的理性特征正是由其概念语言及其推理的逻辑学规则所保证的。于是在逻辑学中作为明确概念的途径的划分和概括，在科学尤其是理论科学中，则表现为分类和抽象。不仅科学系统内不同的学科是通过对作为科学研究对象的现象世界分类而建立的，针对每一门学科的研究对象，也就是相对具体的现象世界——如物理世界、生理世界、心理世界、现象世界——中的某一个具体领域，

---

① ［德］鲁道夫·卡尔纳普. 世界的逻辑构造［M］. 陈启伟，译. 上海：上海译文出版社，2008：103-104.

也存在着进一步分类的必要。我们撇开物理学和化学的微观领域不论，就说相对宏观的生物学和作为其重要构成的植物学，以及作为植物学重要构成的树木学；还有动物学和作为其重要构成的昆虫学，微生物学和作为其重要构成的细菌学和病毒学……对应于生物学有生物分类学，对应于植物学有植物分类学，对应于树木学有树木分类学，对应于动物学有动物分类学，对应于昆虫学有昆虫分类学，当然还有微生物分类学、细菌分类学和病毒分类学……当然最著名的生物分类体系是由瑞典生物学家林奈建立的。

自然科学中分类的重要性是十分清楚的，但在社会科学中，由于社会的系统性和社会生活的多样性与复杂性，社会事物和存在的分类要比自然事物的分类更加复杂也更加困难，唯其如此社会科学研究中的分类才显得更为重要。正是由于分类系统相对于自然科学更为初步，社会科学科学化程度和水平相应较低，人们对社会科学所揭示真理的确认和接受程度也相应较低。即使如此，相对成型并对社会现象和社会过程、人的社会行为做出较出色研究的社会学家，也对社会事物做出了尽可能合理的分类研究，如马克思依据阶级斗争形式所作的社会阶段分类，圣西门的工业社会和非工业社会，孔德依据知识类型所作的军事社会、过渡社会和工业社会的分类，迪尔凯姆依据集体意识强弱划分出来的机械团结社会和有机团结社会，马克斯·韦伯依据理性化程度划分出来的三种统治类型，也就是传统型统治、卡里斯马型统治和法理型统治，还有著者在技术社会学研究中按照技术形态划分出来的自然社会（natural society）、手工社会（handcraft society）、工业社会（industrial society）、信息社会（information society）和智能社会（intelligent society）。①

研究和著述进展到这里，需要特别强调社会事物区别于自然事物的一般特殊性，其中一般性是社会事物与自然事物共有的，如对象和问题的客观性与相对具体性，以及概念化后问题的抽象性，而特殊性则是指社会事物所特有的属性，如社会的复杂性和社会事物与人的关系、情感和心理的相关性。这样，在自然科学中存在着分类的问题，而在社会科学中，往往存在着划分理想类型（ideal types）的问题。之所以叫理想类型，是由于实际社会生活的情况是混杂而非纯粹的，多元而非一元的，多色调而非纯色的，任何一种分类方法都难以充

---

① 司汉武. 社会技术容量与技术创新能力——两个技术社会学的分析工具 [J]. 社会科学家，2009（06）：117-120；司汉武. 技术与社会 [M]. 北京：知识产权出版社，2013：176-178.

分反映现实。于是如同文学和艺术创作中塑造典型一样，根据研究的需要抽出其中最突出或占比最高的部分作为一类，同样抽出其他相应突出的部分作为另一类，如此这般，可以就一种社会现象或事实作出主观却能满足研究需要的分类或类型化（typed）。这里的理想并非最好之意，而有典型、纯粹的意涵。如人的社会行动总包含着理性、情绪、价值、工具、传统等因素，不同行动往往是这些因素不同结构的组合，没有只包含一个因素的行动，但任何行动中总有一个因素占主导，于是马克斯·韦伯就按照占主导地位的因素对人的社会行动进行分类，从而形成了目的合理性行动、价值合理性行动、情感行动和传统行动四种类型，后人按照价值、工具和理性、非理性组合的形式，把这四种行动合理化为价值理性行动、价值非理性行动、工具理性行动和工具非理性行动。相应地，任何现实的统治类型，都包含着传统的、卡里斯马（或魅力型）的和法理的也就是建章立制的部分，可以占优势地位的部分作为分类的依据，于是就有了传统型统治、卡里斯马型统治以及法理型统治三种理想类型。

这里还需注意的是，如同逻辑学中划分概念的方法和原则一样，科学研究中的分类也必须坚持逻辑学中划分概念的方法和原则，或者说逻辑学中概念的划分，正是科学研究中分类的理论根据。方法方面可以有两分法和多分法，有一次分类和多次分类；原则方面每一次分类必须用同一个标准，否则会犯双重标准或多重标准的逻辑错误，而且按该标准分出的子类必须互不相容，即既不可重复，也不可交叉，否则会犯子类相容的逻辑错误。逻辑学是如同数学和语言学一样的工具性学科，科学尤其是理论科学必须以被逻辑学所揭示的思维和语言规则与规律为基础。

科学是分门别类地研究和考察世界所形成的知识与知识体系，不同的学科是分门别类的，每一门学科内部对所要研究的对象和问题也要分门别类，这就是学科内部的分类，或者说是某个学科内部各种研究对象的类型学研究（typo-logical research）。学科知识是分类的，学科内部的研究对象是分类的，每一个或一种研究对象还要进行分类考察，方可获得系统的科学知识。在所有这些分类或类型划分中，标准是至关重要的。自然科学内部关于学科划分的标准相对简单，首要标准是研究对象的区别，物理学、化学、地理学、地质学、气象学、海洋学、生物学等都有明确的研究对象，地理学主要研究地形、地貌及其形成机理，地质学（geology）主要研究地球表面也就是地壳及岩石、土壤的质地构成，其中包括岩石学（petrology）、矿物学（mineralogy）、土壤学（soil science），气象学（meteorology）则主要研究阴晴雨雪等天气现象及其过程和机理，也可以称为大气物理学（atmospheric physics），海洋学（oceanography）自然是以海洋的形成、海水洋流运动及其规律为主要问题的学科。我们比较熟悉生物学，但生物学内部的分类则是依照生物学研究对象，也就是生物类型划分出来的，以植物为对象便是植物学，以动物为对象则是动物学，以微生物为对象是微生物学，至于植物、动物、微生物内部的进一步划分和分类则构成相应的植物学、动物学和微生物学的部门学科，这种学科划分方法甚至可以具体到某种单一种类动物、植物和微生物的研究。

现在所用的动物分类系统，是以动物形态或解剖的相似性和差异性的总和为基础的。根据古生物学、比较胚胎学、比较解剖学上的许多证据，基本上能反映动物界的自然类缘关系，称为自然分类系统。

近30年来，动物分类学的理论和研究方法有了很大进展。在分类理论方面出现了几大学派，虽然在基本原理上有许多共同之处，但各自强调的方面则有所不同。支序分类学派（cladistic systematics 或 cladistics）认为最能或唯一能反映系统发育关系的依据是分类单元之间的血缘关系，而反映血缘关系最确切的标志为共同祖先的相对近度；进化分类学派（evolutionary systematics）认为建立系统发育关系时，单纯靠血缘关系不能完全概括在进化过程中出现的全部情况，还应考虑分类单元之间的进化程度，包括趋异的程度和祖先与后裔之间渐进累积的进化性变化程度；数值分类学派（numerial systematics）认为不应加权（weighting）于任何特征，应通过大量的不加权特征研究总体的相似度，以反映分类单元之间的近似程度，借助电子计算机的运算，根据相似系数分析各分类单元之间的相互关系。

在分类特征的依据方面，迄今形态学特征尤其是外部形态仍然是最直观且常用的依据。扫描电子显微镜的应用，可观察到机体细微结构的差异，使动物分类工作更加精细。生殖隔离、生活习性、生态要求等生物学特征均可以作为分类依据。细胞学特征，如染色体数目变化、结构变化、核型、带型分析等，均已应用于动物分类工作中。随着生化技术的发展，生化组成也逐渐成为分类的重要特征，DNA、RNA 的结构变化决定遗传特征的差异，蛋白质的结构组成直接反映基因组成的差异，这些都可作为分类的依据。DNA 核苷酸和蛋白质、氨基酸的新型快速测序手段及 DNA 杂交等方法，均已受到分类工作者的重视和应用。

物种是分类系统中最基本的阶元，它与其他分类阶元不同，纯粹是客观的，有自己相对稳定和明确的界限，可以与别的物种相区别。关于物种的概念，对于物种的认识，也随着科学的发展而发展，随着人们对自然认识的不断深入而加深。在林奈时代，种的概念远比现在简单，18 世纪时科学家认为物种是固定不变的。当进化的概念被广泛接受以来，人们逐渐认识到当前地球上生存的物种，是物种在长期历史发展过程中变异、遗传和自然选择的结果。种与种间在历史上是连续的，但种又是生物连续进化中一个间断的单元，是一个繁殖的群体，具有共同的遗传物质组成，能繁殖出与自身基本相似的后代。物种是变的又是不变的，是连续的又是间断的。变是绝对的，是物种发展的根据，不变是相对的，是物种存在的根据。形态相似（特征分明、特征固定）和生殖隔离（杂交不育）是其不变的一面，可以作为鉴定物种的依据。物种的定义可以表达如下：

物种是生物界发展的连续性与间断性统一的基本间断形式；在有性生物那里，物种呈现为统一的繁殖群体，由占有一定空间、具有实际或潜在繁殖能力的种群所组成，而且与其他这样的群体在生殖上是隔离的。

国际上除订立了上述共同遵守的分类阶元外，还统一规定了种和亚种的命名方法，以便于生物学工作者之间的联系。目前统一采用的物种命名法是"双名法"。它规定每一个动物都应有一个学名（science name），这一学名由两个拉丁文单词或拉丁化的文字所组成。所以所谓的拉丁学名就是用拉丁语表达的生物的科学名称，前面一个字是该动物的属名，后面一个字是它的种本名。例如狼的学名为 Canis lupus，意大利蜂的学名是 Apis mellifera。属名用主格单数名词，第一个字母要大写；后面的种本名用形容词或名词等，第一个字母无须大写。学名之后，还要附加当初定名人的姓氏，例如 Apis mellifera Linnaeus 就表示意大利蜂这个种是由林奈定名的。写亚种的学名时，须在种名之后加上亚种名，构成通常所称的三名法。例如北狐是狐的一个亚种，其学名为 Vulpes vulpes schiliensis。

国外动物分类的远祖，当推公元前 4 世纪的亚里士多德（Aristotle，公元前 384—公元前 322），他是古代知识的集大成者，是系统掌握生物学知识的人，他的生物学贡献主要在动物分类、解剖、胚胎发育等方面。有关的动物学著作有《动物志》《论动物的结构》《动物的繁殖》等。在动物分类方面，他曾调查、描述过 500 多种动物，对其中 50 种进行了解剖研究，并根据动物的外部形态、内部器官、栖居地、生活习性、生活方式等许多特点和差异来划分动物类群。他将动物分为有血动物（类似脊椎动物）与无血动物（现在的无脊椎动物），又把有血动物分为胎生四足类（现在的哺乳类）、鸟类、卵生四足类、鱼类等。亚里士多德在动物分类方面的许多开创性工作和著述，使他被公认为动物分类的远祖。

　　到了 18 世纪，瑞典生物学家林奈（Linnaeus，1707—1778）在他《自然系统》一书中，首次对动物分类采用"双名法"，成为近代动物分类学的起点。他将动物界分为哺乳、鸟、两栖、鱼、昆虫及蠕虫六纲。林奈一生最大的贡献就是确立了生物分类的双名法，而且鉴定并命名了数以万计的动、植物物种，结束了动物命名各自为政，重名、异名大量存在的混乱局面，使动物命名从此向科学化、规范化的方向迈进，极大地促进了动物分类学的发展。动物分类学从此进入近代分类时期。

　　达尔文（Charles Robert Darwin，1809—1882）在动物分类方面也有重要贡献。达尔文是英国著名的博物学家，进化论的主要奠基人。1831 年毕业于剑桥大学，同年 12 月 27 日开始参加历时近五年的英国海军贝格尔舰环绕世界的考察航行，收集了大量资料，结合他随后 20 多年的实验、观察和研究成果，终于在 1859 年 11 月 24 日出版了名世巨著《物种起源》。书中详细介绍了他 20 年来收集到的大量证据，充分论证了生物的进化，并明确提出以自然选择学说来说明生物进化的机理。他认为生物界普遍存在着个体差异；适应环境的物种可以滋生繁衍，不适应的就可能灭绝。大自然对生物采取的是"去劣存优"的选择方式。自此以后，进化论的观点被越来越多的人所接受。人们开始认识到分类学的任务不仅仅在于鉴别物种间的异同，而且还要依靠基本特征的相同程度，分析出物种间的亲缘关系及动物界自古迄今系统发育的途径。动物分类学也从此步入进化思想阶段，摆脱了林奈时期"上帝安排"的生物系统和神创论对生物学的束缚，在各类动物中建立了许多更为合理的分类系统，极为有力地推动了动物分类学的发展。

　　自 19 世纪后半叶至 20 世纪初，在鸟、昆虫与软体动物等门类中，开始研究种内各种群间的细微差异及与物种形成、进化之间的关系。种群的概念从此被引入动物分类学研究中。所谓种群，就是在一定空间范围内同时生活着的同种个体的集群，如同一鱼塘内的鲤鱼、同一树林中的杨树。动物分类学进入种群研究阶段后，遗传学关于变异、突变以及基因理论的重大发展为种群水平的研究提供了依据，分类学理论与遗传学相结合，获得了新的生命力。两者结合诞生了种群遗传学，在理论上剖析了物种的进化过程，克服和解决了达尔文等早期进化论者遇到的若干难题和疑点，成为现代分类学与进化理论的重要支柱之一。与此同时，生物学各分支学科中许多新成就也被用于解释分类学的基本问题。因此，这一时期是一个运用、融汇其他学科成就于分类学并推动其发展的时代。

　　从上述分类工作的水平来看，动物分类学的发展分为三个阶段：第一阶段为地区种类研究阶段，以林奈为代表，主要进行种类的区分、鉴定和命名工作；第二阶段为进化思想阶段，主要任务就是将物种归纳、排列于适当的分类阶元中，建立分类系统；第三阶段是种群研究阶段，侧重于种内变异的分析、种下阶元及其进化的研究。这里稍为详细地介绍了动物分类学（animal taxonomy）的发展历程，实际上植物分类学（plant taxonomy）也基本一致，只是微生物由于其生命形态、大小、营养和繁殖方式的特殊性，微生物分类学（microbial taxonomy）①

---

①　微生物分类学是研究微生物鉴定、分类和命名的微生物学分支学科。目前世界公认的微生物分类学是由戴维·伯吉（David Bergy）教授建立的伯吉分类系统（Bergey's Manual of Determinative Bacteriology）。

　　　1923年宾夕法尼亚大学的细菌学教授戴维·伯吉和四个同事发表了细菌分类法，至1994年，发行了第9版，从1974年的第8版开始已经成为世界通用的"官方分类体系"。伯吉氏细菌分类系统（Bergey's Manual of Systematic Bacteriology）1984—1989年分4卷出版了第一版。该版给出的分类系统基本上是表型性的，后来分5卷出版该书的第二版，主要内容是基于rRNA、DNA、蛋白质和系统发育的细菌分类。

　　　从1984年《伯吉氏系统细菌学手册》第1版开始发行以来，细菌分类已取得了巨大进展，新命名的菌种成倍增加，新描述的属也在170个以上，尤其是20世纪80年代末以来，rRNA、DNA、蛋白质序列分析方法日趋成熟，为细菌的系统发育积累了大量新的资料。

　　　《伯吉氏系统细菌学手册》第2版中，更多采用了核酸序列资料对细菌类群进行新的调整，无疑是细菌系统发育分类的重大进展。

　　　细菌属名和种名的命名是在细菌鉴别和分类中，对其细胞结构或是生理、生化特性进行观察和测定，并依照测定结果给细菌命名，多利用下列方法：

　　　细菌在各种培养基上的生长状况；对碳水化合物和蛋白质的利用与分解情况；在DNA中的鸟嘌呤、胞嘧啶的克分子量的百分比；有时还根据血清学的试验结果等。细菌的属名和种名都是按命名规则而定的，但认为把全部细菌都按一个分类体系来定名不太合理的意见，越来越显得有说服力。

　　　（1）以往在应用上广为依据的《伯吉氏系统细菌学手册》第7版（1957）中，在原生植物门中设置了包括裂殖菌纲、病毒和立克次氏体类的最小生物纲，并将裂殖菌纲分成10个目：（i）假单胞菌目；（ii）鞘杆菌目；（iii）生丝微菌目；（iv）真杆菌目；（v）放线菌目；（vi）核衣细菌目；（vii）贝日阿托氏菌目；（viii）粘球菌目；（ix）螺旋体目；（x）支原体目。

　　　（2）在《伯吉氏系统细菌学手册》第8版（1974）中虽分作原核生物界的细菌门，但由于加强了该书的便览性质，因而在其以下等级不再细分，只把全体分作19个部门，在各部门中，只在可能的情况下才把属编成科和目。

　　　（3）所谓细菌类，和其他真核菌都是构成不同于植物界的另一个菌界（Mycota），从这样的见解来看，作为原核菌类可放在亚界的位置上。然后，再像真核菌类的分类那样，把原核菌类大致区分为枝原体类、细菌类、粘细菌类、螺旋体类和放线菌类5个门。其详细区分可应用伯吉分类法，其中不包括病毒类。

有自己专门的体系，这三种分类学共同构成了生物分类学。

在生物学和生物科学研究中，人类为了实现对生物资源的充分、有效利用，以造福人类自己，首先把所有生物划分为有害生物和有益生物，与人类谋求健康的需要相对应，凡是影响有益生物健康及正常生长、发育和繁衍的因素，都被归并为有害因素，被这些因素影响的生物的生活状态为病理状态，这些因素便被定义为致病因素，生物生病的机理和原理称为病理（pathogenesis），所以与作为医学基础的病理学——实际是人类病理学（human pathology）——相对应，所有生物科学都有相应的病理学学科，如动物病理学（animal pathology）、植物病理学（phytopathology）、微生物病理学（microbial pathology）。

需要注意的是，科学研究中分类标准和分类体系是分开解释和说明的，但在分类实践中，两者往往是高度一体化的。分类标准是把对象按照逻辑学划分的原则要求，规范地分为相对具体的不同部分和部门的依据，这些依据既是客观存在的，也是人们从需要分类的事物中选择和抽提出来的。如植物分类中划分出来的豆科和作为其重要构成的蝶形花科植物，既有草本的苜蓿和各种豆类作物，也有木本的刺槐（Robinia pseudoacacia Linn.）、中国槐（Sophora japonica Linn.）和皂角（Gleditsia sinensis Lam.），它们共同的特征是花呈蝴蝶状，果实为荚果以及根部有根瘤菌并可以发挥固氮作用，从而提高地力。在这里，木本和草本也就是植物茎秆的质地并没有作物分类的标准，因为这种标准只可以把植物区分为草本植物和木本植物两大类，而在这两大类中，还有无数需要进一步分类的植物类和类群。同样，动物分类中选定的标准，也是足以把一类动物与其他动物充分区别或隔离出来的特征，也就是为该类动物所特有的属性，如胎生动物和卵生动物，他们都属于脊椎动物；单蹄类动物和偶蹄类动物，它们都属于有蹄类动物……

概念是反映对象本质属性的思维形式，但科学分类所采用的标准，并非都是事物或对象的本质属性，凡是能够把一事物与他事物，一类事物与他类事物区别开来的属性都可以成为分类的标准。如元素周期表中原子排列的顺序就是原子序数，然后把最外层电子数相同的元素排成一列，就构成了元素的族；动物、植物和微生物分类学中的界、门、纲、目、科、属、种、亚种这样多层次的分类，每一层的分类都有各自的标准，这些标准可以是动物的身体构造、生殖方式、行走模式、智力水平，也可以是植物的形态、构造、质地以及根茎叶、花果实的形态，而分类体系实际包含着分类层级和相应的分类标准，所谓科学的分类体系就是由分类层级和相应标准构成的体系。尽管这些标准作为外在特征和属性是客观存在的，但成为标准却是由科学家或研究者选择和确定的，而分类层级则完全是由科学家或分类学家主观地建构起来的。

世界的多样性主要是由物理世界和生物世界的多样性构成的，科学研究尤其是分门别类的知识及其中对象和问题的类型学研究，有助于人们认识、理解和把握这个多样性世界的秩序，这个秩序所反映的对象是客观存在的，但秩序本身却是由科学家建构的，或者如同康德所说，是人为自然的立法。

尽管社会世界没有物理和生物世界那样的多样性，但对社会的科学研究也需要贯彻为所有科学所共享的分门别类，只是这种或这些密切相关于人的社会事物或存在，远不如自然世界那样感性和有形，政治、经济、文化是根据社会这一人类共同体的职能及相应于人的一个方面的需要划分出来的，根据不同的政治、经济和文化类型也可以区分不同的社会、民族和国家。在构成社会的这三大支柱领域和系统之外，按照职能的专门化，还可以继续划分出教育、科学、军事、医疗卫生、资源环境、工业、农业、商业、外贸、交通运输等领域，而这些领域在国家社会也设立有相应的政府机关和部门，至于在学理上划分出来的社会科学各学科及其部门学科，如政治学及部门政治学、经济学及部门经济学、文化学及具体文化的类型学（如民族学、民俗学、语言学等），最综合的当属社会学及其部门社会学……却是因相应的社会问题或现象划分出来的。制度不仅是经济学研究的一个重要领域，也是社会学考察的重要领域。对制度的社会学研究建构起了制度理性这一核心概念，借助其中介作用，划分并贯通了诸多理性领域，这些领域的概念建构分别是个人理性（personal rationality）与社会理性（social rationality），私人理性（private rationality）与公共理性（public rationality），政治理性（political rationality）、经济理性（economic rationality）和文化理性（cultural rationality），理论理性（theoretical rationality）与实践理性（practical rationality），宗教理性（religious rationality）与伦理理性（ethic rationality）以及科学理性（scientific rationality）与技术理性（technical rationality）。[1]这两两对应的概念及其所表达的意义，都是借助某种根据或标准划分出来的，它们并不构成分类，却是社会学乃至社会科学研究所必需的。

以上讨论归结为，在自然科学中不可或缺的分类或类型学研究，在社会科学领域，则主要表现为对指称社会现象和问题的概念的划分，而不是分类。在这个意义上，如果说自然科学的类型学研究需要遵守逻辑学关于概念逻辑的基

---

① 司汉武. 制度理性与社会秩序 [M]. 北京：知识产权出版社，2011：171-215.

本原则，那么，社会科学领域的类型学研究，基本就是对概念逻辑及其原则的移植，在这里所遵循的原则便是意义明确性和形式合理性原则，以使我们对社会事物的指称具有最少歧义，而不是没有歧义。

分类标准和分类体系的建构，无疑是从核心概念开始的，有些建构属于前延式建构（forward construction），这种建构往往从当前概念出发，通过增加内涵、缩小外延的方式进行，直到满足我们的研究或认知需要，这种建构实际上是逻辑学所谓的概念的限制，其目标是明确概念；也有些属于后溯式建构（retrospective construction），即从该核心概念出发，通过减少内涵、扩大外延过渡到相应的属概念，如从民间私怨到社会怨恨、从经济理性到社会理性……由这些前延和后溯的标准构成的体系就是划分或分类体系，全面的称谓则是分类/划分的标准体系。至此，关于建构的第二个步骤就实现了，从而可以过渡到建构的第三环节，即理论或概念体系建构。

三、理论或概念体系建构

作为理性的经验知识和经验的理性知识之统一，科学追求必然性（inevitability）或确然性（certainty）知识，这种知识一般被称为真理（truth）、规律（law）或自然法则（natural law）。但这三者侧重点有所不同，规律或自然法则是客观存在的，真理则是对此二者的建构性揭示。从这个意义上说，科学的职能是揭示和解释客观存在的规律或自然法则，目标则是追求真理。这里所谓的真理实际就是正确或可靠的理论，这种理论是由某种符合必然性推理要求的逻辑语句所表达的命题推理。所以，论及理论和理论建构，就不能绕开逻辑学所揭示的思维规则。

任何科学研究最终都归结为对现象世界某种现象和问题的归因考察，即使是后来在社会科学领域发展起来的功能考察，也是对承担该功能的对象或事物，作用或影响他事物变化的某种归因。所以，功能研究其实是反归因研究，所不同的是相应事物或对象的功能不是作用于某个单一对象的。归因分析所追溯到的原因或因素往往不是唯一的，但最终都通过我们所要切入的对象和问题表现出来；同时，该对象的功能也不是唯一的，但都是该对象或事物的功能。所以，理论研究中的归因分析结果往往是多因一果，而功能分析的结果也极可能是一因多果。系统论科学家从复杂事物的一般性中抽象和建构了系统这一概念，并从这一概念出发，前溯解析、划分并建构了子系统和各子系统之间的比例和相互作用的机制，也就是结构的概念，进一步归因分析的结果是，系统的功能并不完全是各子系统功能之和，还有远远超出的部分，而这部分功能则是由结构贡献的。这就是系统科学中著名的"整体大于部分之和"这一系统科学原理和结论的由来。同时，从系统概念的后延分析表明，系统还是不断与环境发生物质、能量和信息交流与交换的功能整体，系统发展壮大的基础则是不断从环境中获取物质、能力与信息。这一原理已经被广泛运用于包括细胞系统、生物有机体系统、生态系统乃至社会系统在内的所有复杂事物的科学研究。① 如果说前述库恩的科学范式理论是正确的，那么，系统科学②理论及相应的学科群的

① 司汉武，傅朝荣. 结构与功能的哲学考察［J］. 汉中师范学院学报（社会科学版），2000（04）：24-30.
② 系统科学（system science）是研究系统的结构与功能关系、系统演化和调控规律的科学，是一门新兴的综合性、交叉性学科。它以不同领域的复杂系统为研究对象，从系统和整体的角度，探讨复杂系统的性质和演化规律，目的是揭示各种系统的共性以及演化过程中所遵循的共同规律，发展优化和调控系统的方法，并进而为系统科学在科学技术、社会、经济、军事、生物等领域的应用提供理论依据。

系统科学是在数学、物理、生物、化学等学科基础上，结合运筹学、控制论、信息科学等技术科学发展起来的，并在工程、社会、经济、军事、生命、生态、管理等领域得到发展与应用。系统是由相互联系、相互作用的要素（部分）组成的具有一定结构和功能的有机整体。英文中"系统"一词（system）来源于古代希腊文（σύστημα），意为部分组成的整体。

系统科学研究主要采用系统论的原理和方法，并紧密结合近现代数学、物理方法与信息科学技术等现代研究工具（科学计算、模拟、仿真等）。

系统科学的发展离不开对具体系统的探讨，并通过对具体系统的结构、功能及其演化性质的研究，寻求复杂系统的一般机理与演化规律；同时系统科学新的思想和方法又深刻地影响着许多实际系统的研究，涉及自然科学和社会科学的许多领域，成为众多工程技术科学发展的理论基础，并为控制科学与工程、管理科学与工程以及生态学、环境的控制等对国民经济与人类生存有关的重要应用领域作出直接的贡献。

按照发展和现状，系统科学可分为狭义系统论和广义系统论两种。狭义的系统科学一般是指贝塔朗菲著作《一般系统论：基础、发展和应用》中所提出的将"系统"的科学、数学系统论，系统技术，系统哲学三个方面归纳而成的学科体系。

广义的系统科学包括系统论、信息论、控制论、耗散结构论、协同学、突变论、运筹学、模糊数学、物元分析、泛系方法论、系统动力学、灰色系统论、系统工程学、计算机科学、人工智能学、知识工程学、传播学等一大批学科在内，是20世纪中叶以来发展最快的一大门综合性科学。20世纪后期兴起的相似论、现代概率论、超熵论、奇异吸引及混沌理论、紊乱学、模糊逻辑学等，也将进入广义系统科学并成为其重要内容。系统科学将众多独立形成、自成理论的新兴学科综合统一起来，具有严密的理论体系，它已为国内外许多学者所关注和研究。20世纪60年代，美国将《系统工程》杂志改为《系统科学》。中国在技术领域的杂志则有《系统科学与教学》《系统工程的理论和实践》《系统工程学报》《系统工程》等。

建立，才真正是科学史上的重大革命，贝塔朗菲、诺伯特·维纳①、伊·普里戈金②等科学家为此做出了重要贡献。

与系统科学家建立其概念和学科体系的过程相似，早期科学家在相应学科问题的概念和相关概念建构的基础上，按照概念划分和对概念所指称事物或对象分类的标准与原则，把这些概念通过一定的逻辑关系连接起来，以对他们要寻求解答的问题提供尝试性解释。这些借助一定的逻辑关系连接起来的概念，就构成了所谓的理论或概念体系。在这些理论或概念体系经过试验或实验验证前，还不能直接称其为理论，只能称之为假说或理论假设，或者如同卡尔·波普尔所说，就是猜想或猜测。物理学中著名的牛顿运动定律，构成了牛顿力学的核心，这一理论的问题缘起是物体运动的原因和机理，不管这种运动是直线运动、曲线运动，抑或是自由落体运动。对运动的分类，对引起运动的原因——力的分类，构成运动力学中的类型学研究，把力解释或定义为物体之间的相互作用，不同的作用类型就构成不同的力，如推力、拉力、阻力、摩擦力、重力、浮力、惯性力、弹力、离心力、向心力、压力、张力、电磁力……这些力作用于物体，都会引起物体运动，至于会是什么运动，则是运动的分类问题。

---

① 诺伯特·维纳（Norbert Wiener，1894—1964），美国数学家，控制论、信息论的创始人。在其70年的科学生涯中，先后涉足哲学、数学、物理学和工程学，最后转向生物学，在各个领域中都取得了丰硕成果，称得上是恩格斯颂扬过的、20世纪多才多艺和学识渊博的科学巨人。他一生发表论文240多篇，著作14部。他的主要著作有《控制论》（1948）、《维纳选集》（1964）和《维纳数学论文集》（1980）。维纳还有两本自传《昔日神童》和《我是一个数学家》。

② 伊·普里戈金（I. Llya Prigogine，1917—2003，又译普利高津），比利时物理化学家和理论物理学家。1917年1月25日生于莫斯科。1921年随父母旅居德国，1929年定居比利时，1949年加入比利时国籍。他于1934年进入布鲁塞尔自由大学，攻读化学和物理学，1939年获理学硕士学位，1941年获博士学位。1947年任自由大学理学院教授。1959年任索尔维国际理化研究所所长。1967年兼任美国奥斯汀得克萨斯大学的统计力学和热力学研究中心主任。1953年当选为比利时皇家科学院院士。1967年当选为美国科学院院士。

普里戈金长期从事关于不可逆过程热力学（也称非平衡态热力学）的研究。1945年提出了最小熵产生定理，该定理是线性不可逆过程热力学理论的主要基石之一。他与其同事于20世纪60年代提出了适用于不可逆过程整个范围内的一般发展判据，并发展了非线性不可逆过程热力学的稳定性理论，提出了耗散结构理论，为认识自然界（特别是生命系统）发生的各种自组织现象开辟了一条新路。耗散结构理论在自然科学及社会科学的许多领域有重要的用途。因创立热力学中的耗散结构理论，普里戈金获1977年诺贝尔化学奖。普里戈金在物理化学和理论物理学的其他方面，如化学热力学、溶液理论、非平衡统计力学等领域都有重大的贡献。他的主要著作有《化学热力学》《不可逆过程热力学导论》《非平衡统计力学》和《非平衡系统中的自组织》等。

在门捷列夫发现了元素周期律并建构了周期表以后，随着电子显微镜的问世，科学家终于可以揭开隐藏在原子内部的元素化学性质的奥秘，由化合价表现的原子化合的性质，原来受制于其核外最外层的电子数的多少。以 8 为限制，凡最外层电子小于 4 的元素多为金属元素，该元素的原子倾向于贡献出自己的最外层电子，从而变成带正电的阳离子，如钠离子（Na^+）、钙离子（Ca^{2+}）、铁离子（Fe^{3+}）等。而最外层电子数大于 5 的元素多为非金属元素，其原子在与其他元素的原子结合时，如果是金属元素的原子，则接受这个或这些原子的电子，从而变成带负电的阴离子，如硫离子（S^{2-}）、氯离子（Cl^-）、氮离子（N^{3-}）等；如果是非金属元素的原子，那么，该原子则与这些原子共享最外层电子，并使彼此最外层电子数达到 8 或者 2 的平衡（电饱和）状态，如水（H_2O）、硫化氢（H_2S）和二氧化碳（CO_2）等。相应地，离子化合物、共价化合物内部原子之间的最外层电子得失和共享，形成了相应的离子键（ionic bond）和共价键（covalent bond），这两种键连同金属键（metal bond）统称为化学键（chemical bond），化学键实际上是一种化学力。原子谋求与其他原子结合，从而使自己达到核外最外层电子为 8 或 2 的平衡状态，也可成为社会中人通过个人努力或人际互动，以实现心理和社会平衡的化学、物理学或自然科学基础。而惰性族的元素，其原子的最外层电子均呈现为 8 的稳定或电饱和状态，不容易与任何其他元素化合并结成化合物，所以它们多呈单质状态。这一点也可以对应于社会生活中的富人或懒人，他们不大愿意付出些许，以与他人结成互利合作关系。所以，"懒惰导致贫穷"也是一个基本的社会定则或法则。这里实际揭示和解释了离子化合物与共价化合物化合的化学原理，当然还有更为复杂的由碱基和酸根作离子的化合物化合的情形，以及化合物分解变化时的化学原理。

在系统论和系统生物学（systematic biology）的基础上，与原子物理学和原子化学对应的细胞生物学终于进展到蛋白质、氨基酸和基因水平，因此生物生长发育、遗传变异的生物化学基础被揭示。细胞系统的结构像极了原子的结构，不同在于细胞核和分布在细胞质中的细胞器是活的，正是这些细胞器持续不断的生理生化活动，维持了生物体的生命。而置身于细胞核中的脱氧核糖核酸（DNA）则记录着生命的符号或符码，这就是被称为基因的 DNA 片段，这种符号或符码通过性细胞的减数分裂，借助雄性的精子和由卵母细胞减数分裂而形成的卵子的结合，在受精卵中重新组合，并发育成新的生命个体。生物的所有外在特征和内在特质，都是由遗传基因控制的生物或生命的性状，处于精子和卵子 DNA 双螺旋结构相同位置，并控制生物同一性状的基因被称为等位基因，诸如动物性别、形体和毛色、花纹等外貌特征，植物花朵的颜色、果实的大小、植株的高矮等。

这里所说的生物遗传的生理和生化机理，只是生物遗传的内部方面——这些知识乃是生物学和生物遗传学尤其是分子生物学发展很晚近的成果——但人们可以观察到的则是动物尤其是我们人类与其后代在许多方面的相似性和一些方面的相异性，其中相似性代表着遗传，而相异性则表征着变异，如动物生殖中出现的怪胎。为这一现象在遗传学尤其是数量遗传学（Quantitative genetics）发展方面做出开创性贡献的，则是孟德尔①的豌豆杂交实验和由此被后人建立的孟德尔遗传定律（Mendel's genetic law）②。

需要注意的是，在孟德尔进行其著名的豌豆杂交实验之前，就作了十分重要的理论推演，这种推演从建构表示遗传并造成遗传的因素也就是遗传因子的概念出发，建构了生物的性状（traits）和相对性状（relative traits）概念，并假定这些性状是由控制这些性状的遗传因子决定的，而且这些控制同一类性状的遗传因子可以划分为相对的显性和隐性，其中显性因子造成相对性状中某种常见性状的呈现，隐性因子只有在重合时才会出现相反的性状。在动物交配受精

---

① 孟德尔（Gregor Johann Mendel，1822—1884），奥地利帝国生物学家。出生于奥地利帝国西里西亚海因策道夫村，是遗传学的奠基人，被誉为现代遗传学之父。他通过豌豆实验，发现了遗传学三大基本规律中的两个，分别为分离规律及自由组合规律。

② 孟德尔定律是由奥地利帝国遗传学家格里哥·孟德尔在1865年发表，并催生了遗传学诞生的著名定律。他揭示出遗传学的两个基本定律——分离定律和自由组合定律，统称为孟德尔遗传规律。

在孟德尔以前，孩子为什么像父母这样的遗传现象没有明确的科学解释，当时比较流行的融合说或者混合说将这种现象解释为：母方卵细胞与父方精子中存在的"某种液体"混合，是孩子继承父母两方特征的原因。与此相对，孟德尔自立粒子说并且预言，决定父母方性质的是某种单位化的粒子状物质。由于当时的技术水平的局限，孟德尔没能完全解释这里的粒子是什么，我们知道这里的粒子就是遗传因子，也就是基因。可以说孟德尔为以后的遗传因子理论奠定了框架基础，这一发现具有历史性的意义。

受生物学发展限制，在孟德尔生前，这一发现没有得到充分的重视，但是也没有完全被埋没，19世纪中叶，威廉姆·霍克、阿尔贝尔特·布朗贝里、伊万·舒马尔豪森、海德·贝利等人都在各自的论文中提到了孟德尔定律。此外，1881年版《大不列颠百科全书》已经有了对孟德尔研究的介绍。

1900年荷兰的雨果·德·弗里斯（Hugo de Vries），德国的卡尔·柯灵斯（Carl Correns）和奥地利的契马克（Erich von Tschermak），各自独立研究再次发现了这一定律。经过对过去文献的查考，最终发现了孟德尔的论文，并据此将这一定律命名为"孟德尔定律"。为这一定律命名的是柯灵斯，孟德尔个人没有将之称为定律。

和植物授粉遗传时，遗传因子是随机并自由组合的；下一代的遗传则会发生控制同一相对性状的遗传因子的分离和再组合，并在子二代后代身上表现出某种统计上的规律性。如今遗传学中的性状和相对性状、等位基因（allele）、显性基因（dominant gene）、隐性基因（recessive gene）等概念都是在孟德尔的著名实验基础上继承、发展而来的，加上摩尔根（Thomas Hunt Morgan，1866—1945）果蝇实验所确立的基因连锁交换规律，形成了如今的生物遗传三大定律①。

以上对物理学、化学、生物遗传学领域理论建构过程的说明，有助于澄清科学假说和科学理论之间的关系，也有助于强化科学家理论研究的主体性在科学发现和发展中的重要作用。胡适曾经对科学乃"大胆地假设，小心地求证"之谓，也说明科学理论建设和建构中科学家个人科学创见与学术自由而不是社会的重要性，理论建构的最重要环节是科学假设。科学的社会建构主义只表明，作为科学家科学研究活动重要的社会背景的制度条件之于科学发展的重要意义。

科学的理论或概念体系建构，实际是根据已经建构起的核心概念和关联概念，在理想条件假定下，建立因果之间相对紧密的逻辑关系，使这些概念形成体系。如力是运动的原因，持续不断的力是物体运动不断加快的原因，地球自转是昼夜交替的原因，遗传是动植物亲子相像的原因，以及细胞分裂是生物体不断生长的原因，新陈代谢的平衡是生物体生长到一定程度便停止，并保持机体相对稳定的原因；有害生物如细菌、病毒和其他生物侵袭是动植物患病的原因……

这里的理想条件假定，其实是对应于自然科学研究中的受控实验的，在科学家猜测性地建构了核心概念和关联概念后，只意味着我们关注到了相对重要

---

① 遗传学三大基本定律是孟德尔于 1856—1864、摩尔根于 1909—1911 年期间提出来的。三大基本定律分别是基因分离定律、自由组合定律和连锁交换定律。

连锁交换定律是在 1900 年孟德尔遗传规律被重新发现后，人们以更多的动植物为材料进行杂交试验，其中属于两对性状遗传的结果，有的符合独立分配定律，有的不符。摩尔根以果蝇为试验材料进行研究，最后确认所谓不符合独立遗传规律的一些例证，实际上不属独立遗传，而属另一类遗传，即连锁遗传。于是继孟德尔的两条遗传规律之后，连锁互换定律成为遗传学中的第三个基本定律。所谓连锁互换定律，就是原来为同一亲本所具有的两个性状，在子二代中常常有连在一起遗传的倾向，这种现象被称为连锁遗传。连锁遗传定律的发现，证实了染色体是控制性状遗传的基因的载体。通过交换的测定进一步证明基因在染色体上具有一定的距离和顺序，并呈直线排列。这一发现为遗传学的发展奠定了坚实的科学基础。

的因素并予以概念化，并不意味着我们掌握了影响事物变化的所有可能因素。在匀速和匀变速直线运动中，早期物理学家假定了物体被置于光滑的平面上，这个面对运动中物体的阻力也就是摩擦力可以忽略不计，作用力的效能完全被利用，方有牛顿运动定律的成立。相应地，自由落体运动也假定了空气阻力为零即忽略不计的理想条件，相应的实验只有在真空管中才能进行。

牛顿运动定律是建立在绝对时空以及与此相适应的超距作用基础上的，超距作用是指分离的物体间不需要任何介质，也不需要时间来传递它们之间的相互作用，也就是说相互作用以无穷大的速度传递。在牛顿时代，人们了解的相互作用，如万有引力、磁石之间的磁力，以及相互接触物体之间的作用力，都沿着相互作用的物体的连线方向，而且相互作用的物体的运动速度都在常速范围内。

在这种情况下，牛顿从实验中发现了第三定律。每一个作用总是有一个相等的反作用与它相对抗；或者说，两物体彼此之间的相互作用永远相等，并且各自指向其对方。作用力和反作用力等大、反向、共线，彼此作用于对方，并且同时产生，性质相同，这些常常是我们认识、理解这个定律要强调的内容。而且，在一定范围内，牛顿第三定律与物体系的动量守恒是密切相连的。

但是随着人们对物体间的相互作用认识的发展，19世纪发现了电与磁之间的联系，建立了电场、磁场的概念；除了静止电荷之间有沿着连线方向相互作用的库仑力外，运动电荷还受到磁场力即洛伦兹力的作用；运动电荷又将激发磁场，因此两个运动电荷之间还存在相互作用。在对电磁现象研究的基础上，麦克斯韦（1831—1879）在1855—1873年间完成了对电磁现象及其规律的大综合，建立了系统的电磁理论，发现电磁作用是通过电磁场以有限的速度（光速c）传递的，这一点后来为电磁波的发现所证实。

前述英国科学家卢瑟福通过实验推断出原子由居于原子中心的带正电的原子核和核外带负电的电子构成。1897年英国物理学家J. J. 汤姆逊（Joseph John Thomson，1856—1940）通过研究阴极射线确定了电子的存在。电子被发现以后，1906年卢瑟福做了著名的α粒子散射实验，即让一束平行的α粒子穿过极薄的金箔时，发现穿过金箔的α粒子有一部分改变了原来的直线路径，而发生不同程度的偏转（说明受到斥力），还有少数α粒子（大约一万个中有一个），好像遇到某种坚实的不能穿透的东西而折回。卢瑟福设想带有两个不在此列的

α粒子有很大的动能，能够使它改变射程的，只能是α粒子遇到了原子中具较大质量并带有正电荷的部分，而这个带正电荷的部分在原子中所占的体积应该很小。因此，卢瑟福提出：原子内部存在着一个质量大、体积小、带正电荷的部分——原子核。由于卢瑟福的这一重要成果，他于1908年获得了诺贝尔物理学奖，也由于他在原子研究中的开创性贡献，人们赞誉卢瑟福是原子物理学之父。

卢瑟福检验了在他学生的实验中反射回来的确是α粒子后，又仔细测量了反射回来的α粒子的总数。测量表明，在他们的实验条件下，每射入约八千个α粒子就有一个α粒子被反射回来。用汤姆逊的实心带电球原子模型和带电粒子的散射理论只能解释α粒子的小角散射，但对大角度散射无法解释。多次散射可以得到大角度的散射，但计算结果表明，多次散射的几率极其微小，和上述八千个α粒子就有一个反射回来的观察结果相差太远。

汤姆逊原子模型不能解释α粒子散射，卢瑟福经过仔细的计算和比较，发现只有假设正电荷都集中在一个很小的区域内，α粒子穿过单个原子时，才有可能发生大角度的散射。也就是说，原子的正电荷必须集中在原子中心的一个很小的核内。在这个假设的基础上，卢瑟福进一步计算了α散射时的一些规律，并且作了一些推论。这些推论很快就被盖革和马斯登的一系列漂亮的实验所证实。

在做了大量的实验和理论计算，并经过深思熟虑后，他才大胆地提出了有核原子模型（如图10-1），推翻了他的老师汤姆逊的实心带电球原子模型理论。

卢瑟福提出的原子模型像一个太阳系，带正电的原子核像太阳，带负电的电子像绕着太阳旋转的行星。在这个"太阳系"中，支配它们之间的作用力是电磁相互作用力。他解释说，原子中带正电的物质集中在一个很小的核心上，而且原子质量的绝大部分也集中在这个很小的核心上。当α粒子正对着这个核心射去时，就有可能被反弹回来。这就圆满解释了α粒子的大角度散射。为此，卢瑟福发表了一篇著名的论文《物质对α和β粒子的散射及原理结构》，并奠定了他原子物理学之父的地位。

卢瑟福的理论开拓了原子结构研究的新途径，为原子物理学的发展建立了不朽的功勋。然而，在当时很长的一段时间内，卢瑟福的理论遭到物理学家们的冷遇。卢瑟福原子模型存在的致命弱点是正负电荷之间的电场力无法满足稳

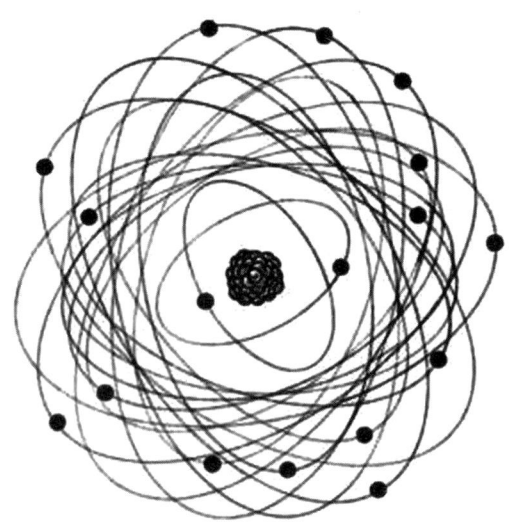

图 10-1　卢瑟福原子结构模型

定性的要求，即无法解释电子如何稳定地待在核外。1904 年长冈半太郎提出的土星模型就是因为无法克服稳定性的困难而未获成功。因此，当卢瑟福又提出有核原子模型时，很多科学家都把它看作是一种猜想，或者是形形色色的模型中的一种而已，忽视了卢瑟福提出模型所依据的坚实的实验基础。

卢瑟福具有非凡的洞察力，常常能够抓住问题的本质而做出科学的预见。同时，他又有十分严谨的科学态度，他从实验事实出发做出假设和推论。卢瑟福认为自己提出的模型还很不完善，有待进一步研究和发展。他在论文的一开头就声明："在现阶段，不必考虑原子的稳定性，因为显然这将取决于原子的细微结构和带电组成部分的运动。"当年他在给朋友的信中也说："希望在一两年内能对原子构造说出一些更明确的见解。"

理论建构中的理想（条件）假定，实际上是对不是十分重要，可以被我们忽略的影响对象变化非主要因素的简化甚至排除，以便我们集中精力聚焦于主要因素，前述物理学中出现的诸多常数或常量，实际就是这种简化或排除的表现。但在事物运动、变化的自然状态下，这些被简化或排除的因素在稳定地发挥作用，如果这些因素足够简单，那么在主要因素被探明后，这个或这些因素会被纳入考量，如牛顿第二运动定律最后的表述中把导致物体匀变速运动的力称为合外力，其中已经充分考虑了阻力或摩擦力对运动的影响；同样，化学热力学（chemical thermodynamics）中的零热损假定，也就是系统封闭性假定，是所有热力学定理成立的前提，在实际的热机循环中，也被热机效率所取代。理论建构中理想假定最鲜明的表现，还有理想气体状态方程（State Equation of Ideal Gas）的建立。[①] 这一方程成立的假定前提是 1 摩尔气体的体积为 22.4 升，该气体即理想气体。

实际上理想（条件）假定不仅存在于理论自然科学的研究中，也大量存在于包括经济学、社会学和管理学在内的社会科学研究中。古典经济学研究中的理性人假设、信息公开或对称假设和充分竞争假设，在以市场交换与竞争为核心的经济学理论建构中发挥了十分重要的作用。马克斯·韦伯社会行动的理想类型、合法统治的理想类型无疑内在地包含着对理想条件的限定，没有这种或这些限定，任何对人的社会行动的分析，以及对现存政治统治及其合法性的分析都不可能顺利展开。在管理理论中划分出来的惩罚式管理（punitive management）、包括科层制管理在内的科学管理（scientific management）以及以体现和兼顾人的社会性需要的人性化管理（humanized management），都建基于某种理想而纯粹的人性假设，这就是惰性人假设（lazy man hypothesis）、理性人假设（rational or economic man hypothesis）、社会人假设（social man hypothesis），而且社会人假设还具有相对坚实的实验支持，那就是管理学中著名的霍桑实验

---

① 理想气体状态方程（又称理想气体定律、普适气体定律）是描述理想气体在处于平衡状态时，压强、体积、物质的量、温度间关系的状态方程。它建立在玻意耳-马略特定律、查理定律、盖-吕萨克定律等经验定律上。其方程为 $pV = nRT = mRT/M$。这个方程有 4 个变量：p 是指理想气体的压强，V 为理想气体的体积，n 表示气体物质的量，而 T 则表示理想气体的热力学温度；还有一个常量 R 为理想气体常数。可以看出，此方程的变量很多。

（hawthorne experiment）①。

从理论上讲，所有科学理论的建构，都首先表现为对指称现象及其原因（因素）、该现象的作用或影响及其效应或效果的概念之间逻辑关系的确立，这正是把理论称为概念体系的逻辑根据，这样的思维又称为理论思维。但在自然科学中，仅仅建构出概念体系并不能满足人们对自然事物和自然现象认知的需要，数学或数理科学的进步，为人们更加精确地认识和描述自然世界的因果关

---

① 霍桑实验是1924年美国国家科学院的全国科学委员会在西方电气公司所属的霍桑工厂进行的一项实验。霍桑工厂是一个制造电话交换机的工厂，具有较完善的娱乐设施、医疗制度和养老金制度，但工人们仍愤愤不平，生产成绩很不理想。为找出原因，美国国家研究委员会组织研究小组开展实验研究，以梅奥（George Elton Mayo, 1880—1949）教授为首的一批哈佛大学心理学工作者承担了研究任务。

　　从1924年到1932年，霍桑实验持续了9年，共分四个阶段，分别是照明实验、福利实验、访谈实验和群体实验，这些实验的理论假定分别是工作环境条件、工资福利、劳动态度、群体协作对生产效率有重要影响，但实验的结果和结论让人大出所料。1933年，梅奥出版了《工业文明的社会问题》，对实验进行了总结，提出了一系列假设：

　　I. 社会人假设

　　泰勒的科学管理理论认为，人为了经济利益而工作，金钱或工资福利是刺激工人积极性的唯一动力，因此，传统管理理论也被称为经济人或理性人假设。而霍桑实验表明，经济因素只是第二位的东西，社会交往、他人认可、归属某一社会群体等社会心理因素才是决定人工作积极性的首要因素，因此，梅奥的管理假设也被称为人际关系假设或社会人假设。

　　II. 士气假设

　　科学管理理论认为，工作效率取决于科学合理的工作方法和好的工作条件，管理者应该关注动作分析、工具设计、改善条件、制度管理等。而霍桑实验表明，士气，也就是工人的满意感等心理需要的满足才是提高工作效率的基础，工作方法、工作条件之类物理因素只是第二位的东西。

　　III. 非正式群体假设

　　科学管理理论认为，必须建立严格完善的管理体系，尽可能避免工人在工作场合的非工作性接触，因为其不仅不产生经济效益，而且降低工作效率。而霍桑实验表明，在官方规定的正式工作群体之中还存在着自发产生的非正式群体，非正式群体有着自己的规范和维持规范的方法，对成员的影响远较正式群体大。因此，管理者不能只关注正式群体而无视或轻视非正式群体及其作用。

　　IV. 人际关系型领导者假设

　　科学管理理论认为，管理者就是规范的制定者和监督执行者。而霍桑实验提出，必须有新的人际关系型领导者，他能理解工人各种逻辑的和非逻辑的行为，善于倾听意见和进行交流，并借此来理解工人的感情，培养一种在正式群体的经济需要和非正式群体的社会需要之间维持平衡的能力，使工人愿意为达到组织目标而协作和贡献力量。

　　霍桑实验表明，人不单是经济人，同时也是社会人，不是孤立的、只知挣钱的个人，而是处于一定社会关系中的群体成员，个人的物质利益在调动工作积极性上只具有次要意义，群体间良好的人际关系才是调动工作积极性的决定性因素。因此，与霍桑实验对应的管理模式被称为人性化管理，支撑这种管理的人性假设被称为社会人假设。

系开辟了道路，创造了条件。这就要求自然科学理论要朝着定量化、公式化方向发展，也就是描述自然世界因果关系的理论，在概念建构的基础上，要尽可能达到用可以量化的指标和变量描述的程度。可以说，数理科学的发展为自然科学的精确化创造了条件，自然科学的精确化、精准化和定量化发展，又不断为数理科学的发展开辟新的前景，提出新的要求，创造新的动力。

代数学、几何学、微积分、概率论与数理统计、模糊数学、系统工程、拓扑学①等数理科学的发展，为物理学及其他自然科学从宏观到微观、宇观，从物体、原子到量子，从常速、超音速到光速，从一元、二元到多元的进步创造了越来越充分的条件。这种变化最突出的表现是自然科学中揭示和表达各种定律、定理与规律的公式。如果说，自然科学理论只表达了反映各种现象的变化及其影响因素的概念之间的逻辑关系，那么只有将这种关系以可以量化的变量及其数学或数理逻辑关系表现出来，方能达到科学的精准度和精确度。这一要求或标准，已经成为判断一种理论或假说是不是科学的重要甚至主要标准。物理学中力、物体质量、物体运动速度、加速度、时间的关系，速度、时间与距离（位移）的关系，气体压强、体积、温度的关系，力、位移、功、时间、功率的关系，功和能量的关系，电流、电压和电阻的关系，电流、场强和库伦力的关系……所有这些可以量化的关系，都有相应公式来表达，但潜藏在这些公

---

① 拓扑学（topology）直译为地志学，也就是和地形学（topography）、地貌学（geomorphology）相类似的学科。拓扑几何学是 19 世纪形成的一门数学分支，它属于几何学的范畴。有关拓扑学的一些内容早在 18 世纪就出现了。那时候发现的一些孤立的问题，后来在拓扑学的形成中占有重要地位。

其数学公理为：

设 X 是一个非空集合，X 的一个幂集族 T 称为 X 的一个拓扑。如果它满足：

i. X 和空集 ｛｝ 都属于 τ；ii. τ 中任意多个成员的并集仍在 τ 中；iii. τ 中有限多个成员的交集仍在 τ 中。

称集合 X 连同它的拓扑 τ 为一个拓扑空间，记作（X，τ）。称 τ 中的成员为这个拓扑空间的开集。

定义中的三个条件称为拓扑公理［条件（iii）可以等价地换为 τ 中两个成员的交集仍在 τ 中］。

从定义上看，给出某集合的一个拓扑就是规定它的哪些子集是开集。这些规定不是任意的，必须满足三条拓扑公理。

一般说来，一个集合上可以规定许多不相同的拓扑，因此说到一个拓扑空间时，要同时指明集合及所规定的拓扑。在不引起误解的情况下，也常用集合来代指一个拓扑空间，如拓扑空间 X、拓扑空间 Y 等。

同时，在拓扑范畴中，我们讨论连续映射。定义为：f：（X，T_1）→（Y，T_2）（T_1，T_2 是上述定义的拓扑）是连续的，当且仅当开集的原像是开集。两个拓扑空间同胚，当且仅当存在双向互逆的连续映射。同时，映射同伦和空间同伦等价也是很有用的定义。

式背后的科学公理，则是物质不灭、能量守恒和功能转换原理。

需要注意的是，自然科学理论的精确化、精准化以及作为这种表现和要求的公式化，还有一个重要的前提，那就是表现可量化概念的指标和变量的量纲①

---

① 量纲是指物理量固有的、可度量的物理属性，是物理学中的一个重要概念。量纲可以定性地表示出导出量与基本量之间的关系，可以有效地进行单位换算，可以检查物理公式是否正确，并且可以推知某些物理规律。

一个物理量的量纲是不以人的意志为转移的基本的、客观的物理属性，它可以被人所测量，度量标准及尺度各不相同。度量标准（度量单位）是人为制定的，随历史年代、应用区域、定义方式、国家及地方标准的不同而各不相同。如国际单位制中的米、千米、毫米、纳米，英美制中的英尺、英寸，以及中国的尺、丈、里等单位各不相同，但它们都属于相同的量纲——长度；中国古代有"八尺男儿"之说，如果把今天"1尺等于1/3米"的代换关系代入，会发现这里古代的尺比今天的尺描述的长度明显更短，但两个历史标准也都属于相同的长度量纲。

量纲由其所应用的量制描述。在量制中，以基本量的幂的乘积表示该量制中一个量的表达式，这个表达式就是该量的量纲。由于选取的基本量不相同，同一个物理量在不同的单位制里的量纲可以互不相同。例如高斯单位制中的基本量是长度、质量和时间，电磁学的 MKSA 制（电磁单位制）中的基本量是长度、质量、时间和电流，这些量纲都属于国际单位制下的基本量纲；而在土木工程的结构试验绝对系统中，三个基本量纲则是长度、力和时间，而力的量纲在国际单位制下属于导出量纲；表示电磁量的量制在历史上曾有 CGSE、CGSM 及 SI 等多种，其中多数科学家采用国际单位制（SI），但在某些专门领域还保留了采用传统因袭的量制来表示。

物理量之间有规律的联系可以通过描述自然规律的各种定律表示出来。因此当一个单位制的基本量确定后，其他的物理量就可以通过既定的关系或定律，定义为用基本量表示的导出量，并通过代数式表示为基本量的幂次乘积。

按照国际标准，物理量 Q 的量纲记为 dim Q，国际物理学界沿用的习惯记为 [Q]。基本量纲通常由一个罗马正体大写字母表示，如长度用 L 表示，质量用 M 表示，时间用 T 表示。

基本量纲：当前通行的基本量纲是国际单位制（SI）下的七个基本量纲，分别是长度、质量、时间、温度、电流、物质的量、发光强度，分别用字母 L、M、T、Θ、I、N、J 表示，它们的单位和符号分别为米（m）、千克（kg）、秒（s）、开尔文（K）、安培（A）、摩尔（mol）、坎德拉（cd）。这七个量纲称为基本量纲或独立量纲。

导出量纲：任意一个物理量的量纲都可以由七个基本量纲的幂次乘积表达式表达，称为导出量纲。如力的表达式可以由牛顿第二定律（F=ma）得到，加速度 a 的量纲是 LT^{-2}，因此力的量纲是 LMT^{-2}。推导一个物理量的量纲时，只需要把物理量表达式中的字母换成对应的量纲，再进行乘法运算便可求出。

有些物理量的量纲中七个基本量纲的幂次均为 0，也就是尺度可以用一个不带单位的实数来描述，则称这个物理量的量纲为量纲一，或者称这个物理量是无量纲量、纯数。"量纲一"记作"1"，它只是一个量纲符号，没有数的概念。典型的无量纲量有角度、应变，以及飞行中常用的马赫数、流体力学中的雷诺数等。一切实数本身也属于无量纲量。在量纲分析中，无量纲量通常用希腊字母 π 表示。无量纲量反映了原型（prototype）量与模型（model）量的比值，是建筑、机械等行业相似理论模型分析的基础。具体可参见量纲分析和相似理论词条。

（dimension）的建立与制定。由于物理学在自然科学中发展最充分、最完备，物理现象也是现象世界中最具形而下特征，从而最容易达到科学所要求的客观性要求的领域，所以国际科学界所公认的科学的量纲系统一般是以物理量——也就是物理学率先建立的量纲——为基础的。这里必须强调指出，作为该议题缘起之一的建构，恰恰是著者通过对包括量纲在内的科学单位及其名称来源的发现，这就是科学的量纲单位的名称，恰恰是捕捉或发现了问题，建构了概念和解释框架，同时建立了新学科的科学家的名号，如电流的单位安培、电阻的单位欧姆、电压的单位伏特、力的单位牛顿、功的单位焦耳、功率的单位瓦特、电子的电量单位库仑、振动的频率单位赫兹、人造飞行器的速度单位马赫，当然还有原子结构力学中的库仑力、洛伦兹力以及狭义相对论中的洛伦兹变换①（lorentz transformation）……所有这些证据表明，尽管由科学揭示的现象世界——主要是自然世界的自然现象——是客观存在的，但解释这些现象的科学知识和科学理论则是由科学家主观地建构起来的。正是科学家的这种理论和科学建构职能，才决定了他们在人类发展和进步中不可替代、不可或缺的地位与作用。

在对自然科学中的理论建构作了以上说明之后，这里需要特别强调社会科学理论建构的特殊性，尤其是社会科学相对于理论自然科学的特殊性。

众所周知，社会世界是人的世界，这个世界并不是一个单独的世界，而是物理世界、生物生理世界、心理或精神世界和社会世界的四维共存与共享。这个世界只有在物理世界和生理世界维度上才属于自然世界，在心理世界和社会世界维度上则有自己区别于自然世界的特殊性。正如著者在社会病理学研究中已经发现并指出的，社会世界存在着个体与群体（社会）、生理与心理或者物质与精神交叉与交互的特征。这种特征使任何谋求确切掌握社会世界奥秘、规划理想社会未来的企图，都难免大打折扣，甚至造成为社会思想家、政治实践家所最不祈愿的后果，那就是严重的，甚至是非人道的社会病理状态。

前述自然科学理论建构所必需的定量化和量纲建构要求，对社会科学来说几乎是不可承受之重。但正如哈耶克所批评的，自然科学对数学成果的运用所取得的成就，严重误导了社会科学的发展方向，那就是社会科学的自然科学化，

---

① 洛伦兹变换是观测者在不同惯性参照系之间对物理量进行测量时所进行的转换关系，在数学上表现为一套方程组。洛伦兹变换因其创立者——荷兰著名物理学家亨德里克·安顿·洛伦兹（Hendrik Antoon Lorentz，1853—1928）而得名。洛伦兹变换最初用来调和19世纪建立起来的经典电动力学同牛顿力学之间的矛盾，后来成为狭义相对论中的基本方程组。

以及不可能实现，即使可能实现也很不合理的定量化①。社会科学家自然也会意识到这种误导，从而部分放弃寻找类似于物理学公式那样的社会科学规律和定理，但对科学标准的坚信和固守又以另一种面目表现出来，那就是社会科学过分的实证化，而在一定程度上放弃对社会问题、社会现象的理论思考，进而放弃社会科学的理论建构。

由人类个体通过某种机制和途径结成的社会共同体，只有在个人生理的意义上，才可以尽量贯彻自然科学的科学主义思路，在心理、人类群体（集体）和社会共同体意义上，则必须意识到与客观的自然世界的意义差别。科学家尤其是动物生理学家对包括人在内的动物生理世界的探索，尽管说不上充分和全面，但为治疗疾病，已经基本探明了生命活动的过程和机理，这种机理甚至进展到生物化学过程和生物化学物质的高度。但包括人在内的生物的生理世界并不属于社会科学的范畴，而是明确地归属于自然科学，具体地说是属于医学的。医学学科内可以有社会医学（social medicine），病理学学科内也有社会病理学（social pathology），但在前者，社会仅仅是一个重要的考察因素或变量，只有在后者那里，才是以社会共同体的病理性变迁或变化作为对象的，其中，社会的道德状况、作为规范和规则系统的制度无疑是重点要考察的问题，而前述关于癌症生化指标的研究，则明显属于医学病理学（medical pathology）的研究领域。

如果说，普罗泰戈拉"人是万物的尺度"是正确的，那么，这里的万物则主要指自然对象或自然事物，在人类共同体这里，人类——哪怕是社会科学家——确立尺度、订立标准的能力要大打折扣。"公说公有理，婆说婆有理"，"此亦一是非，彼亦一是非"以及"旁观者清，当局者迷"等都表达了人们在社会事物尤其人际互动中难以确定标准和尺度的情况。连理都说不清，更遑论定量化的社会标准。社会现代化进程中觉醒了的理性意识，不过是强调和强化了人通过他人对共同体所应承担的责任，而不是提高了人设身处地为他人着想的共情能力（empathetic ability），更不是以旁观者角度和立场评判是非的能力。

社会和社会事物的复杂性，不单在于人的此在（dasein）和共在性（commonality），还在于人们总是以密切相关于自己需要的心理感受为参照，对社会事物尤其是人的社会行动做出反应和评价。中国儒家"小人好恶以己，君子好恶以道"的判断，反映出修为和认知能力不同的主体，对社会事物反应所依凭的根据和标准不同。排除其中对人简单的两分法和对社会的道德理想主义期待，

① ［英］弗里德里希·A.哈耶克.科学的反革命——理性滥用之研究［M］.冯克利，译.上海：译林出版社，2003：10-15.

这个判断的确说出了社会标准和尺度混乱的事实。社会科学家和社会科学界之所以强调客观性和价值中立在社会科学研究与理论建构中的重要性，正是意识到社会生活的这种价值中心和价值混乱并存的心理主义（psychologicalism）与意识形态特征。尽管如此，社会科学中的理论或概念体系建构，有而且也应该有相应的目标和要求，否则，社会学和社会科学研究，只会沦为简单的个案描述和过程—事件分析，并不能对社会问题的认知、解释和建设性解决提供必要的理论指导。

前面已经指出，科学的理论和概念体系建构，要求描述自然世界因果关系的理论，在概念建构的基础上，要尽可能达到可以量化的指标和变量描述的程度，而且这种描述要尽可能达到精准化、公式化。但对社会科学的理论建构来说，这是一个不可能达成的目标，即使勉力可以达成，也不意味着我们可以建成一个充分数字化的、冷冰冰的世界，尽管齐美尔（Georg Simmel，1858—1918）早就断言货币的使用使社会朝着更加理性、更加定量的方向发展①，尽管随着信息技术手段的不断进步，一个相对智能化的时代正在来临甚至已经来临。

与自然科学理论建构的精准化、公式化要求所不同的是，在社会科学中需要充分重视理论或概念体系建构中的模态问题，尤其是历史模态（historical mode）和道义模态（moral mode）问题。这两个模态，反映在社会科学家的认知模态（cognitive mode）中，就是基于历史经验和道德判断，对某种社会生活状态和人的社会行动必然性与可能性的认知，并把这种认知落实到对指称社会状态和人的社会行动的概念的必然性（inevitability）、盖然性（probability）、可能性（possibility）、偶然性（contingency）的推理。特别需要注意和防范的是，社会科学中的理论建构绝不可以用偶然性、可能性、盖然性及人们所期待的应然性（expectivity）逻辑地推出必然性，只能由必然性推出这三者，无论用归纳逻辑，抑或是演绎逻辑。社会是一个实在的存在，无论它是实体的，抑或是互动关系的，说明社会有它自己的实在性或实然性（reality），这个实然性才是社会的真实所在，不管其存在是我们期待的，抑或是排斥的。正如马克斯·韦伯所强调的，社会生活中的因果多元性——也就是一因多果和多因一果——意味着任何一种社会现象都是由多种因素造成的，也意味着任何一种社会现象，都

---

① ［德］齐美尔. 货币哲学［M］. 陈戎女，译. 北京：华夏出版社，2002：9-10.

往往会造成多种或多方面的影响。① 前者属于溯因研究中的因果分析，因此分析出来的每一个因素对于作为结果的社会现象或问题，都只可能是必要条件，而不是作为充分条件的决定性因素；后者属于后延式研究中的功能分析，这样分析出来的每一种结果对于作为原因的社会现象或问题，往往也只是可能的结果，而非必然的结果，但不能因为它并不是必然结论而放弃重视，如果这种作用或影响，明显表现为消极功能或负功能，那就必须尽最大可能加以避免或消除。经济学古典自由主义理论在这方面堪作范例，市场竞争和交换这只无形的手，可以通过利益或利润对市场主体勤劳意识、责任意识和劳动积极性的激励，最终会促进全社会财富的增长，从而实现经济和社会富裕，虽然它可能甚或必然造成社会的两极分化，但社会保障和慈善救助正是政府和社会慈善组织与机构的责任。

前面特别指出自然科学理论建构中量纲建构的地位和作用，由于量纲，自然科学各学科尤其是广义物理学大家庭中各部门物理学和化学之间，才可以借助数学工具实现知识和运算体系的贯通。但由于前述社会、社会现象和社会问题的特殊性，社会不可以甚至不可能被充分量化，尽管在社会科学尤其是经济学中已经较为充分地实现了对以数学模型②为代表的数学工具的运用，但也不可能实现如同物理学那样的定量化和公式化，所以在社会科学中，并不存在制定量纲的迫切需要，但社会科学理论建构中存在着独属于自己的概念通约性

---

① ［德］马克斯·韦伯. 经济与社会（上卷）　［M］. 林荣远，译. 北京：商务印书馆，1997：45.

② 数学模型（mathematical model）是运用数理逻辑方法和数学语言建构的科学或工程模型。数学模型现在还没有一个统一的准确定义，因为站在不同角度可以有不同的定义。不过我们可以概括地给出如下定义：数学模型是关于部分现实世界和为一种特殊目的而作的一个抽象的、简化的数理逻辑结构。具体来说，数学模型就是为了某种目的，用字母、数字及其他数学工具建立起来的等式或不等式，以及图表、图像、框图等描述客观事物特征及其内在联系的数学结构表达式。

数学模型是近些年从以经济学为主的社会科学领域发展起来的新方法或新学科——模型数学（model mathematics），是数学理论与实际问题尤其是实际社会问题相结合的一门科学。它将现实问题归结为相应的数学问题，并在此基础上利用数学的概念、方法和理论进行深入分析和研究，从而从定性或定量的角度刻画问题，并为解决这些问题提供精确的数据或可靠的指导。

数学模型的历史可以追溯到人类开始使用数字的时代。随着数学乃至数理科学的发展，学者就不断尝试建立各种数学模型，以描述和解决各种各样的实际问题。对于广大的科学技术工作者工作能力及大学生的综合素质的测评，对教师的工作业绩的评定，以及诸如访友、采购等日常活动，都可以建立一个数学模型，确立一个最佳方案。建立数学模型是沟通生活实际问题与数学工具之间联系的一座必不可少的桥梁。

（commensurability）、通俗性（popularity）及统计口径和指标统一性的要求。

所谓概念的通约性，是指由社会科学家在科学研究和理论建构中所抽象、凝练、建构起来的概念，不仅需要在社会科学内部不同学科之间尽可能达成一致，并使之成为通用概念（general concept），而且必须尽量继承先行自然科学已经成熟并广为使用的概念。如社会科学领域的效率、效益及其种概念经济效益、社会效益、生态效益；社会体制及其种概念经济体制、政治体制、教育体制等；社会分层以及经济分层、政治分层、文化/知识分层，社会分化与分工等概念。自然科学中的力、能量、功、能与社会科学中的力量、能力、影响力、作用与功能等概念；自然科学与社会科学共用并通用的时间、空间、效率等概念；还有在自然科学与社会科学中等价和对应的物理场（physical field）、心理场（mental field）和社会场（social field）概念……

需要注意的是，社会科学乃至所有科学概念的凝练和建构都有来自大众日常知识（daily knowledge）和生活经验的根据，这也是著者"一般真正的科学所揭示的真理，往往是符合大众日常生活经验的"这一简单判断的根据。正因为如此，包括社会科学在内的科学的概念建构，在强调其学科通约性的同时，必须强调其通俗性，也就是易于为大众所理解、所接受的特征。科学和科学知识最重要的职能是揭示真理、造福人类，科学的这种职能决定了它必须能够而且易于为大众所接受，为了实现这一目标，科学尤其是社会科学概念的建构必须具有通俗、简明和规范的特征与要求，其中规范是由其科学性所决定的，而通俗、简明则是由其社会性和通约性共同决定的。

这里还需提请注意，当科学知识得到一定普及后，科学概念的通约性和通俗性往往会融为一体，并使之由于通约而通俗，也由于通俗而通约。大量的物理学、化学、生物学乃至生理学和生物遗传学概念都具有既可通约也很通俗的特征，从而使十分深奥的自然世界的奥秘，经由这些概念和概念体系的解释，可以较大限度地为大众所理解、所接受。基于对世界统一性的理解和把握，科学知识尤其是表达这些知识的概念，也应该具有最广泛的普适性和通俗性。就前面已经提到的物理场概念及其扩展来说，把物理学中被著者理解和解释为质能空间（mass-energy space）——这一空间及其特征已经由爱因斯坦借助其质能方程①加以表达——的场（field），当然首先是物理场，扩展到心理学和社会学领域，自然就形成了心理场和社会场的概念。在大众语境中，心理场被俗称为气场（attractiveness）或煞气②（mental pressure），社会场被俗称为人的名气（repute）和影响力（influence）。

讨论及此，有必要对由法国社会学家布迪厄③创立并在社会学界已被广泛采用的场域（field）概念及其局限性加以说明。

作为法国理论社会学家，布迪厄并非要像马克斯·韦伯那样对人的社会行

---

① 质能方程（Mass-Energy Equation），是表示物质质量和能量转换关系的数学表达式，由著名科学家阿尔伯特·爱因斯坦（Albert Einstein，1879—1955）发现、提出并建立。质能方程的公式为 $E = mc^2$，E 表示能量，m 代表质量，而 c 则表示光速（常量，c = 299792.458km/s）。

在经典力学中，质量和能量之间是相互独立、没有关系的，但在相对论力学中，能量和质量被看作是物体力学性质的两个不同方面。这样，在相对论中质量这一概念的外延就被大大地扩展了。爱因斯坦指出："如果有一物体以辐射形式放出能量 ΔE，那么它的质量就要减少 $\Delta E/c$。至于物体所失去的能量是否恰好变成辐射能，在这里无关紧要。于是我们被引到了这样一个更加普遍的结论上来：物体的质量是它所含能量的量度。"他还指出："这个结果有着特殊的理论重要性，因为在这个结果中，物体系的惯性质量和能量以同一种东西的姿态出现……我们无论如何也不可能明确地区分体系的'真实'质量和'表现'质量。把任何惯性质量理解为能量的一种储藏，看来要自然得多。"这样，原来在经典力学中彼此独立的质量守恒和能量守恒定律结合起来，成了统一的"质能守恒定律"，它充分反映了物质和运动的统一性。

质能方程说明，质量和能量是不可分割而联系着的。一方面，任何物质系统既可用质量 m 来标志它的数量，也可用能量 E 来标志它的数量；另一方面，一个系统的能量减少时，其质量也相应减少，另一个系统接受而增加了能量时，其质量也相应地增加。

② 煞气在中国民间有双重含义，一种含义是指偏僻、幽暗环境给人造成的阴森、恐怖的感觉，人们把环境的这种气氛称为煞气（Evil spirits）。另一种含义是指权力较大、财富较多、地位较高的人，在社会互动中给他人造成的心理压力，而这种压力中同时包含着对对方的某种吸引力。由此说明，煞气其实是一种叠加着心理场的社会场。这里采用煞气的第二重含义。

③ 布迪厄（Pierre Bourdieu，1930—2002，又译为布丢），法国当代著名的社会学家，主要著作有《实践理论大纲》（1977）、《教育、社会和文化的再生产》（1990）、《语言与符号权力》（1991）、《实践与反思：反思社会学导引》（1992）。

布迪厄 1930 年 4 月出生于法国比利牛斯，大西洋省的丹郡一个普通公务员之家，父亲是当地一名乡村邮递员。1950 年考入巴黎高等师范学院攻读哲学专业，1954 年通过教师会考成为中学哲学教师。1956 年应征入出版业画像伍，到阿尔吉利亚为军队服务，从这儿开始，布迪厄开始了他的社会学工作。1958 年与 1963 年发表的两部著作《阿尔吉利亚的社会学》《阿尔吉利亚的劳动与劳动者》引起知识界的关注，从而奠定了他毋庸置疑的社会学家地位。1964 年成为法国高等实践学院最年轻的研究指导教授。1968 年至 1988 年任法国国家科研中心教育文化社会学中心主任，并创办了《社会科学研究探索》。

动做出充分说明，也非要像塔尔科特·帕森斯那样对社会系统的整体性提供宏大解释，他试图从人的行动与社会结构的形成机制和过程出发，另辟蹊径建立和建构解释社会的框架。马克思的实践概念和经济学中广为使用的资本概念，成为他可以直接借用并加以改造的知识资源，这一点符合我们前面已经指出的概念的通约性。但布迪厄的资本显然不是，或主要不是经济学中可以用货币来衡量的东西，而是所有可以为主体带来现实或潜在收益的社会关系和背景资源。这种资源有部分——在现代社会中往往是主要部分——是由社会行动的主体经由其社会行动建构起来的，这样物理学中场的概念在布迪厄看来能够满足分析的需要，便可以拿来为我所用。问题在于，物理学中的场都是负载着质量或能量的场源（无论是带电体、磁铁或磁化的其他金属、电荷、星体）造成的，或者就是相应场源（field source）的场，如电场、磁场、引力场、量子场等。就其存在形式而言，可以把这种场界定为质能空间，从而使场和空间联系起来，也使场、空间与场源联系起来。这种场的概念延伸到心理学和社会学领域，也会自然而然地形成意义完全相同的心理场和社会场，这两种场都是围绕着具有某种特征——主要是由权力、成就、观念所表现着的能力，和其他内在特质与外在特征——的社会主体的，无论这种主体是个人、社会组织乃至民族和国家社会。

在社会生活中，也有大量有空间边界和专门职能的场的称谓，如剧场、球场、商场、体育场，但也有一些作为特殊的社会生活领域，边界并不清晰的场的称谓，如市场、情场、官场、名利场等，这些场并不具有或者不完全具有为物理学所揭示的物理场的属性。尽管如此，物理场的建构依然能够满足前面已经提到的概念通俗性的要求。只是在布迪厄这里，抽调物理场的场源属性，把物理场的概念社会化为一种一般的由社会关系中介的社会存在，并界定为大写的场域，可以满足或部分满足对接经济学中的资本，并把这种资本社会化为社会资本的需要，却放弃了一些很重要的社会现象，这就是形形色色的追星（starchaser）和社会崇拜（social worship）现象，也放弃了一个很重要的理论社会学领域，这就是与物理学相统一的社会物理学（social physics）。

在科学理论建构的概念体系建构中，附带讨论了布迪厄的场域概念的问题，这一讨论稍显冗赘，但对开辟新的社会学领域和学科，也就是社会物理学而言则是必要的。就理论建构而言，到了概念体系建构这里，一个相对完备的内在建构过程即已结束，但由于主观建构起来的理论仅仅是一种推论或假说，为了最终获得一个对现象世界提供可靠解释的理论，还有必要对这个推论或假说，提供充分的实验、试验验证，对于社会科学来说，则需要提供必要的实证检验。

四、理论的实验或实证检验

强调理论的建构属性，强调科学家在科学研究中的理论建构职能是本书的核心主题。这个主题对于过分强调实践出真知以及理论来源于实践的中国科学哲学界和对科学方法论研究感兴趣的学者，无论如何强调都不过分。科学的职能主要是解释世界，这是毫无疑问的，科学尤其是解释世界的科学理论或理论科学不是凭空产生的，而是由科学家建构起来的，这也是毫无疑问的。本书前面的论述，主要结合科学史上的诸多事实，对这一主题做出了论证。在科学理论被建构起来后，随之而来的，便是对作为假说的理论做出检验，以证明这一理论或假说的可靠性。

说科学是理性的经验知识和经验的理性知识之统一，表明我们对科学的理论性和经验性的双重承认，也是前述逻辑实证主义哲学和科学方法论主张合理性的根据。在这里，科学的经验性既包括社会实践和生活经验，也包括而且主要包括为配合和验证已经建构理论的可靠性而展开的科学实验。社会实践和生活经验可能是问题的来源，却不可能直接是理论的来源，而理论的唯一来源则是科学家尝试解释问题时的主观建构。在这里，从经验出发到理论建构的过程，经历了两个重要的中间环节，这就是发现问题和谋求解释问题，最终才能达到理论建构。而科学实验直接是对已经建构起来的理论或猜测的检验或验证。前述批判理性主义卡尔·波普尔所说的"所有经验都受理论的指导"这一判断，只指明了科学实验这么一个环节，却排除了作为问题重要来源的社会实践和生活经验的重要性。这里要讨论的并不是作为问题来源或起源的经验部分，而是作为理论或假设检验的经验部分，也就是科学实验部分。

回到科学方法论思路上来，所谓科学实验，是指根据一定目的，运用一定的仪器、设备等物质手段，在人工控制条件下，观察、研究自然现象及其运行规律以及人工工程物理及其效能的科学研究过程或实践形式；科学实验是获取经验事实和检验科学假说、理论真理性的重要途径。科学实验不仅包括仪器、设备、实验的物质对象，还包括背景知识、理论假设、数据分析、科学解释，以及实验者之间的协商、交流和资金的获取等相关社会因素。科学实验的性质不只是物质性的，还是文化性的和社会性的。在实验活动中，隔离、介入、追踪、仪器操作，对象形态改造，实验条件控制以及资源利用等，这些因素和过程表明实验者是自然和社会的参与者。科学实验的范围和深度，随着科学技术的发展和社会的进步而不断扩大与深化。

把科学实验的这一宽泛定义收回到科学理论或假说的验证上来，它的目的就十分清楚而单纯了，那就是借助实验设备，在人工控制条件下获取数据和经验事实，检验科学理论或假说可靠性的科学研究环节或过程，这个环节就是实验环节，相应的过程自然也是实验过程。由于需要在人工控制条件下，科学实验又被称为受控实验或隔离实验。

按照实验环境、实验目标和实验所属学科，科学实验大体可以分为以下几种类型：

（一）实验室实验

实验室实验（experiment in laboratory）实际也就是室内试验，是指为了获得受控条件下的实验结果，检验某种假说或理论，在专门建立的实验室开展的实验。这种实验广泛运用于除农作物引种、栽培、繁育、遗传等以外的大部分自然科学和工程科学领域，如物理学、化学、生物学、工业与建筑材料等实验，一般都在实验室人工受控条件下进行，这些实验都属于实验室实验或室内试验。

（二）野外观察实验

野外观察实验（observed experiment in field）是指在不实施人工干预和控制的自然条件下，通过观察验证某种科学推论或假说的实验方法或实验类型。这种实验主要用于地球物理、地质地貌、动物行为、动植物个体及种群分布，以及历史考古等学科和领域，社会学中的田野调查法和参与式观察法也属于野外观察实验的范畴。

（三）作物田间实验

田间实验（field experiment）是指农作物或人工作物引种、栽培、繁育、遗传等研究中进行的实验，由于农作物或人工作物主要是生长在自然条件下的，但为了获得影响其生长发育、遗传等情况与某种环境因素之间关系的数据，需要把作物置于某种受控的环境条件下。这种环境就是农业生产中某种作物生长、发育的条件，其中包括土壤因素（施肥、水分、酸碱度）、气象因素（光照、温度、湿度、风向风力等）、地形地貌因素（坡向、坡度）等。在作物田间实验中存在着需要考察或研究的目标因素或因子与其他受控因素或因子的关系问题。一般只让目标因素处于变化中，而其他所有因素处于控制状态，也就是实验组与对照组处于相同状态。与作物田间实验对应的还有大田试验，其特征与田间实验只具有面积或规模上的差异，往往是作为田间实验的补充而用于农业科学研究中。

（四）动物实验

动物实验（animal experiment）主要指动物医学或动物生理学研究中为了获

得一般或特种动物生命活动的机制与机理，或某种疾病的患病机理而开展的实验，其中又包括动物解剖实验（animal anatomy experiment）和动物药理实验（animal pharmacological experiment）。动物实验包含两个十分重要的方面，一方面是从动物学角度探索和研究动物本身的生长、发育和遗传规律，以及动物疾病的治疗与预防，为动物养殖和畜牧业发展服务；另一方面，而且更重要的是为人类健康和社会发展服务，使那些不便在人身上直接进行人体实验（human experiment）的生理和医学研究项目，率先在其他动物身上进行。这种实验可以称为人体试验的替代性实验（alternative experiment）。被选作接受实验的动物为实验动物（experiment animal），我们熟悉的实验动物主要有体型较小、繁殖速度快、与人生理机制相同或相似的老鼠、兔子等哺乳类动物，食草类的羊，与家禽相似的鸽子，以及两栖类的青蛙等。人们一般把实验动物统称为小老鼠或小白鼠，以指称在社会生活中主体或对象被他人作为工作或生活实验替代者的处境。

（五）人体临床试验

人体临床实验（human clinical trials）一般称为试验或测试，以表示尝试的意图。人体临床试验主要用于医学科学研究和药物、疫苗研发中，以确定某种疾病治疗方案、方法和技术，以及药物、疫苗对疾病治疗和预防的有效性。无论是医疗技术和方法试验，还是药物、疫苗研发试验，人体临床试验一般要在前述动物实验的基础上进行，以避免人体试验面临太大风险。基于人道和医学伦理的考虑，除非必需，一般是不以人作为试验对象的，但医学科学研究和药物、疫苗研发是以人的生命健康为主要或唯一目标的，医疗技术和方法的进步，药物、疫苗的研发不能仅仅依赖替代性动物实验。医疗技术和方法的效果，药物、疫苗的效用必须以必要的人体试验的结果为准，其中最重要的是安全、有效和最低且可承受的副作用。即使如此，人体临床试验也必须通过征招志愿者，并在医疗卫生当局或监管部门批准和监督下实施，如果试验对象是住院患者，也必须征得患者及其家属或合法监护人同意，而不得背着试验对象秘密进行。

（六）典型实验

典型实验（typical experiment）意即在某种典型、理想和规模尽可能小的条件下进行或展开的试验或实验，也可以理解为试点（experimental unit/launch a pilot project）。在广泛意义上，所有科学实验都是典型实验，由于所有科学实验都具有典型实验或试点的意图，也就是以最小的代价、最低的风险，谋求最高收益或效果的科学研究路径和方法。但狭义的典型实验或试点主要用于社会治理和社会科学研究中的制度调整、改革和政策研究。由于社会的属人性和社会系统的复杂性，社会制度和国家政策的任何调整，都会经由人的行动选择引起社会系统的变化或扰动（disturb）。如果这种变化是积极的，也就是促进经济发展和社会进步的则罢；如果效果是消极的，即通过人的行动选择造成经济贫困和道德滑坡、技术停滞等社会后果，将会严重影响人的基本生活乃至社会整体的发展和进步。在社会革命、改革和社会治理实践中，这种结果或后果需要尽量加以避免。

（七）实证研究和社会调查

顾名思义，实证研究和社会调查（empirical research and social survey）主要用于社会科学研究和社会科学理论建构。为了追求社会科学及其研究成果的科学性，以回应人们尤其是自然科学界对社会科学科学性和作为权力仆从的质疑，社会科学界的先贤在接受和承认哲学家、自然科学家所确立的客观性和价值中立标准的同时，立足于向实验自然科学靠拢。但社会是不可贸然实验的，实验的代价和后果往往是科学家所承担不起的。于是，以孔德、斯宾塞为代表的实证主义哲学和社会学家，创立了立足于实证调查的社会科学研究方法，来捍卫社会科学的科学地位。

所谓实证研究方法，就是以社会调查为基础和数据资料来源的研究方法，经过科学家的不懈努力，实证研究方法已经发展出了包括问卷调查、田野调查、参与式观察、个案访谈、案例分析、生活历程研究、价值—方法链研究等在内的诸多具体方法。20世纪60年代以来，实证研究方法在世界范围内一度成了社会学乃至社会科学最权威的研究方法，但在20世纪80年代以后，由于其理论建构职能的不足而逐渐为部分学者所摈弃。

实证研究或社会调查既是发现问题的途径，也是检验理论和理论假设可靠性的过程。就社会学和社会科学研究而言，如果我们没有从直观中发现或找寻到需要提供理论解释或解读的问题，没有开展建构式的理论研究，实证研究或社会调查便只能是发现问题的途径，而且这个或这些问题是否需要提供理论解释犹有可说。正如一位偏重于理论研究的学者所说，"没有理论企图的实证研究毫无价值！"这里的理论企图自然是理论建构企图，正如本书所竭力论证的。

需要说明的是，科学的主要且重要的职能是提供解释，但需要解释的不仅仅是问题，还包括而且主要包括现象，也就是自然世界、社会世界呈现的变化，这些变化也许是常见并显见的。自然科学——当然主要是理论自然科学——主要就自然现象提供解释，而社会科学——哪怕是理论社会科学——除了要对社会问题提供解释并提出解决方案外，还有一个重要的领域和职能，那就是对常见并显见却没有提供足够解释的社会现象提供解释，而这个过程就是理论建构过程。在这里，实证研究或社会调查阶段所能够做的，不过是对建构起来的理论或概念体系提供验证，这些验证可能是分散的，也可能是集中的和规模化的。基于理性人假设的经济学理论认为，在产权明晰的条件下，自主生产和交换的经济主体旨在获利的经济行为，会在客观上造就社会总产品的充裕和社会经济的富足。这个经济学理论可以通过推行自主产权的市场经济国家的整体富裕，以及奉行共有产权的计划经济国家的经济短缺与贫困落后来证明；社会学中的社会交换理论可以通过人际关系的互惠性和传统农村社会的助工、换工现象来证明，可以通过传统社会婚姻缔结中的聘礼和彩礼来证明，当然也可以通过集市贸易中生产者、商贩和消费者之间的商业交换来证明；人情社会和理性社会的差别可以通过亲戚朋友之间定期、不定期频繁的探访、互设酒局，以及市场买卖中陌生人之间的讨价还价、过后不理来证明……

前已述及，社会科学理论不可能达到，也没必要达到如同物理学那样的精确化和公式化，甚至在作为社会一个重要领域的文化领域，只需要区分是非、善恶、美丑、好坏等简单的价值判断，以及人们对代表这种价值的事物或现象的心理体验或感受，即可满足一般人际互动和社会生活的需要，无需对它们做出精准和精确的量化，实际也难以做到充分量化。回到逻辑实证主义的思路上来，在社会科学这里，实证研究所要提供的，不过是逻辑自洽的概念体系所表达意义和思想的经验搜集、提供和整理。如果实证研究和社会调查的目的是发现和提出问题，那么这种研究其实是号称社会学家的研究者缺乏问题和问题意识的表现，相应的研究既不可能发现真正具有研究价值的问题，也不可能建构起有解释功能的理论或概念体系，这样的研究不过是三个浪费：人力浪费、财力浪费、时间浪费。

以上所说的科学实验类型，基本囊括了科学研究各领域和各种实验方法，但并不是一种规范的科学研究方法分类。这种说明的用意在于，任何学科的理论建构，不仅仅是一种内在的主观心理和思维过程——虽然主要是这样一个过程——还需要有足够的实验或试验验证，以表明这一建构的合理性、可行性和科学性。各个学科、各种理论的具体验证过程及其中的问题，则是具体的科学实验中需要解决的，其中包括实验设计、实验材料准备、实验设备安装和调试、实验的操作规程、实验数据的采集处理和分析以及实验结果的报告等，因不是本书重点，这里略去不提，需要科学研究人员在具体的实验研究中学习、掌握和领会。

这里需要补充的是：自然科学实验尤其是实验室实验相比于社会科学的实证调查，具有更为严格的技术性要求，尤其在实验材料、实验设备、实验环境和数据的精确度方面。以物理学为代表的自然科学需要探索和解释自然世界的一般规律和法则，物理学和自然科学理论往往具有最高的普遍性，不仅需要在本地、本次实验中通过数据加以验证，而且要在其他地方相同的实验条件下加以验证。这种在不同地方（地区）、相同实验条件下的同一实验称为重复实验（Repeat Experiment），可以在重复实验中获得相同结论的实验称为可重复实验（Repeatable Experiment），只有在重复实验中被证明有效而且是充分有效的理论和概念体系，才是成立的或可接受的。这种理论所揭示的规律才具有普遍性，揭示了具有普遍性规律的理论才可以被称为真理。科学的普适性（universality）是指它的普遍适用性和验证相应理论的科学实验的可重复性，这一判断于自然、社会皆然，于自然科学、社会科学皆然，尽管社会科学真理的普适性要远远低于自然科学。

至此，关于科学主要指理论科学研究中"解释与建构"主题的讨论可以告一段落了，剩下的问题便是科学家和研究家在自己的研究尤其是理论研究中贯彻这一方法论主旨。作为由人类创造出来的一个独特的现象世界，科学世界的不变主题是问题和方法。问题是由现象世界呈现并被研究者发现的，而方法则是为解释和解决这些问题而探索、发明、创造（创立）和建构出来的。我们承认科学研究方法的重要性，因为它是科学研究活动取得成功的工具性保证，但它仅仅是一种工具，工具永远是为价值服务的，所以我们又不承认，而且也不能承认任何单一工具的权威性和普遍有效性。如果前述方法论无政府主义的倡导者保罗·法伊尔阿本德是正确的，那么，其正确性只在于没有一种方法是科学研究的万应之法。与其反对方法，不如反对任何一种单一的方法论崇拜。

第十一章

社会科学的标准①

　　科学性与合理性，是科学研究、社会管理中使用最频繁的两个概念，同样是每一个致力于求知和研究的学者追求的基本目标。作为现代文明的重要标志，科学与技术的紧密结合，创造出了一系列先民们难以想象的人间奇迹。本章立意的根据在于那些学问和知识殿堂中人，由于对科学的迷信，对自然现象和社会现象间联系与区别的忽视，在哲学、人文和社会科学研究中，简单套用或追求科学性标准，实际造成了对科学精神的曲解甚至损害，不自觉地促进了各种伪科学的传播，对科学知识的普及科学精神的传播产生了十分消极的影响。这里结合科学建构思想的讨论，补充说明一下社会科学的标准。

一、科学的经验性与功利性

　　毫无疑问，科学文化是西方近现代理性文明的产物，是人类摆脱宗教神学和形而上学桎梏，向现实生活回归形成的经验知识。如果说，在各民族早期思想家那里都孕育着现代科学胚胎，那么，只有从百科全书式的思想家亚里士多德开始，科学才开始了它自己独立发展的步伐。亚里士多德的理性三段论——《工具论》，以及培根的经验归纳法——《新工具》，标志着现代科学精神的诞生，使我们对世界的知识，实现了由逻辑推证向经验归纳的转变。所以，从科学尤其是自然科学的特征中，不难推理出它区别于普通经验的特征和形式，同样也可以表现出自然科学与哲学、社会科学之间的差异。"科学"一词，原来专门指自然科学，是就各种自然事物进行经验研究获得的逻辑性概念和理论体系。在这种体系中，不仅包含着前科学时代已经形成的理性概念和观念，而且包含

---

　　①　本章内容曾以"社会科学的标准：科学性与合理性"为题，发表于《延安大学学报》（社会科学版），2003（01）：14-18，收入本书时稍微作了修改。

着从观察和实验研究获得的各种感性知识。这些感性知识：（1）在一定条件下，可以从不同时空的重复实验中获得相同或相似的结论。也就是说，凡科学知识总能经得住实验的验证，具有可重复性。（2）随着数理科学，尤其是数学的发展，大多数自然科学可以最大限度地利用数学工具，从而不仅使科学成为定性的理论体系，而且成为可以量化的知识。这样，现代科学的特征之一，就是可否实现定量化，并以此作为区分科学和准科学的重要标志。（3）科学的可操作性也是其十分重要的特征。这个特征是指科学可转化为工具或技术，并给人们带来实际利益或功利的性质。就如培根所言："真理与权力本为一事；因为凡不知原因时，即不能产生结果，在思辨中为原因者，在行动中为法则……在行动中最有用的，在知识方面是最真的。"① 培根不仅是科学方法尤其是经验归纳法和科学精神的奠基者，而且是西方功利主义的开山鼻祖，正是由于他对科学功利价值的这种认识，才形成了"知识就是力量"的著名结论，科学精神也因此被简称为工具理性精神（spirit of instrumental rationality）。

科学之区别于普通生活经验和纯形而上学思辨的观念知识，除前述三个方面外，还在于科学的研究对象同样具有鲜明的特征。首先，自然科学或科学研究的事物，一般都是具体而有形的事物。对这些事物的把握，需要分门别类地进行抽象和区分。科学中使用的概念离常人的经验很近：如力、作用、运动、热、能等物理学概念，人们并不充分知晓它们是什么，但总能明白它指什么；人们并不懂得星球从何而来，究竟是什么，却可以不经解释而知道星球、天体指什么；在微观科学领域中，不借助精密仪器，人们很难理解电子是什么，但经由对原子物理学的学习，能够大概知道电子的基本特征……另外，自然科学研究的事物，虽然处于与其构成关系的事物群或系统之中，但事物本身则可以从该系统中被孤立出来。由于自然科学对象的这种特征，在其研究中，利用受控实验方法，把影响事物变化的因素——往往称之为目标因素——从因素群里隔离出来单独加以考察，就显得十分必要。从这个意义上说，与辩证法整体思维模式相对应的形而上学方法，不仅不是错误的，而恰恰就是自然科学的或真正科学的思想方法。② 其三，自然事物的运动是充分自主的，而不是人工干预的产物。对自然事物的研究，一般不会也无须带着主观情感和心理预期，进行

---

① ［英］培根. 新工具［M］. 许宝騤，译. 北京：商务印书馆，1997：109.

② 金观涛. 近现代科学为什么没有发端于中国［C］//科学传统与文化. 西安：陕西科技出版社，1983：115-118.

先入为主的价值判断。而且这种研究所获得的结论只有正确与错误之分，却无善恶、好坏等价值差别。这就是罗素、韦伯、默顿等哲学和社会科学家在科学研究中，竭力主张和倡导，并致力于贯彻价值中立原则的主要原因。①

二、科学理论的特征

如果说，道德、宗教和政治法律制度，由于它紧密相关于人的心理预期和感受，从而难以从中寻找到一种类似科学所追求的客观性标准，那么，对于科学而言，无论是自然科学，抑或是社会科学，客观性就是一种理论成为科学理论的首要条件。这样，自然科学的科学性特征，无疑应包含以下四方面的内容。

第一，系统性。哲学是系统化、理论化的世界观，然而在现代认识条件下，这种系统化、理论化的世界观，已经不是哲学的智慧特权，而成为科学理论的核心特征。科学是经由经验向世界求知的学问，这种求知的成果，并不像传统哲学那样，只给人们提供一种空洞、抽象而难以把握的观念，而是通过经验并不限于经验，借助理性又不拘泥于理性，并利用实验和数学手段系统地建立起来的逻辑性概念体系。科学并不像人们肤浅地理解的那样，仅仅是对个别事物感性经验之总结，单纯的经验主义不可能成就科学。科学的系统性正是建立在理性或逻辑性基础上的。而这种系统性就是把相互分立的事物和概括这些事物的抽象概念，联结成具有某种逻辑性因果关系的体系，同时又把这些概念体系联结成具有紧密逻辑关系的理论体系，并使之具有系统性。

第二，研究对象的实在性。研究对象的实在性，是指科学考察的现象，研究的问题，总可以为人的感官所感知，科学概念均是对这些感觉经验的近似表达。另外，科学对象的实在性，还表现在，即使不是直接借助感官，人们也可以借助仪器，通过感官感受或观察到事物的运动和变化。从对象的实在性，分化出了实验系统，用以对科学设想或假说进行验证。说科学是理性的知识，是就其理论性和概念特征而言的，而科学的经验性，恰恰表明，经由观察和实验无法验证的猜想，并不能发展为科学。天文学研究的天体是可见的，物理学研究的物体、光、热、声、电以及运动是可见或者可感的，化学研究的分子、原子、质子、电子，借助显微镜是可以观察的，生理学和医学所研究的生物及其

---

① ［英］罗素. 宗教与科学［M］. 徐奕春，林国夫，译. 北京：商务印书馆，1987：13.

生理变化，以及神经生理学研究发现的神经元①，在电子显微镜下同样是可见或可观察的。凡此种种，都表明离开了实在性，仅仅从思维出发，并不能实现对世界准确和可靠的把握。

第三，知识或理论的客观性。客观知识是卡尔·波普尔对知识的存在论把握。在这里，客观性只意味着知识一经产生，就如同物质世界一样存在于人的意识之外，而不意味着知识可不依凭于人的意识而独立产生。同样科学家从自然事物的研究中所获得的一般结论，并无类似善恶、美丑、好恶等价值判断。自从人们认识到理性和经验之于科学知识的极端重要性，以及科学知识对于破除各种非理性观念对人的巨大异化作用后，科学就以其客观性，与其他无法证实和具体化的形而上学划清了界限。

第四，科学知识的价值中立性。价值中立性不仅是哲学家和科学家共同致力的目标，也是社会科学工作者治学的基本准则。但是，在社会科学研究中，人们试图实现价值中立境界十分艰难，而这种艰难甚至会使某些人，把某种基于无知、偏私或道德期待的一孔之见，视作绝对真理，从而把本意为科学或准科学的东西，复又变成道德和政治意识形态的东西。之所以说"偏见比无知距真理更远"，原因正在这里。然而对科学尤其是自然科学来说，价值中立不仅是

---

① 神经元（neuron），又称神经细胞，是神经系统的基本结构和机能单位，其主要部分包括树突、胞体、轴突、细胞膜。树突形似分叉众多的树枝，上面散布着许多枝状突起，可以接受来自其他细胞的信息输入。胞体内有细胞核，而且绝大多数维持细胞生命的细胞器都在其中。轴突为细胞的输出端，从胞体延伸出来，一般较长。许多轴突由髓鞘包裹，其作用是与其他细胞的信息流绝缘。沿鞘壁有许多豁口，称郎飞氏结。轴突到突触接端为止。

神经元是具有长突触（轴突）的细胞，它由胞体和细胞突起构成。在长的轴突上套有一层鞘，组成神经纤维，它末端的细小分支叫作神经末梢。胞体（soma）位于脑、脊髓和神经节中，是细胞含核的部分，核大而圆，位于细胞中央，染色质少，核仁明显。胞体形态各异，常见的形态为星形、锥体形、梨形和圆球形等。胞体大小不一，直径在 $5\sim150\mu m$（微米）之间。胞体是神经元的代谢和营养中心。

细胞突起可延伸至全身各器官和组织中。胞体的细胞质内有斑块状的核外染色质（旧称尼尔小体），还有许多神经元纤维。细胞突起是由胞体延伸出来的细长部分，又可分为树突和轴突。每个神经元可以有一或多个树突，可以接受刺激并将兴奋传入细胞体。每个神经元只有一个轴突，可以把兴奋从胞体传送到另一个神经元或其他组织，如肌肉或腺体。

必需的，而且是必然的。正因为这样，巴斯德①才针对观察与研究，说过这样一段著名的话："观察事物的最好方法就是不动声色，屏住呼吸，让事物啄食于你的膝下，这样它的一切变化和奥秘都将尽收眼底。"价值中立本是科学的天然本性，然而在社会生活中，由于有利益、观念和权利的分化，人们对社会事物和社会现象的理解难免存在争议。这样，要在这种争议中保持一种平常心和价值中立态度就显得十分困难，但也弥足珍贵。同样，对社会事物尤其是社会状态的理解与把握，往往也会见仁见智，于是很难有一种绝对普适的价值理念和尺度，作为评判社会事物的标准，社会科学研究中价值中立的重要性由此凸显出来。

科学的价值中立性，并不是说科学可以是无价值的，而是指科学所揭示的真理和表现这些真理的知识，不像社会领域中的知识，只有利于某些人、某个阶级或某个利益集团，而是普遍地适合于全社会乃至全人类的。对于这些知识并不会因为某个人、某个阶级或利益集团的好恶，丧失其真理性或正确性。从这个意义上说，科学是普世的真理，因为科学不仅具有价值中立的特征，而且具有可错的特征。就像卡尔·波普尔所说的那样，科学的可证伪性不是别的，正是其真理性和相对性的重要特征。

三、自然事物与社会现象

对科学特征的简要说明，意在对比考察社会科学知识的基本特性。但是，由于人们过多看重了社会科学与自然科学相统一的一面，往往会忽视二者的区别，从而使社会科学中的科学性一词，带有太多的歧义。其结果：一方面，以社会科学所特有的价值特征为由，对科学思想和科学事业施加过多的干预，使之沦为而且仅仅沦为社会政治、经济的一种工具；另一方面，由于对社会事物与自然事物相异性的忽略，把社会问题研究和解决中所追求的合理性，视作科

---

① 路易斯·巴斯德（Louis Pasteur, 1822—1895），法国著名微生物学家、化学家，1822年12月27日出生于法国东尔城，毕业于巴黎大学，信仰天主教，1895年9月28日逝世。
巴斯德毕其一生研究了微生物的类型、习性、营养、繁殖、作用等，把微生物研究从主要研究微生物的形态，转移到研究微生物的生理机制和途径上来，从而奠定了工业微生物学和医学微生物学的基础，并开创了微生物生理学。循此思路，巴斯德在战胜狂犬病、鸡霍乱、炭疽病、蚕病等方面都取得了重要成果。英国医生李斯特据此解决了创口感染问题。从此，整个医学迈进了细菌学时代，并得到了空前的发展。美国学者麦克·哈特所著的《影响人类历史进程的100名人排行榜》中，巴斯德名列第12位，可见其在人类历史上巨大的影响力，由其发明的巴氏消毒法至今仍被广泛应用。

学性。尤其值得注意的是，从自然知识的科学性标准出发，人们特别是对社会复杂性缺乏足够把握的研究者和思想家，试图完全用类似于自然或环境干预的思路，为未来社会设计理想的图景，从而使社会科学知识本有的建设性又变成一种潜在的异化力量。

在考察社会科学的学科本质和特征时，必须考察作为其研究对象的社会存在与自然世界之间的差别，不理解和把握这种差别，便无以找寻社会科学研究的从入之途。首先，自然世界无论处于何种运动中，相对于作为认识主体的人来说，总是一种外在而且呈明显静止特征的存在，而社会科学所面对的对象，则明显是"活"的对象，无论是作为人的共同体的社会，还是作为社会有机组成的个人，都是如此。这样，人在面对社会时，研究者不仅是一个完全置身当局中的当局者，而且自己本身有可能成为其研究对象的一部分。其次，社会运动总是由人参与其中，或者就是人参与其中的运动，社会学中管这种运动叫作集体性社会行动，简称集体行动，并区别于组织行动。这种运动总是应对于人的某种需要的，无论这些需要是物质需要，还是精神需要，又无论是个人需要，抑或是社会性公共需要。如果说社会科学有可能为人的这些需要及其满足提供某种有用的理论说明与支撑，那么，由于不同的人、不同民族、不同社会对这些问题会有不同甚至截然相反的看法，而且很难就这些问题达成充分的共识。这些利益和立场，从自然科学所特别强调的价值中立要求来看，没有哪一个是缺乏理性和经验基础的。经济领域中的公有制与私有制，文化领域中的宗教信仰与科学实证，以及政治领域中的民主与专制，各有其优势与弱点，而且其中的优势，又往往因与弱点相互交织而难分高下。再次，从与研究者主体的关系来看，自然史在很大程度上是一个纯客观的时间进程。其中每一种事物，都只是按照自己固有的机理和法则运行，尽管人们不可能完全认识和把握它，但只要实现了这种把握，其真理性在很大程度上是值得信赖的。但社会史是人的历史，人的历史在一定程度上是自觉的、有目的的历史。尽管这种历史并不完全受单个人意志的支配，却受着由这些单个人结成的社会集团利益和意志的共同影响。如果说，马克思主义经典作家所揭示的唯物史观具有确实的真理性，那么其基础并不是社会史本身，是外在于人的意志的，而是并不严格受任何单一的社会集团所左右①，那么，从单一集团的利益和意志出发，建构一种理想的社会形态，从理论上是可能的，但从实践上则是既不可靠也不可行的。这正是

历史上乌托邦不乏其例，但没有一个得到完全实践，并获得成功的主要原因。最后，社会运动并不完全符合自然事物所具有的因果性，尤其不具有单称因果性。严格说来，自然事物也不完全具备单称因果性，所以才有科学探索中的受控实验研究。但在社会科学中，由于社会的极端复杂性，这种单称因果联系只见其弱，而不见其强。由于社会系统的复杂性以及社会共同体与其成员关系的复杂性，社会规律充其量只具或然性而不具必然性。这样，实证研究和统计分析在社会科学研究中，便具有举足轻重的地位，在一些人眼里，它甚至成为社会科学究竟是不是科学的两个重要指标。但从前面已经完成的讨论看，理论的可靠性和真理性，同时受制于理论建构过程中包括逻辑理性在内的理论理性或纯粹理性的制约和影响。只有经得起理性检验，同时经得起实证检验也就是经验验证的理论，才是充分可靠的。

社会对象的这种特征和研究者在这种研究中所处的特殊地位，决定了社会科学具有这样几个特征：首先，在社会科学研究中，研究者主体的地位，很难做到完全彻底独立，而这种独立状态是任何一门科学能够成为科学的重要条件。科学和学术活动所追求的独立性不仅表现为，人们不能先入为主地为自己的对象设定一个预成的结论，而且也表现为任何前人的成果都应当而且只能作为当前研究的知识参考，而不能作为这种研究的当然起点。这种特征，同样会成为社会知识区别于自然知识的重要内容之一，尽管有很多思想家竭尽所能，试图消灭这种区别。社会是人的一部分，人与人之间存在各种各样的差别，但这种差别相对于自然事物与社会事物的差别，则不具有实质意义。这样，任何社会问题，总会或多或少地包含着研究者自身的问题，任何他人的问题，同样会成为研究者自己类似问题不同形式的表现。要说在社会学中，对象的抽象性和相对稳定性使这些问题不甚突出，那么，在政治学、伦理学等实践性学科中，主客统一或合一的状况则十分明显。其次，社会是人的共同体，任何社会问题最终都归结为人的问题，社会存在同样表现着人的存在。在社会中，人并不是如同自然事物那样没有灵性、没有意志的存在，而是具有自己的需要、愿望、意志和动机的存在，尽管无法从中排除其物质性或实体性，从而与其他存在相统一，然而更多地表现为与自然事物的差别。正如精神分析学家弗洛伊德所表明的，在一个健全的人身上，包含着本我、自我和超我①，或者如存在主义者萨

①　［奥］弗洛伊德. 精神分析引论［M］. 高觉敷，译. 北京：商务印书馆，1984：122-123.

特所认为的，在一个人身上，存在着自在、自为与异在①三种结构性存在形式。人的这种三元一体的存在论特征，决定了由之整合成的社会具有比人本身的复杂性更强的复杂性。任何对社会这种复杂性的简单约化——虽然这为社会科学研究所不可或缺——都将造成研究水平的降低和研究成果真理性的丧失。最后，价值世界是社会科学研究须臾不可失去的东西。任何一门社会科学，总是针对特定问题展开的，这些研究也总是针对解决这些问题的方法的。至于这种解决是渐进的建设性的，抑或是彻底的革命性的，因非本书主旨，姑且搁置不论。但是有一点至为明显，就是在每一种解决方案中，都包含着研究者以及实践者对合理的社会状态的价值定位，而这些定位之间具有十分明显的差别。正是这种差别，构成了社会意识形态的核心。要说自然科学中的实在论与经验论、归纳法与分析法之间的差别或对立，仅仅表现为对自然事物的理解以及对科学思想方法的不同主张，而且这些主张并不会对科学造成实质性损害，那么在社会科学中，唯理论与经验论、唯物论与唯心论、社会本位论与个人本位论之间的差别，不仅会形成对社会问题截然不同的看法和结论，而且在解决问题的方法上，也会出现某种尖锐对立甚至敌视。对社会科学研究成果的采信和推广，也会形成不同价值观和政治思想的社会之间的尖锐对立。无论把这种对立视作经济的、政治的，或者像塞缪尔·亨廷顿理解的文化或文明的对立，其实质都是价值标准之间的对立，尽管人们总是竭尽所能，致力于克服这种局限性。而社会科学所面对的问题，以及寻求解决这些问题的方法的这些特征，已经明显表现出其真理性与自然科学之间的距离，正是这些距离，成了人们否认其科学性的重要口实，也正是这些距离，是社会科学区别于自然科学之所在。

四、社会科学的科学性与合理性

综合以上讨论，我们有必要对社会科学所追求的目标作一个简要的总结：（1）单纯从研究对象和所面对的问题，人们无法把自然科学与社会科学区分开来，无论他们所面对的问题如何不同。（2）在研究方法方面，虽然有受控实验和统计分析方法的差异，但这些方法对自然科学和社会科学都不具有特异性。在生物学研究中，统计方法仍然是迄今有效的方法之一，而受控实验在社会科学研究中，虽不像在自然科学中那样广泛，然而小范围的试验——如心理测验、

---

① ［法］让·保罗·萨特. 存在与虚无［M］. 陈宣良，等译. 北京：生活·读书·新知三联书店，1987：786-790.

民意测验、市场调查乃至政策性试点，则是心理学、社会学、经济学研究十分通行的方法。所以同样不能凭借研究方法使自然科学与社会科学相区别。在自然研究中，人们并不在乎探明自然奥秘，谁是最大的得益者，而社会科学不仅存在着阶级、国家乃至民族利益的差别，而且也存在着研究者价值观的差异。这种差别，会使其成果的科学性大打折扣。这样，从知识的科学性标准来要求，阶级、国家和民族特色，固然是无法完全摆脱的价值特征，却不可将这种特征视作社会科学科学性的最高标准，同样不能把这种狭隘的民族观念或阶级意识作为社会科学区别于自然科学的当然原则加以固守。相反，正是这些东西，才是社会科学健康发展的重大障碍。

研究进行到这里，有必要结合前面已经涉及的问题，对社会科学研究应致力的目标和标准，作一个总结性的说明。社会的复杂性在于，它不是而且也不可能是任何人一厢情愿的存在，它的样式、它的状态，恰恰是不同的人、不同阶级、不同民族、不同国家交流合作或矛盾冲突，也就是社会互动的产物。分工与合作、分化与整合、对抗与妥协、繁荣与萧条、复兴与衰败、动荡与稳定、战争与和平等现象，说穿了，不过是社会运行和发展所呈现的不同面相，其中包括社会或总体或局部、或长期或短期的病变，与自然有机体的病变没有根本差别。社会科学研究的目标，就在于为这些可能的病变提供预防和治疗指导，却不能因为厌恶，而试图彻底消除这些病变及其可能性。或者说，社会科学研究所追求的目标，并不是也不应该是为政治、经济、文化等社会各行业的发展，寻找类似于数理方程那样精确的逻辑公式，而是按照社会正常、健康、稳定发展的要求，探寻合理的社会制度和体制及其建立的途径。

一言以蔽之，社会科学所应追求的目标，不是社会科学理论精确的科学性，而是社会的相对而不是充分的合理性，其中包含着前面已经说明的，由制度理性中的个人与社会、私人领域与公共领域、政治经济文化、理论与实践、价值与责任等相关和对应领域不断增长的理性或合理性。这种合理性，虽然也是一种价值判断，但它与既有的善与恶、美与丑、个人本位与社会本位等各种非此即彼的价值独断倾向没有共同之处。合理性并不追求绝对，只追求相对，不追求对抗与冲突，只追求公平、正义与合作，不追求纯粹和单一，只追求不断的纯化和多样性之间的统一，不追求剧烈的革命和一劳永逸，只追求渐进的变革与完善。同时，合理性并不单纯看重动机和目的，亦看重而且更看重实现动机的工具和手段，以及由此产生的效果。从这种意义上，如果说政治家必须为由他所领导的社会变革实践及其后果承担责任，那么，社会科学家不仅要对其建构的理论和研究结论承担理论责任，而且必须同时为由这些理论和结论指导的社会变革实践及其后果承担道德责任。也就是说，相对于社会变革实践及其后果，社会科学家和理论家比政治家责任甚至更大，这种责任就是理论责任，这种责任，也是社会科学研究中作为合理性题中之意——理论家伦理理性中与价值伦理相对应的责任伦理。社会合理性或社会理性不仅是社会科学工作者的治学目标和原则，更是社会科学通向真正科学的一条合理可行的致思之路。

参考文献

[1] 范中有. 科学心理学产生的知识社会学背景 [J]. 晋阳学刊, 2004 (3).

[2] 纪树立. 科学知识进化论——波普尔科学哲学选集 [M]. 北京: 生活·读书·新知三联书店, 1987.

[3] 韩华洁, 肖玲玲, 等. 科学的故事 [M]. 北京: 光明日报出版社, 2010.

[4] 韩震. 历史·理解·意义 [M]. 上海: 上海译文出版社, 2002.

[5] 李路彬. 知识与社会的交互建构——知识社会学的解释社会学传统研究 [D]. 天津: 南开大学, 2009.

[6] 李路彬, 赵万里. 解释社会学与知识社会学的隐传统 [J]. 山西大学学报 (哲学社会科学版), 2009 (6).

[7] 刘珺珺. 科学社会学 [M]. 上海: 上海科技教育出版社, 2009.

[8] 马永翔. 哈耶克对现象秩序和物理秩序的区分——兼论格雷对哈耶克康德主义解释的限度 [J]. 中国人民大学学报, 2004 (1).

[9] 司汉武. 价值与工具 [M]. 香港: 香港教科文出版有限公司, 2003.

[10] 司汉武. 心理与临界——临界心理学导论 [M]. 杨陵: 西北农林科技大学出版社, 2004.

[11] 司汉武. 制度理性与社会秩序 [M]. 北京: 知识产权出版社, 2011.

[12] 司汉武. 技术与社会 [M]. 北京: 知识产权出版社, 2013.

[13] 司汉武. 知识、技术与精细社会 [M]. 北京: 中国社会科学出版社, 2014.

[14] 司汉武. 间接知识及其对人类文明的影响 [J]. 自然辩证法研究, 2011 (9).

[15] 司汉武. 社会技术容量与技术创新能力——两个技术社会学的分析工

具 [J]. 社会科学家, 2010 (6).

[16] 王玺. 法伊尔阿本德科学方法论 [J]. 南宁: 广西大学, 2013.

[17] 汪丁丁. 哈耶克《感觉的秩序》导读 [J]. 社会科学战线, 2009 (1).

[18] 张秀琴, 司汉武. 人情社会与理性社会 [J]. 理论月刊, 2009 (6).

[19] 赵万里. 科学的社会建构: 科学知识社会学的理论与实践 [M]. 天津: 天津人民出版社, 2002.

[20] 艾耶尔, 等. 哲学中的革命 [M]. 李步楼, 译. 北京: 商务印书馆, 1986.

[21] 伯格, 卢克曼. 现实的社会建构 [M]. 汪涌, 译. 北京: 北京大学出版社, 2009.

[22] 法伊尔阿本德. 反对方法——无政府主义知识论纲要 [M]. 周昌忠, 译. 上海: 上海译文出版社, 1992.

[23] 罗素. 宗教与科学 [M]. 徐奕春, 林国夫, 译. 北京: 商务印书馆, 2009.

[24] 马赫. 认识和谬误——探究心理学论纲 [M]. 李醒民, 译. 北京: 商务印书馆, 2007.

[25] 哈耶克. 科学的反革命: 理性滥用之研究 [M]. 冯克利, 译. 南京: 译林出版社, 2003.

[26] 哈耶克. 感觉的秩序: 探寻理论心理学的基础 [M]. 朱月季, 周德翼, 黄忠琴, 等译. 武汉: 华中科技大学出版社, 2015.

[27] 弗洛伊德. 精神分析引论 [M]. 高觉敷, 译. 北京: 商务印书馆, 1984.

[28] 哈贝马斯. 认识与兴趣 [M]. 郭官义, 译. 上海: 学林出版社, 1999.

[29] 怀特海. 思维方式 [M]. 刘放桐, 译. 北京: 商务印书馆, 2010.

[30] 伽达默尔. 真理与方法 [M]. 洪汉鼎, 译. 上海: 上海译文出版社, 2004.

[31] 波普尔. 猜想与反驳——科学知识的增长 [M]. 傅季重, 纪树立, 等译. 上海: 上海译文出版社, 1986.

[32] 卡尔纳普. 科学哲学和科学方法论 [M]. 江天骥, 编译. 北京: 华夏出版社, 1990.

［33］康德. 未来形而上学导论［M］. 庞景仁，译. 北京：商务印书馆，1982.

［34］默顿. 科学社会学（上、下）［M］. 鲁旭东，林聚任，译. 北京：商务印书馆，2003.

［35］赖欣巴赫. 科学哲学的兴起［M］. 伯尼，译. 北京：商务印书馆，2004.

［36］默顿. 十七世纪英格兰的科学、技术与社会［M］. 范岱年，等译. 北京：商务印书馆，2000.

［37］卡尔纳普. 世界的逻辑构造［M］. 陈启伟，译. 上海：上海译文出版社，2008.

［38］马斯洛. 科学心理学［M］. 马良诚，译. 西安：陕西师范大学出版社，2010.

［39］皮亚杰. 生物学与认识［M］. 尚新建，杜丽燕，等译. 北京：生活·读书·新知三联书店，1989.

［40］彭加勒. 科学与假设［M］. 叶蕴理，译. 北京：商务印书馆，1989.

［41］培根. 新工具［M］. 许宝骙，译. 北京：商务印书馆，2018.

［42］库恩. 科学革命的结构［M］. 金吾伦，胡新和，译. 北京：北京大学出版社，2004.

［43］拉卡托斯. 科学研究纲领方法论［M］. 兰征，译. 上海：上海译文出版社，1986.

［44］HAYEK F A. The Sensory Order：An Inquiry into the Foundations of Theoretical Psychology［M］. Chicago：University of Chicago Press，1952.

后　记

自然科学、心理科学和社会科学先后与哲学分离，哲学中认识论与形而上学分离构成人类——确切地说，构成西方思想界、学术界——知识演化或发展的主线。在这个过程中，哲学地盘接连失守。西方哲学先后经历了认识论、语言学和人本学转向，并涌现出了现象学、存在主义和解释学等尝试挽救哲学的努力。其中作为认识论转向最重要成果和语言学转向先导的逻辑实证主义，事实上最终启发了科学方法论——至少是逻辑经验主义的成长。

20世纪中叶及以前，至少在社会科学界还存在着试图建构宏大理论，以统摄自然世界、社会世界的努力和图谋，早期有社会学创立者孔德的实证哲学、实证政治和实证科学体系，后来有帕森斯的功能主义和他的 AGIL 功能分析模型。这种被帕森斯认为大可以解释整个人类社会，小可以解释某一制度的分析模型，仅仅是对人的社会行动的分析框架，而且明显具有移植心理学人格特质理论的痕迹，且不说他对社会冲突和变迁的忽视。

在自然科学领域，虽然有牛顿、莱布尼茨、马赫、爱因斯坦、罗素等科学大家在各学科和领域取得重大理论突破，并使这种突破延伸到自然观领域，从而引起哲学尤其是形而上学革命，但自然科学家已经明显从"哲学高地"退出，不再有建构宇宙真理的企图和冲动。以一般系统理论为代表的横断学科的问世，曾经再次激发出这样的冲动，系统的普遍性在自然世界和社会世界同样明显，系统与环境的关系、系统内部结构与功能关系的原理，对于宏观、微观和宇观世界具有普遍的解释力。然而，由于系统科学是科学而不是哲学，而科学是分门别类的知识或知识体系，所以即使他们曾经有过这样的企图，但在随后的研究中也知趣地放弃了，以捍卫科学的智慧和真理有限性。

"哲学是一切知识的智慧母体"这一判断本身没有错，错误在于把哲学看成是人类"一切知识的灵魂"，这里的一切知识显然包括科学知识。对哲学与科学关系的判断，实际上包含着类似于柏拉图的"哲学王"的智慧期待和预成判断。在科学高度分工和分化的条件下，这一期待和判断已经严重地不合时宜。正因为如此，本书据以形成的问题，著者把它严格地看作一个科学问题，或者是科学方法论问题，而不是哲学问题，更不是被人们习以为常地认为的科学哲学问题。

社会知识的科学化也就是社会科学的建立和形成，意味着社会科学与哲学的分离，也意味着自然知识与社会知识的分离，但由于世界的统一性——其中包括自然世界与社会世界的统一性——和科学知识的贯通性——尤其是科学标准和研究方法的贯通性，迫使著者不惜冒开认知史倒车的风险，在理论科学的框架内综合考察自然科学和社会科学共通的方法论原则与程序。完成这一任务，研究者必须具有文理兼备、自然科学和社会科学兼修的学科与知识背景，好在著者出身理科，偏爱哲学并专注于社会学研究，已有的知识和学术积累较好地支撑了"解释与建构"议题的提出、凝练和完成。

作为人类创造性劳动的重要成果，科学不仅意味着提出、创立和建构新知识，也意味着以全新的思路和方法整理旧知识，并在这种整理中建构新的理论和方法论。一般建构的新知识往往局限于某个独特的现象领域，整理旧知识而形成的理论和方法，则具有较为普遍的方法论指导价值；作为科学的理论体系，只具有所属领域的解释力，而科学方法论则具有指导理论建构的普遍职能，由于它是智的工具，从而是更为抽象的工具。

需要说明的是，本书涉猎了大量经典自然科学和社会科学知识与智慧，却没有也无法对这些知识的来龙去脉作详细介绍和说明。对于较早实现了文理分科的学生乃至学者来说，如果不专门从事相关研究，这些知识在很大程度上已被遗忘。为了使读者对这些知识有迹可循，在相应位置就相关知识或其贡献者提供了必要的注释和说明，以便追踪。信息科学理论和网络技术的进步，使得知识世界的网络共产主义（network communism）成为可能，甚至部分成为现实。如今的著作人再也用不着爬格子，也用不着像传统学人那样皓首穷经，却可以更为迅速、便捷的方式，获得我们所需要的知识和信息资源。我们欢呼并感谢这个由网络信息技术造就的时代，以及为网络共产主义贡献资源的人们！

我们充分确认学术交流对于科学尤其是理论科学发展的重要性，但由于理论科学和各学科理论研究的边缘化，除部分章节曾以单行论文发表外，本书基本思想和大部分内容并未经过充分的学术交流与讨论。构成本书思想和理论亮

点的建构主义、逻辑实证主义、社会科学中的模态问题以及科学建构的程序等
均为首次呈现于读者。这里要对前期相关专著的出版者、论文成果的刊发园地
及编辑表示由衷的谢忱，他们是：中国社会科学出版社及编辑冯春凤女士，知
识产权出版社及编辑江宜玲女士，香港教科文出版有限公司及编辑邱巍女士，
《自然辩证法研究》杂志及编辑王建军先生，《社会科学家》杂志及编辑周玉林
先生，《理论月刊》及编辑刘婷女士，《科技管理研究》杂志及编辑熊俊先生，
《延安大学学报》（社会科学版）及编辑刘国荣先生，原《汉中师范学院学报》
（社会科学版）及编辑朱飞先生，以及《西安电子科学大学学报》（社会科学
版）及编辑汪向阳先生等。

　　我的社会学研究生卫梦梦博士为本书的成稿提供了基础性的资料收集和整
理，在此一并表示感谢。同时感谢光明日报出版社同仁为本书的出版付出的
辛苦！

司汉武

二○二○年十月　于杨陵